移动通信技术
（第2版）

主　编　宋　拯　惠　聪　张　帆
副主编　孙　婷

北京理工大学出版社
BEIJING INSTITUTE OF TECHNOLOGY PRESS

版权专有 侵权必究

图书在版编目（CIP）数据

移动通信技术/宋拯，惠聪，张帆主编. —2版. —北京：北京理工大学出版社，2017.2（2021.4重印）

ISBN 978-7-5682-3602-7

Ⅰ. ①移… Ⅱ. ①宋… ②惠… ③张… Ⅲ. ①移动通信-通信技术-高等学校-教材 Ⅳ. ①TN929.5

中国版本图书馆 CIP 数据核字（2017）第 016076 号

出版发行 /	北京理工大学出版社有限责任公司
社　　址 /	北京市海淀区中关村南大街5号
邮　　编 /	100081
电　　话 /	（010）68914775（总编室）
	（010）82562903（教材售后服务热线）
	（010）68948351（其他图书服务热线）
网　　址 /	http://www.bitpress.com.cn
经　　销 /	全国各地新华书店
印　　刷 /	三河市华骏印务包装有限公司
开　　本 /	787毫米×1092毫米　1/16
印　　张 /	16.5
字　　数 /	390千字
版　　次 /	2017年2月第2版　2021年4月第4次印刷
定　　价 /	43.00元

责任编辑 / 陈莉华
文案编辑 / 陈莉华
责任校对 / 周瑞红
责任印制 / 李志强

图书出现印装质量问题，请拨打售后服务热线，本社负责调换

前言 Preface

随着移动通信技术的发展和第三代移动通信系统在我国商用规模的不断扩大，社会对通信专业技术人才的需求也迅速增加，对通信技术人才的要求也越来越高。作为新一代的通信技术人才，必须对移动通信系统的发展及技术应用有着充分的了解，必须具有全程全网的概念。因此，本书充分反映了移动通信系统的发展进程及技术应用，以帮助学生建立全面、系统的移动通信网络及技术应用发展的概念。

开设移动通信技术课程的目的是增加学生对移动通信技术的了解，为后续专业技能课程的学习、技能鉴定和日后的求职做好铺垫。因此，课程教学内容应覆盖目前广泛商用的移动通信系统，并体现系统的发展进程及技术应用。目前，我国的移动通信网络正处在4G商用建设阶段，同时，3G用户数开始出现月度净减，这也预示着我国的移动通信将快速跨越3G阶段，开始向4G的全面过渡。移动通信系统的区别主要在于其采用的无线接口不同，因此采用的相关技术在各系统中也会有所区别。基于这一考虑，本书编写以各运营商开通的系统为单元，充分体现系统的发展、演进过程，以及技术在各类系统中应用的区别，主要介绍 IS-95 CDMA 到 CDMA2000、GSM 和 GPRS 到 WCDMA、TD-SCDMA 的发展中无线接口技术的发展和演进、LTE 系统构架和关键技术，以及其他为保证高质量的各类通信业务的提供而采取的一系列关键技术的基本知识。

本书在编写过程中力求简单、全面地阐述各类移动通信系统的基本概念和主要技术，突出系统的发展及技术应用的不同，以方便学生掌握各系统的主要技术特点。

学习本课程需要有一定的通信网基础知识，了解网络构成。书中各章节具有一定的独立性，不同院校可视具体情况节选，不会影响教学的完整性。

本书第1章和第2章由宋拯老师编写，第3章、第4章、第5章由张帆、白金山老师编写，第6章和第7章由惠聪老师编写，第8章由孙婷老师编写。在本书的编写过程中，得到了很多老师的帮助，而且书中大部分的英文图、表摘自文志成老师编写的《GPRS网络技术》和中兴通讯学院编写的《CDMA基本原理》，编者在此一并表示感谢。由于编者水平有限，时间仓促，书中难免存在不足之处，恳请读者批评指正。

编　者

目录

第一部分 GSM 与 GPRS

▶第1章 GSM 网络 3

1.1 移动通信基础 3
　1.1.1 GSM 发展简史 3
　1.1.2 数字移动通信技术 4
　1.1.3 GSM 系统结构 7
　1.1.4 接口和协议 13
1.2 移动区域定义与识别号 19
　1.2.1 区域定义 19
　1.2.2 移动识别号 20
1.3 GSM 系统的无线接口与系统消息 24
　1.3.1 无线接口 24
　1.3.2 跳频 27
　1.3.3 时序调整 28
　1.3.4 帧和信道 28
　1.3.5 Um 接口语音处理 33
　1.3.6 Um 接口控制技术 36
　1.3.7 系统消息 37
1.4 系统管理功能介绍 39
　1.4.1 GSM 系统的安全性管理 39
　1.4.2 GSM 系统的移动性管理 40
　1.4.3 GSM 移动通信网 43
1.5 GSM 通信流程简介 48
　1.5.1 呼叫信令分析 48
　1.5.2 呼叫流程举例分析 49
　1.5.3 鉴权 51
　1.5.4 切换 52
　1.5.5 位置更新 54
思考与练习题 56

第2章 GPRS ... 57

2.1 GPRS 概述 ... 57
2.1.1 GPRS 的产生 ... 57
2.1.2 GPRS 的发展 ... 58

2.2 CSD 与 GPRS 的比较 ... 58
2.2.1 电路交换的通信方式 ... 58
2.2.2 分组交换的通信方式 ... 58

2.3 GPRS 的基本功能和业务 ... 59

2.4 GPRS 的基本体系结构和传输机制 ... 60
2.4.1 GPRS 接入接口和参考点 ... 60
2.4.2 网络互通 ... 60
2.4.3 逻辑体系结构 ... 61
2.4.4 主要网络实体 ... 62
2.4.5 主要网络接口 ... 64

2.5 功能分配 ... 65

2.6 GPRS 数据传输平面 ... 67

2.7 GPRS 信令平面 ... 68

2.8 移动性管理 ... 71
2.8.1 MM 状态 ... 71
2.8.2 MM 状态功能 ... 72
2.8.3 SGSN 与 MSC/VLR 的交互 ... 73
2.8.4 MM 规程 ... 75
2.8.5 安全性功能 ... 79
2.8.6 位置管理功能 ... 81
2.8.7 用户数据管理功能 ... 85
2.8.8 MS 类别标志处理功能 ... 85

2.9 无线资源管理功能 ... 85

2.10 分组路由与传输功能 ... 86
2.10.1 PDP 状态和状态转换 ... 86
2.10.2 会话管理规程 ... 87
2.10.3 静态地址与动态地址 ... 87
2.10.4 PDP 上下文的激活规程 ... 88
2.10.5 PDP 上下文的修改规程 ... 89
2.10.6 PDP 上下文的去激活规程 ... 90

2.11 业务流程举例 ... 91
2.11.1 MS 发起的分组数据业务流程 ... 91
2.11.2 网络发起的分组数据业务流程 ... 91

2.12 用户数据传输 ... 93
2.12.1 传输模式 ... 93

2.12.2　LLC 的功能 · 93
2.12.3　SNDCP 的功能 · 94
2.12.4　PPP 的功能 · 94
2.12.5　Gb 接口 · 95
2.12.6　Abis 接口 · 96
2.13　信息存储 · 98
2.13.1　HLR · 98
2.13.2　SGSN · 100
2.13.3　GGSN · 102
2.14　MS · 102
2.15　MSC/VLR · 104
2.16　编号 · 104
2.16.1　IMSI · 105
2.16.2　P－TMSI · 105
2.16.3　NSAPI/TLLI · 105
2.16.4　PDP 地址和类型 · 106
2.16.5　TID · 106
2.16.6　路由区识别 · 106
2.16.7　小区标识 · 106
2.16.8　GSN 地址 · 106
2.16.9　接入点名字 · 106
2.17　IP 相关的基础知识 · 107
2.17.1　NAT · 107
2.17.2　FIREWALL（防火墙） · 107
2.17.3　GRE · 107
2.17.4　DNS · 108
2.17.5　RADIUS · 108

第二部分　CDMA 原理

▶第 3 章　CDMA 概述及原理 · 111

3.1　移动通信发展史及 CDMA 标准 · 111
3.2　CDMA 的基本原理 · 115
　3.2.1　扩频通信技术 · 115
　3.2.2　多址技术 · 117
　3.2.3　CDMA 系统的实现 · 118
　3.2.4　语音编码技术 · 122
　3.2.5　信道编码技术 · 122
思考与练习题 · 127

第4章 IS-95 CDMA 到 CDMA2000 的发展及应用 ………………………… 128

4.1 IS-95 CDMA ………………………………………………………………… 128
4.1.1 IS-95 系统概述 …………………………………………………… 128
4.1.2 IS-95 系统空中接口参数 ………………………………………… 128
4.1.3 IS-95 系统信道 …………………………………………………… 129
4.1.4 业务流程 …………………………………………………………… 136
4.2 CDMA2000 1x 系统原理 ………………………………………………… 139
4.2.1 系统概述 …………………………………………………………… 139
4.2.2 空中接口参数 ……………………………………………………… 140
4.2.3 信道功能及分类 …………………………………………………… 140
4.2.4 技术特点 …………………………………………………………… 150
4.2.5 业务流程 …………………………………………………………… 151
思考与练习题 ………………………………………………………………… 159

第5章 CDMA 关键技术及优点 ………………………………………………… 160

5.1 关键技术 …………………………………………………………………… 160
5.1.1 功率控制 …………………………………………………………… 160
5.1.2 分集接收 …………………………………………………………… 164
5.1.3 RAKE 接收机 ……………………………………………………… 165
5.1.4 软切换 ……………………………………………………………… 166
5.2 CDMA 系统的优点 ……………………………………………………… 170
思考与练习题 ………………………………………………………………… 173

第三部分　WCDMA 核心网原理及关键技术

第6章 WCDMA 网络结构 ……………………………………………………… 177

6.1 WCDMA 网络的演进 …………………………………………………… 177
6.1.1 UMTS 系统网络结构 …………………………………………… 177
6.1.2 UMTS R99 网络基本构成 ……………………………………… 178
6.1.3 基于 R4 的 UMTS 网络 ………………………………………… 184
6.1.4 基于 R5 的 UMTS 网络 ………………………………………… 187
6.2 WCDMA 核心网的演进 ………………………………………………… 190
6.2.1 UMTS R99 向全 IP 的演进 …………………………………… 190
6.2.2 各版本分析 ………………………………………………………… 191
6.3 WCDMA 与 GSM/GPRS 的比较 ……………………………………… 192
6.3.1 无线接入网和核心网之间的接口比较 ………………………… 192

6.3.2　WCDMA 与 GSM 的安全性比较 197
6.4　WCDMA 核心网的关键技术 199
　　6.4.1　R4 核心网组网 199
　　6.4.2　TrFO 技术 200
思考与练习题 202

第四部分　TD-SCDMA 原理与技术

▶第 7 章　TD-SCDMA 概述 205

7.1　TD-SCDMA 概述 205
7.2　网络结构和接口 206
　　7.2.1　UTRAN 网络结构 206
　　7.2.2　UTRAN 通用协议模型 207
　　7.2.3　空中接口 Uu 207
7.3　物理层结构和信道映射 210
　　7.3.1　物理信道帧结构 210
　　7.3.2　常规时隙 210
　　7.3.3　下行导频时隙 212
　　7.3.4　上行导频时隙 212
　　7.3.5　三种信道模式 212
　　7.3.6　物理信道及其分类 212
　　7.3.7　传输信道及其分类 213
　　7.3.8　传输信道到物理信道的映射 214
7.4　信道编码与复用 215
7.5　扩频与调制 218
　　7.5.1　扩频与调制过程 218
　　7.5.2　数据调制 219
　　7.5.3　扩频调制 220
7.6　物理层过程 222
7.7　TD-SCDMA 的相关技术 225
　　7.7.1　TDD 技术 225
　　7.7.2　智能天线技术 226
　　7.7.3　联合检测技术 230
　　7.7.4　动态信道分配技术 231
　　7.7.5　接力切换技术 233
思考与练习题 237

第五部分　LTE 原理与技术

第 8 章　LTE 概述 ······ 241
8.1　LTE 概述 ······ 241
8.2　LTE 系统 ······ 242
8.2.1　LTE 网络架构 ······ 242
8.2.2　控制平面协议结构 ······ 244
8.2.3　用户平面协议结构 ······ 244
8.2.4　S1 和 X2 接口 ······ 246
8.3　LTE 的主要指标和需求 ······ 248
8.3.1　峰值数据速率 ······ 248
8.3.2　控制面传输延迟时间 ······ 248
8.3.3　用户面延迟时间及用户面流量 ······ 248
8.3.4　频谱效率 ······ 249
8.3.5　移动性 ······ 249
8.3.6　覆盖 ······ 249
8.3.7　与已有 3GPP 无线接入技术的共存和交互 ······ 249
8.4　LTE 关键技术 ······ 249
8.4.1　OFDM 技术 ······ 249
8.4.2　多输入多输出（MIMO）技术 ······ 250
8.4.3　智能天线 ······ 250
8.4.4　软件无线电 ······ 251
8.4.5　基于 IP 的核心网 ······ 251
思考与练习题 ······ 251

参考文献 ······ 252

第一部分　GSM 与 GPRS

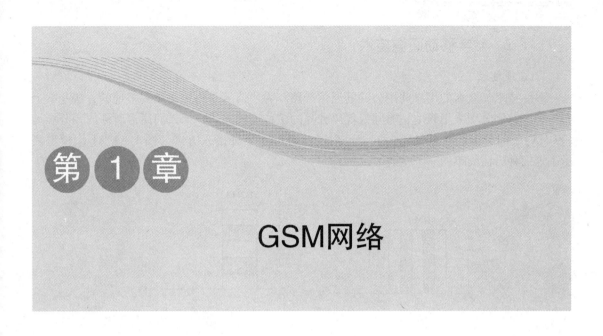

第 1 章

GSM网络

1.1 移动通信基础

1.1.1 GSM 发展简史

移动通信是指通信双方或至少一方是处于移动中进行信息交流的通信。20 世纪 20 年代移动通信技术开始在军事及某些特殊领域使用，40 年代才逐步向民用扩展；最近二十年间才是移动通信真正迅猛发展的时期，而且由于其许多的优点，前景十分广阔。

移动通信经历了由模拟通信向数字化通信的发展过程。目前，比较成熟的数字移动通信制式主要有泛欧的 GSM，美国的 ADC 和日本的 JDC（现改称 PDC）。其中 GSM 的发展最引人注目，其发展历程如下：

- 1982 年，欧洲邮电行政大会 CEPT 设立了"移动通信特别小组"即 GSM，以开发第二代移动通信系统为目标。
- 1986 年，在巴黎，对欧洲各国经大量研究和实验后所提出的八个建议系统进行现场试验。
- 1987 年，GSM 成员国经现场测试和论证比较，就数字系统采用窄带时分多址 TDMA 规则脉冲激励长期预测（RPE – LTP）语音编码和高斯滤波最小频移键控（GMSK）调制方式达成一致意见。
- 1988 年，十八个欧洲国家达成 GSM 谅解备忘录（MOU）。
- 1989 年，GSM 标准生效。
- 1991 年，GSM 系统正式在欧洲问世，网路开通运行。移动通信跨入第二代。

1.1.2 数字移动通信技术

1. 多址技术

多址技术使众多的用户共用公共的通信线路。为使信号多路化而实现多址的方法基本上有3种，它们分别采用频率、时间或代码分隔的多址连接方式，即人们通常所称的频分多址（FDMA）、时分多址（TDMA）和码分多址（CDMA）3种接入方式。图1-1-1用模型表示了这三种方法简单的一个概念。

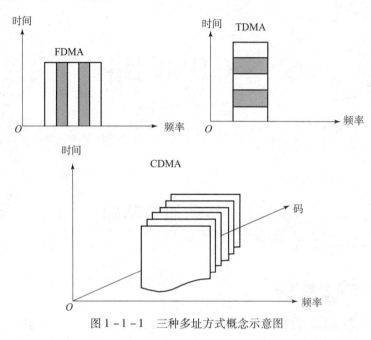

图1-1-1　三种多址方式概念示意图

FDMA是以不同的频率信道实现通信的，TDMA是以不同的时隙实现通信的，CDMA是以不同的代码序列实现通信的。

1）频分多址

频分，有时也称为信道化，就是把整个可分配的频谱划分成许多单个无线电信道（发射和接收载频对），每个信道可以传输一路语音或控制信息。在系统的控制下，任何一个用户都可以接入这些信道中的任何一个。

模拟蜂窝系统是FDMA结构的一个典型例子，数字蜂窝系统中也同样可以采用FDMA，只是不会采用纯频分的方式，比如GSM系统就采用了FDMA。

2）时分多址

时分多址是在一个宽带的无线载波上，按时间（或称为时隙）划分为若干时分信道，每一用户占用一个时隙，只在这一指定的时隙内收（或发）信号，故称为时分多址。此多址方式在数字蜂窝系统中采用，GSM系统也采用了此种方式。

TDMA是一种较复杂的结构，最简单的情况是单路载频被划分成许多不同的时隙，每个时隙传输一路猝发式信息。TDMA中关键部分为用户部分，每一个用户分配一个时隙（在呼叫开始时分配），用户与基站之间进行同步通信，并对时隙进行计数。当自己的时隙到来时，手机就启动接收和解调电路，对基站发来的猝发式信息进行解码。同样，当用户要发送信息时，首先将信息进行缓存，等到自己时隙的到来。在时隙开始后，再将信息以加倍的速率发射出去，然后又开始积累下一次猝发式传输。

TDMA 的一个变形是在一个单频信道上进行发射和接收，称之为时分双工（TDD）。其最简单的结构就是利用两个时隙，一个发一个收。当手机发射时基站接收，基站发射时手机接收，交替进行。TDD 具有 TDMA 结构的许多优点：猝发式传输、不需要天线的收发共用装置等。它的主要优点是可以在单一载频上实现发射和接收，而不需要上行和下行两个载频，不需要频率切换，因而可以降低成本。TDD 的主要缺点是满足不了大规模系统的容量要求。

3）码分多址

码分多址是一种利用扩频技术所形成的不同的码序列实现的多址方式。它不像 FDMA、TDMA 那样把用户的信息从频率和时间上进行分离，它可在一个信道上同时传输多个用户的信息，也就是说，允许用户之间的相互干扰。其关键是信息在传输以前要进行特殊的编码，编码后的信息混合后不会丢失原来的信息。有多少个互为正交的码序列，就可以有多少个用户同时在一个载波上通信。每个发射机都有自己唯一的代码（伪随机码），同时接收机也知道要接收的代码，用这个代码作为信号的滤波器，接收机就能从所有其他信号的背景中恢复成原来的信息码（这个过程称为解扩）。

2. 功率控制

当手机在小区内移动时，它的发射功率需要进行变化。当它离基站较近时，需要降低发射功率，减少对其他用户的干扰，当它离基站较远时，就应该增加功率，克服增加了的路径衰耗。

所有的 GSM 手机都可以以 2 dB 为一等级来调整它们的发送功率，GSM900 移动台的最大输出功率是 8 W（规范中最大允许功率是 20 W，但现在还没有 20 W 的移动台存在）。DCS1800 移动台的最大输出功率是 1 W。相应地，它的小区也要小一些。

3. 蜂窝技术

移动通信的飞速发展一大原因是发明了蜂窝技术。移动通信的一大限制是使用频带比较有限，这就限制了系统的容量，为了满足越来越多的用户需求，必须要在有限的频率范围尽可能大地扩大它的利用率，除了采用前面介绍过的多址技术等以外，还发明了蜂窝技术。

那么什么是蜂窝技术呢？

移动通信系统是采用一个叫基站的设备来提供无线服务范围的。基站的覆盖范围有大有小，我们把基站的覆盖范围称为蜂窝。采用大功率的基站主要是为了提供比较大的服务范围，但它的频率利用率较低，也就是说基站提供给用户的通信通道比较少，系统的容量也就大不起来，对于话务量不大的地方可以采用这种方式，我们也称之为大区制。采用小功率的基站主要是为了提供大容量的服务范围，同时它采用频率复用技术来提高频率利用率，在相同的服务区域内增加了基站的数目，有限的频率得到多次使用，所以系统的容量比较大，这种方式称为小区制或微小区制。下面我们简单介绍频率复用技术的原理。

4. 频率复用

1）频率复用的概念

在全双工工作方式中，一个无线电信道包含一对信道频率，每个方向都用一个频率作发射。在覆盖半径为 R 的地理区域 C_1 内使用无线电信道 f_1，也可以在另一个相距 D、覆盖半

径也为 R 的小区内再次使用 f_1。

频率复用是蜂窝移动无线电系统的核心概念。在频率复用系统中，处在不同地理位置（不同的小区）上的用户可以同时使用相同频率的信道（见图 1-1-2），频率复用系统可以极大地提高频谱效率。但是，如果系统设计得不好，将产生严重的干扰，这种干扰称为同信道干扰。这种干扰是由于相同信道公共使用造成的，是在频率复用概念中必须考虑的重要问题。

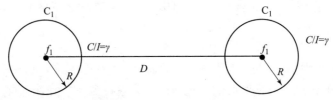

图 1-1-2 同频复用示意图

2）频率复用方案

可以在时域与空间域内使用频率复用的概念。在时域内的频率复用是指在不同的时隙里占用相同的工作频率，叫作时分多路（TDM）。在空间域上的频率复用可分为两大类：

（1）两个不同的地理区域里配置相同的频率。例如在不同的城市中使用相同频率的 AM 或 FM 广播电台。

（2）在一个系统的作用区域内重复使用相同的频率——这种方案用于蜂窝系统中。蜂窝式移动电话网通常是先由若干邻接的无线小区组成一个无线区群，再由若干个无线区群构成整个服务区。为了防止同频干扰，要求每个区群（即单位无线区群）中的小区，不得使用相同频率，只有在不同的无线区群中，才可使用相同的频率。单位无线区群的构成应满足两个基本条件：

- 若干个单位无线区群彼此邻接组成蜂窝式服务区域。
- 邻接单位无线区群中的同频无线小区的中心间距相等。
- 一个系统中有许多同信道的小区，整个频谱分配被划分为 K 个频率复用的模式，即单位无线区群中小区的个数，其中 $K=3$、4、7，当然还有其他复用方式，如 $K=9$、12 等。

3）频率复用距离

允许同频率重复使用的最小距离取决于许多因素，如中心小区附近的同信道小区数、地理地形类别、每个小区基站的天线高度及发射功率。

频率复用距离 D 由下式确定：

$$D = \sqrt{3K}R$$

其中，K 是图 1-1-2 中所示的频率复用模式。则：

$$D = 3.46R \quad (K=4)$$
$$D = 4.6R \quad (K=7)$$

如果所有小区基站发射相同的功率，则 K 增加，频率复用距离 D 也增加。增加了的频率复用距离将减小同信道干扰发生的可能。

从理论上来说，K 应该大些，然而，分配的信道总数是固定的。如果 K 太大，则 K 个小区中分配给每个小区的信道数将减少，随着 K 的增加而划分 K 个小区中的信道总数减少，则中继效率就会降低。同样道理，如果在同一地区将一组信道分配给两个不同的工作网络，系统频率效率也将降低。

因此,现在面临的问题是,在满足系统性能的条件下如何得到一个最小的 K 值。解决它必须估算同信道干扰,并选择最小的频率复用距离 D 以减小同信道干扰。在满足条件的情况下,构成单位无线区群的小区个数 $K = i^2 + ij + j^2$ (i、j 均为正整数,其中一个可为零,但不能两个同时为零),取 $i = j = 1$,可得到最小的 K 值为 $K = 3$。

不同的频率复用方案如图 1-1-3 所示。

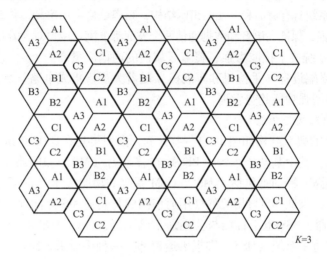

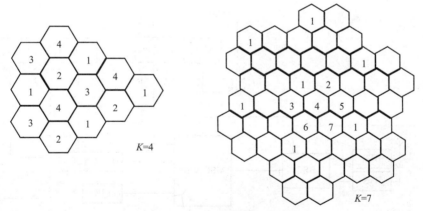

图 1-1-3　不同的频率复用方案

1.1.3　GSM 系统结构

1. 系统的基本特点

GSM 数字蜂窝移动通信系统(简称 GSM 系统)是完全依据欧洲通信标准化委员会(ETSI)制定的 GSM 技术规范研制而成的,任何一家厂商提供的 GSM 数字蜂窝移动通信系统都必须符合 GSM 技术规范。

GSM 系统作为一种开放式结构和面向未来设计的系统具有下列主要特点:

● GSM 系统是由几个子系统组成的,并且可与各种公用通信网(PSTN、ISDN、PDN等)互连互通。各子系统之间或各子系统与各种公用通信网之间都明确和详细定义了标准化接口规范，保证任何厂商提供的 GSM 系统或子系统能互连。

- GSM 系统能提供穿过国际边界的自动漫游功能，对于全部 GSM 移动用户都可进入 GSM 系统而与国别无关。
- GSM 系统除了可以开放语音业务，还可以开放各种承载业务、补充业务和与 ISDN 相关的业务。
- GSM 系统具有加密和鉴权功能，能确保用户保密和网络安全。
- GSM 系统具有灵活和方便的组网结构，频率重复利用率高，移动业务交换机的话务承载能力一般都很强，保证在语音和数据通信两个方面都能满足用户对大容量、高密度业务的要求。
- GSM 系统抗干扰能力强，覆盖区域内的通信质量高。
- 用户终端设备（手持机和车载机）随着大规模集成电路技术的进一步发展，能向更小型、轻巧和增强功能趋势发展。

2. 系统的结构与功能

GSM 系统的典型结构如图 1-1-4 所示。由图可见，GSM 系统是由若干个子系统或功能实体组成的。其中基站子系统（BSS）在移动台（MS）和网络子系统（NSS）之间提供和管理传输通路，特别是包括了 MS 与 GSM 系统的功能实体之间的无线接口管理。NSS 必须管理通信业务，保证 MS 与相关的公用通信网或与其他 MS 之间建立通信，也就是说 NSS 不直接与 MS 互通，BSS 也不直接与公用通信网互通。MS、BSS 和 NSS 组成 GSM 系统的实体部分。操作支持子系统（OSS）则提供运营部门一种手段来控制和维护这些实际运行部分。

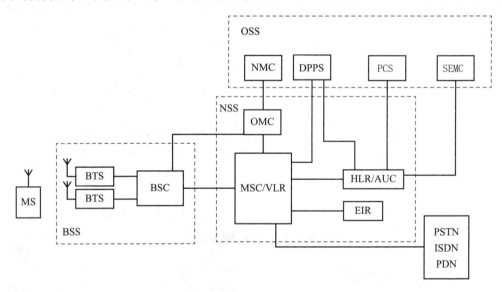

OSS：操作支持子系统　　BSS：基站子系统　　NSS：网路子系统
NMC：网路管理中心　　DPPS：数据后处理系统　　SEMC：安全性管理中心
PCS：用户识别卡个人化中心　　OMC：操作维护中心　　MSC：移动业务交换中心
VLR：访问用户位置寄存器　　HLR：归属用户位置寄存器　　AUC：鉴权中心
EIR：移动设备识别寄存器　　BSC：基站控制器　　BTS：基站收发信台
PDN：公用数据网　　PSTN：公用电话网　　ISDN：综合业务数字网
MS：移动台

图 1-1-4　GSM 系统结构

1）移动台（MS）

移动台是公用 GSM 移动通信网中用户使用的设备，也是用户能够直接接触的整个 GSM 系统中的唯一设备。移动台的类型不仅包括手持台，还包括车载台和便携式台。随着 GSM 标准的数字式手持台进一步小型、轻巧和增加功能的发展趋势，手持台的用户将占整个用户的极大部分。

除了通过无线接口接入 GSM 系统的无线和处理功能外，移动台必须提供与使用者之间的接口，比如完成通话呼叫所需要的话筒、扬声器、显示屏和按键；或者提供与其他一些终端设备之间的接口，比如与个人计算机或传真机之间的接口，或同时提供这两种接口。因此，根据应用与服务情况，移动台可以是单独的移动终端（MT）、手持机、车载机或者是由移动终端（MT）直接与终端设备（TE）传真机相连接而构成，或者是由移动终端（MT）通过相关终端适配器（TA）与终端设备（TE）相连接而构成，如图 1-1-5 所示。这些都归类为移动台的重要组成部分之一——移动设备。

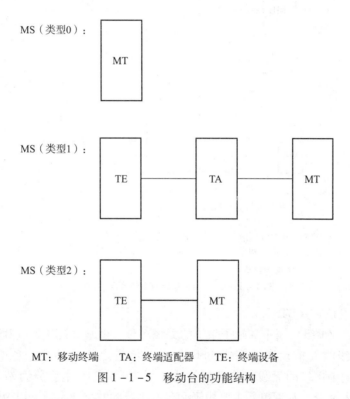

图 1-1-5 移动台的功能结构

移动台另外一个重要的组成部分是用户识别模块（SIM），它基本上是一张符合 ISO 标准的"智慧"卡，它包含所有与用户有关的和某些无线接口的信息，其中也包括鉴权和加密信息。使用 GSM 标准的移动台都需要插入 SIM 卡，只有当处理异常的紧急呼叫时，可以在不用 SIM 卡的情况下操作移动台。SIM 卡的应用使移动台并非固定地缚于一个用户，因此，GSM 系统是通过 SIM 卡来识别移动电话用户的，这为将来发展个人通信打下了基础。

2）基站子系统（BSS）

基站子系统（BSS）是 GSM 系统中与无线蜂窝方面关系最直接的基本组成部分。它通过无线接口直接与移动台相接，负责无线发送接收和无线资源管理。另一方面，基站子系统与网路子系统（NSS）中的移动业务交换中心（MSC）相连，实现移动用户之间或移动用户与固定网路用户之间的通信连接，传送系统信号和用户信息等。当然，要对 BSS 部分进行操作维护管理，还要建立 BSS 与操作支持子系统（OSS）之间的通信连接。

基站子系统由基站收发信台（BTS）和基站控制器（BSC）这两部分的功能实体构成。实际上，一个基站控制器根据话务量需要可以控制数十个 BTS。BTS 可以直接与 BSC 相连接，也可以通过基站接口设备（BIE）采用远端控制的连接方式与 BSC 相连接。需要说明的是，基站子系统还应包括码变换器（TC）和相应的子复用设备（SM）。码变换器在更多的实际情况下是置于 BSC 和 MSC 之间，在组网的灵活性和减少传输设备配置数量方面具有许多优点。因此，一种具有本地和远端配置 BTS 的典型 BSS 组成方式如图 1-1-6 所示。

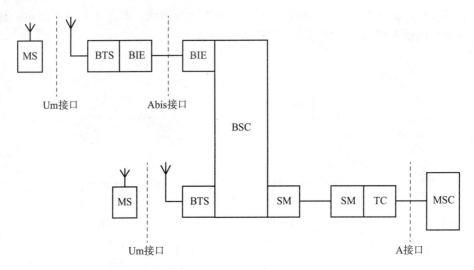

BTS：基站收发信台　　BIE：基站接口设备
BSC：基站控制器　　　MSC：移动业务交换中心
SM：子复用设备　　　　TC：码变换器

图 1-1-6　一种典型的 BSS 组成方式

（1）基站收发信台（BTS）。

基站收发信台（BTS）属于基站子系统的无线部分，由基站控制器（BSC）控制，服务于某个小区的无线收发信设备，完成 BSC 与无线信道之间的转换，实现 BTS 与移动台（MS）之间通过空中接口的无线传输及相关的控制功能。BTS 主要分为基带单元、载频单元、控制单元三大部分。基带单元主要用于必要的语音和数据速率适配以及信道编码等。载频单元主要用于调制/解调与发射机/接收机之间的耦合等。控制单元则用于 BTS 的操作与维护。另外，在 BSC 与 BTS 不设在同一处需采用 Abis 接口时，传输单元是必须增加的，以实现 BSC 与 BTS 之间的远端连接方式。如果 BSC 与 BTS 并置在同一处，只需采用 BS 接口时，传输单元是不需要的。

（2）基站控制器（BSC）。

基站控制器（BSC）是基站子系统（BSS）的控制部分，起着 BSS 的变换设备的作用，即各种接口的管理，承担无线资源和无线参数的管理。

BSC 主要由下列部分构成：
- 朝向与 MSC 相接的 A 接口或与码变换器相接的 Ater 接口的数字中继控制部分。
- 朝向与 BTS 相接的 Abis 接口或 BS 接口的 BTS 控制部分。
- 公共处理部分，包括与操作维护中心相接的接口控制。
- 交换部分。

3）网路子系统（NSS）

网路子系统（NSS）主要有 GSM 系统的交换功能和用于用户数据与移动性管理、安全性管理所需的数据库功能，它对 GSM 移动用户之间的通信和 GSM 移动用户与其他通信网用户之间的通信起着管理作用。NSS 由一系列功能实体构成，整个 GSM 系统内部，即 NSS 的各功能实体之间和 NSS 与 BSS 之间都通过符合 CCITT 信令系统 No.7 协议和 GSM 规范的 7 号信令网路互相通信。

(1) 移动业务交换中心（MSC）。

移动业务交换中心（MSC）是网路的核心，它提供交换功能及面向系统其他功能实体，即基站子系统 BSS、归属用户位置寄存器 HLR、鉴权中心 AUC、移动设备识别寄存器 EIR、操作维护中心 OMC 和面向固定网（公用电话网 PSTN、综合业务数字网 ISDN、分组交换公用数据网 PSPDN、电路交换公用数据网 CSPDN）的接口功能，把移动用户与移动用户、移动用户与固定网用户互相连接起来。

移动业务交换中心 MSC 可从三种数据库，即归属用户位置寄存器（HLR）、访问用户位置寄存器（VLR）和鉴权中心（AUC）获取处理用户位置登记和呼叫请求所需的全部数据。反之，MSC 也根据其最新获取的信息请求更新数据库的部分数据。

MSC 可为移动用户提供一系列业务：
- 电信业务。例如：电话、紧急呼叫、传真和短消息服务等。
- 承载业务。例如：3.1 kHz 电话，同步数据 0.3 kbit/s～2.4 kbit/s 及分组组合和分解（PAD）等。
- 补充业务。例如：呼叫前转、呼叫限制、呼叫等待、会议电话和计费通知等。

当然，作为网路的核心，MSC 还支持位置登记、越区切换和自动漫游等移动特征性能和其他网路功能。

对于容量比较大的移动通信网，一个网路子系统 NSS 可包括若干个 MSC、VLR 和 HLR，为了建立固定网用户与 GSM 移动用户之间的呼叫，无须知道移动用户所处的位置。此呼叫首先被接入到入口移动业务交换中心，称为 GMSC，入口交换机负责获取位置信息，且把呼叫转接到可向该移动用户提供即时服务的 MSC，称为被访 MSC（VMSC）。因此，GMSC 具有与固定网和其他 NSS 实体互通的接口。目前，GMSC 功能就是在 MSC 中实现的。根据网路的需要，GMSC 功能也可以在固定网交换机中综合实现。

(2) 访问用户位置寄存器（VLR）。

访问用户位置寄存器（VLR）是服务于其控制区域内移动用户的，存储着进入其控制区域内已登记的移动用户相关信息，为已登记的移动用户提供建立呼叫接续的必要条件。VLR 从该移动用户的归属用户位置寄存器（HLR）处获取并存储必要的数据。一旦移动用户离开该 VLR 的控制区域，则重新在另一个 VLR 登记，原 VLR 将取消临时记录的该移动用户数据。因此，VLR 可看作一个动态用户数据库。

VLR 功能总是在每个 MSC 中综合实现的。

(3) 归属用户位置寄存器（HLR）。

归属用户位置寄存器（HLR）是 GSM 系统的中央数据库，存储着该 HLR 控制的所有存在的移动用户的相关数据。一个 HLR 能够控制若干个移动交换区域以及整个移动通信网，所有移动用户重要的静态数据都存储在 HLR 中，这包括移动用户识别号码、访问能力、用户类别和补充业务等数据。HLR 还存储且为 MSC 提供关于移动用户实际漫游所在的 MSC 区域相关动态信息数据。这样，任何入局呼叫可以即刻按选择路径送到被叫的用户。

(4) 鉴权中心（AUC）。

GSM 系统采取了特别的安全措施，例如用户鉴权，对无线接口上的语音、数据和信号信息进行保密等。因此，鉴权中心（AUC）存储着鉴权信息和加密密钥，用来防止无权用户接入系统和保证通过无线接口的移动用户通信的安全。

AUC 属于 HLR 的一个功能单元部分，专用于 GSM 系统的安全性管理。

(5) 移动设备识别寄存器（EIR）。

移动设备识别寄存器（EIR）存储着移动设备的国际移动设备识别码（IMEI），通过检查白色清单、黑色清单或灰色清单这三种表格，在表格中分别列出了准许使用的、出现故障需监视的、失窃不准使用的移动设备的 IMEI 识别码，使得运营部门对于不管是失窃还是由于技术故障或误操作而危及网路正常运行的 MS 设备，都能采取及时的防范措施，以确保网路内所使用的移动设备的唯一性和安全性。

4）操作支持子系统（OSS）。

操作支持子系统（OSS）需完成许多任务，包括移动用户管理、移动设备管理以及网路操作和维护。

移动用户管理可包括用户数据管理和呼叫计费。用户数据管理一般由归属用户位置寄存器（HLR）来完成这方面的任务，HLR 是 NSS 功能实体之一。用户识别卡 SIM 的管理也可认为是用户数据管理的一部分，但是，作为相对独立的用户识别卡 SIM 的管理，还必须根据运营部门对 SIM 的管理要求和模式采用专门的 SIM 个人化设备来完成。呼叫计费可以由移动用户所访问的各个移动业务交换中心 MSC 和 GMSC 分别处理，也可以采用通过 HLR 或独立的计费设备来集中处理计费数据的方式。

移动设备管理是由移动设备识别寄存器（EIR）来完成的，EIR 与 NSS 的功能实体之间是通过 SS7 信令网路的接口互连，为此，EIR 也归入 NSS 的组成部分之一。

网路操作与维护主要完成对 GSM 系统的 BSS 和 NSS 进行操作与维护管理，完成网路操作与维护管理的设施称为操作与维护中心（OMC）。从电信管理网路（TMN）的发展角度考虑，OMC 还应具备与高层次的 TMN 进行通信的接口功能，以保证 GSM 网路能与其他电信网路一起纳入先进、统一的电信管理网路中进行集中操作与维护管理。直接面向 GSM 系统 BSS 和 NSS 各个功能实体的操作与维护中心（OMC）归入 NSS 部分。

可以认为，操作支持子系统（OSS）已不包括与 GSM 系统的 NSS 和 BSS 部分密切相关的功能实体，而成为一个相对独立的管理和服务中心。主要包括网路管理中心（NMC）、安全性管理中心（SEMC）、用于用户识别卡管理的个人化中心（PCS）、用于集中计费管理的数据后处理系统（DPPS）等功能实体。

1.1.4 接口和协议

为了保证网路运营部门能在充满竞争的市场条件下灵活选择不同供应商提供的数字蜂窝移动通信设备，GSM 系统在制定技术规范时就对其子系统之间及各功能实体之间的接口和协议作了比较具体的定义，使不同供应商提供的 GSM 系统基础设备能够符合统一的 GSM 技术规范而达到互通、组网的目的。为使 GSM 系统实现国际漫游功能和在业务上迈入面向 ISDN 的数据通信业务，必须建立规范和统一的信令网路以传递与移动业务有关的数据和各种信令信息，因此，GSM 系统引入 7 号信令系统和信令网路，也就是说 GSM 系统的公用陆地移动通信网的信令系统是以 7 号信令网路为基础的。

1. 主要接口

GSM 系统的主要接口是指 A 接口、Abis 接口和 Um 接口，如图 1-1-7 所示。这三种主要接口的定义和标准化能保证不同供应商生产的移动台、基站子系统和网路子系统设备能纳入同一个 GSM 数字移动通信网运行和使用。

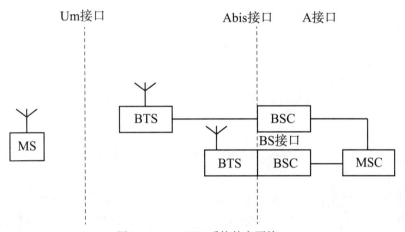

图 1-1-7 GSM 系统的主要接口

1）A 接口

A 接口定义为网路子系统（NSS）与基站子系统（BSS）之间的通信接口，从系统的功能实体来说，就是移动业务交换中心（MSC）与基站控制器（BSC）之间的互连接口，其物理链接通过采用标准的 2.048 Mbit/s PCM 数字传输链路来实现。此接口传递的信息包括移动台管理、基站管理、移动性管理、接续管理等。

2）Abis 接口

Abis 接口定义为基站子系统的两个功能实体基站控制器（BSC）和基站收发信台（BTS）之间的通信接口，用于 BTS（不与 BSC 并置）与 BSC 之间的远端互连方式，物理链接通过采用标准的 2.048 Mbit/s 或 64 kbit/s PCM 数字传输链路来实现。图 1-1-7 所示的 BS 接口作为 Abis 接口的一种特例，用于 BTS（与 BSC 并置）与 BSC 之间的直接互连方式，此时 BSC 与 BTS 之间的距离小于 10 m。此接口支持所有向用户提供的服务，并支持对 BTS 无线设备的控制和无线频率的分配。

3）Um 接口（空口接口）

Um 接口（空中接口）定义为移动台与基站收发信台（BTS）之间的通信接口，用于移动台与 GSM 系统的固定部分之间的互通,其物理链接通过无线链路实现。此接口传递的信息包括无线资源管理、移动性管理和接续管理等。

2. 网路子系统的内部接口

网路子系统由移动业务交换中心(MSC)、访问用户位置寄存器(VLR)、归属用户位置寄存器(HLR)等功能实体组成,因此 GSM 技术规范定义了不同的接口以保证各功能实体之间的接口标准化。其示意图如图 1-1-8 所示。

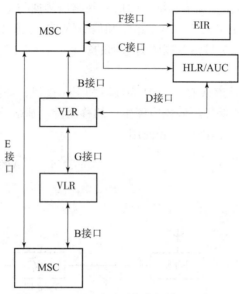

图 1-1-8　网路子系统内部接口示意图

1) D 接口

D 接口定义为归属用户位置寄存器(HLR)与访问用户位置寄存器(VLR)之间的接口,用于交换有关移动台位置和用户管理的信息,为移动用户提供的主要服务是保证移动台在整个服务区内能建立和接收呼叫。实用化的 GSM 系统结构一般把 VLR 综合于移动业务交换中心(MSC)中,而把归属用户位置寄存器(HLR)与鉴权中心(AUC)综合在同一个物理实体内。因此 D 接口的物理链接是通过移动业务交换中心(MSC)与归属用户位置寄存器(HLR)之间的标准 2.048 Mbit/s PCM 数字传输链路实现的。

2) B 接口

B 接口定义为访问用户位置寄存器(VLR)与移动业务交换中心(MSC)之间的内部接口。用于移动业务交换中心(MSC)向访问用户位置寄存器(VLR)询问有关移动台(MS)当前位置信息或者通知访问用户位置寄存器(VLR)有关移动台(MS)的位置更新信息等。

3) C 接口

C 接口定义为归属用户位置寄存器(HLR)与移动业务交换中心(MSC)之间的接口,用于传递路由选择和管理信息。如果采用归属用户位置寄存器(HLR)作为计费中心,呼叫结束后建立或接收此呼叫的移动台(MS)所在的移动业务交换中心(MSC)应把计费信息传送给该移动用户当前归属的归属用户位置寄存器(HLR),一旦要建立一个至移动用户的呼叫时,入口移动业务交换中心(GMSC)应向被叫用户所属的归属用户位置寄存器（HLR）询问被叫移动台的漫游号码。C 接口的物理链接方式与 D 接口相同。

4）E 接口

E 接口定义为控制相邻区域的不同移动业务交换中心（MSC）之间的接口。当移动台（MS）在一个呼叫进行过程中，从一个移动业务交换中心（MSC）控制的区域移动到相邻的另一个移动业务交换中心（MSC）控制的区域时，为不中断通信，需完成越区信道切换过程，此接口用于切换过程中交换有关切换信息以启动和完成切换。E 接口的物理链接方式是通过移动业务交换中心（MSC）之间的标准 2.048 Mbit/s PCM 数字传输链路实现的。

5）F 接口

F 接口定义为移动业务交换中心（MSC）与移动设备识别寄存器（EIR）之间的接口，用于交换相关的国际移动设备识别码管理信息。F 接口的物理链接方式是通过移动业务交换中心（MSC）与移动设备识别寄存器（EIR）之间的标准 2.048 Mbit/s PCM 数字传输链路实现的。

6）G 接口

G 接口定义为访问用户位置寄存器（VLR）之间的接口。当采用临时移动用户识别码（TMSI）时，此接口用于向分配临时移动用户识别码（TMSI）的访问用户位置寄存器（VLR）询问此移动用户的国际移动用户识别码（IMSI）的信息。G 接口的物理链接方式与 E 接口相同。

3. GSM 系统与其他公用电信网的接口

其他公用电信网主要是指公用电话网（PSTN）、综合业务数字网（ISDN）、分组交换公用数据网（PSPDN）和电路交换公用数据网（CSPDN）。GSM 系统通过 MSC 与这些公用电信网互连，其接口必须满足 CCITT 的有关接口和信令标准及各个国家邮电运营部门制定的与这些电信网有关的接口和信令标准。

根据我国现有公用电话网（PSTN）的发展现状和综合业务数字网（ISDN）的发展前景，GSM 系统与 PSTN 和 ISDN 网的互连方式采用 7 号信令系统接口。其物理链接方式是通过 MSC 与 PSTN 或 ISDN 交换机之间的标准 2.048 Mbit/s PCM 数字传输链路实现的。

如果具备 ISDN 交换机，HLR 与 ISDN 网之间可建立直接的信令接口，使 ISDN 交换机可以通过移动用户的 ISDN 号码直接向 HLR 询问移动台的位置信息，以建立至移动台当前所登记的 MSC 之间的呼叫路由。

4. 各接口协议

GSM 系统各功能实体之间的接口定义明确，同样 GSM 规范对各接口所使用的分层协议也作了详细的定义。协议是各功能实体之间共同的"语言"，通过各个接口互相传递有关的消息，为完成 GSM 系统的全部通信和管理功能建立起有效的信息传送通道。不同的接口可能采用不同形式的物理链路，完成各自特定的功能，传递各自特定的消息，这些都由相应的信令协议来实现。GSM 系统各接口采用的分层协议结构是符合开放系统互连（OSI）参考模型的。分层的目的是允许隔离各组信令协议功能，按连续的独立层描述协议，每层协议在明确的服务接入点对上层协议提供它自己特定的通信服务。图 1-1-9 给出了 GSM 系统主要接口所采用的协议分层示意图。

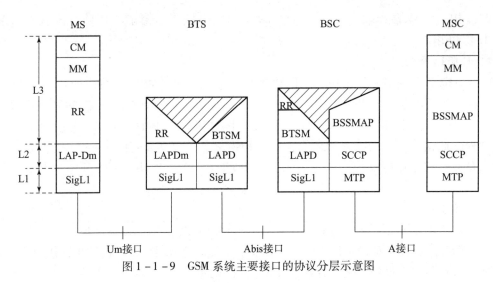

图1-1-9 GSM系统主要接口的协议分层示意图

1）协议分层结构

（1）信号层1（也称物理层）。

信号层1是无线接口的最低层，提供传送比特流所需的物理链路（例如无线链路），为高层提供各种不同功能的信道，包括业务信道和逻辑信道，每个逻辑信道有它自己的服务接入点。

（2）信号层2。

信号层2的主要目的是在移动台和基站之间建立可靠的专用数据链路，L2协议基于ISDN的D信道链路接入协议（LAP-D），但作了更动，因而在Um接口的L2协议称为LAP-Dm。

（3）信号层3。

信号层3是实际负责控制和管理的协议层，把用户和系统控制过程中的特定信息按一定的协议分组安排在指定的逻辑信道上。L3包括三个基本子层：无线资源管理（RR）、移动性管理（MM）和接续管理（CM）。其中一个接续管理子层中含有多个呼叫控制（CC）单元，提供并行呼叫处理。为支持补充业务和短消息业务，在CM子层中还包括补充业务管理（SS）单元和短消息业务管理（SMS）单元。

2）信号层3的互通

在A接口，信令协议的参考模型如图1-1-10所示。由于基站需完成蜂窝控制这一无线特殊功能，这是在基站自行控制或在MSC的控制下完成的，所以子层（RR）在基站子系统（BSS）中终止，无线资源管理（RR）消息在BSS中进行处理和转译，映射成BSS移动应用部分（BSSMAP）的消息在A接口中传递。

子层移动性管理（MM）和接续管理（CM）都至MSC终止，MM和CM消息在A接口中是采用直接转移应用部分（DTAP）传递的，基站子系统（BSS）则透明传递MM和CM消息，这样就保证L3子层协议在各接口之间的互通。

3）NSS内部及GSM系统与PSTN之间的协议

在网路子系统（NSS）内部各功能实体之间已定义了B、C、D、E、F和G接口，这些接口的通信（包括MSC与BSS之间的通信）全部由7号信令系统支持，GSM系统与PSTN

之间的通信优先采用7号信令系统。支持GSM系统的7号信令系统协议层简单地用图1-1-11表示。与非呼叫相关的信令采用移动应用部分（MAP），用于NSS内部接口之间的通信；与呼叫相关的信令则采用电话用户部分（TUP）和ISDN用户部分（ISUP），分别用于MSC之间和MSC与PSTN、ISDN之间的通信。应指出的是，TUP和ISUP信令必须符合各国家制定的相应技术规范，MAP信令则必须符合GSM技术规范。

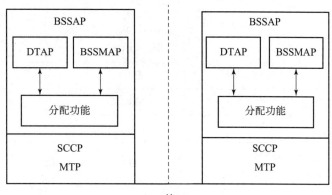

BSSAP：BSS应用部分　　　　　SCCP：信令连接控制部分
DTAP：直接转移应用部分　　　MTP：消息传递部分
BSSMAP：BSS移动应用部分

图1-1-10　A接口信令协议参考模型

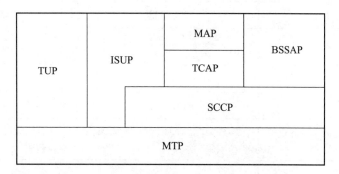

TUP：电话用户部分　　　　　BSSAP：BSS应用部分
ISUP：ISUP用户部分　　　　　SCCP：信令连接控制部分
MAP：移动应用部分　　　　　MTP：消息传递部分
TCAP：事务处理应用部分

图1-1-11　应用于GSM系统的7号信令协议层

5. GSM系统的主要参数

GSM系统的主要参数见表1-1-1所示。

表1-1-1 频带的划分及使用

特性	GSM900	DCS1800
发射类别： 　业务信道 　控制信道	 271KF7W 271KF7W	 271KF7W 271KF7W
发射频带/MHz： 　基站 　移动台	 935~960 890~915	 1 805~1 880 1 710~1 785
双工间隔/MHz	45	95
射频带宽/kHz	200	200
射频双工信道总数	124	374
基站最大有效发射功率射频载波峰值/W	300	20
业务信道平均值/W	37.5	2.5
小区半径/km： 　最小 　最大	 0.5 35	 0.5 35
接续方式	TDMA	TDMA
调制	GMSK	GMSK
传输速率/（kbit·s^{-1}）	270.833	270.833
全速率语音编译码： 　比特率/（kbit·s^{-1}） 　误差保护	 13 9.8	 13 9.8
编码算法	RPE-LTP	RPE-LTP
信道编码	具有交织脉冲检错和1/2编码率卷积码	具有交织脉冲检错和1/2编码率卷积码
控制信道结构： 　公共控制信道 　随路控制信道 　广播控制信道	 有 快速和慢速 有	 有 快速和慢速 有
时延均衡能力/μs	20	20
国际漫游能力	有	有
每载频信道数： 　全速率 　半速率	 8 16	 8 16

1.2 移动区域定义与识别号

1.2.1 区域定义

在小区制移动通信网中,基站设置很多,移动台又没有固定的位置,移动用户只要在服务区域内,无论移动到何处,移动通信网必须具有交换控制功能,以实现位置更新、越区切换和自动漫游等性能。

在由 GSM 系统组成的移动通信网路结构中,区域的定义如图 1-2-1 所示。

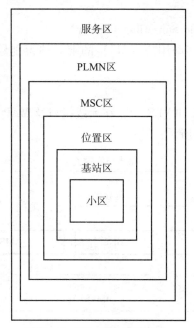

图 1-2-1 GSM 区域定义

1. 服务区

服务区是指移动台可获得服务的区域,即不同通信网(如 PLMN、PSTN 或 ISDN)用户无须知道移动台的实际位置而可与之通信的区域。

一个服务区可由一个或若干个公用陆地移动通信网(PLMN)组成,可以是一个国家或是一个国家的一部分,也可以是若干个国家。

2. PLMN 区

PLMN 区是由一个公用陆地移动通信网(PLMN)提供通信业务的地理区域。PLMN 可以认为是网路(如 ISDN 网或 PSTN 网)的扩展,一个 PLMN 区可由一个或若干个移动业务交换中心(MSC)组成。在该区内具有共同的编号制度(比如相同的国内地区号)和共同的路由计划。MSC 构成固定网与 PLMN 之间的功能接口,用于呼叫接续等。

3. MSC 区

MSC 是一个移动业务交换中心,其控制的所有小区共同覆盖的区域构成 PLMN 网的一部分。一个 MSC 区可以由一个或若干个位置区组成。

4. 位置区

位置区是指移动台可任意移动、不需要进行位置更新的区域。位置区可由一个或若干个小区（或基站区）组成。为了呼叫移动台，可在一个位置区内所有基站同时发寻呼信号。

5. 基站区

由置于同一基站点的一个或数个基站收发信台（BTS）包括的所有小区所覆盖的区域。

6. 小区

采用基站识别码或全球小区识别进行标识的无线覆盖区域。在采用全向天线结构时，小区即为基站区。

1.2.2 移动识别号

1. IMSI（International Mobile Subscriber Identity）

IMSI 是 GSM 系统分配给移动用户（MS）的唯一的识别号，此码在所有位置，包括在漫游区都是有效的。

IMSI 采取 E.212 编码方式。

IMSI 存储在 SIM 卡、HLR 和 VLR 中，在无线接口及 MAP 接口上传送。

IMSI 的组成如图 1-2-2 所示：

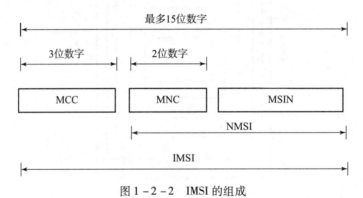

图 1-2-2　IMSI 的组成

其中：

MCC：Mobile Country Code，移动国家码，三位数字，如中国为 460。

MNC：Mobile Network Code，移动网号，两位数字，如中国邮电的 MNC 为 00。

MSIN：Mobile Subscriber Identification Number，在某一 PLMN 内 MS 唯一的识别码。编码格式为：H1 H2 H3 S XXXXXX。

NMSI：National Mobile Subscriber Identification，在某一国家内 MS 唯一的识别码。

典型的 IMSI 举例：460-00-4777770001。

IMSI 的分配原则：

最多包含 15 位数字（0~9）。

MCC 在世界范围内统一分配，而 NMSI 的分配则是各国运营者自己确定。

如果在一个国家有不止一个 GSM PLMN，则每一个 PLMN 都要分配唯一的 MNC。

IMSI 分配时，要遵循在国外 PLMN 最多分析 MCC+MNC 就可寻址的原则。

UpdateLocation、PurgeMS、SendAuthenticationInfo 必须用 IMSI 寻址。

RestoreData 一般用 IMSI 寻址，目前所有到 HLR 的补充业务的操作都是用 IMSI 寻址。

2. TMSI（Temporary Mobile Subscriber Identity）

TMSI 是为了加强系统的保密性而在 VLR 内分配的临时用户识别，它在某一 VLR 区域内与 IMSI 唯一对应。

TMSI 的分配原则：

包含 4 个字节，可以由 8 个十六进制数组成，其结构可由各运营部门根据当地情况而定。

TMSI 的 32 比特不能全部为 1，因为在 SIM 卡中比特全为 1 的 TMSI 表示无效。

要避免在 VLR 重新启动后 TMSI 重复分配，可以采取 TMSI 的某一部分表示时间或在 VLR 重启后某一特定位改变的方法。

3. LMSI（Local Mobile Subscriber Identity）

LMSI 是为了加快 VLR 用户数据的查询速度而由 VLR 在位置更新时分配，然后与 IMSI 一起发送至 HLR 保存，HLR 不会对它做任何处理，但是会在任何包含 IMSI 的消息中发送至 VLR。

LMSI 的长度是 4 个字节，没有具体的分配原则要求，其结构由各运营部门自定。

4. MSISDN（Mobile Subscriber International ISDN/PSTN number）

MSISDN 是指主叫用户为呼叫 GSM PLMN 中的一个移动用户所需拨的号码，作用同固定网 PSTN 号码。

MSISDN 采取 E.164 编码方式。

MSISDN 存储在 HLR 和 VLR 中，在 MAP 接口上传送。

MSISDN 的组成如图 1-2-3 所示：

图 1-2-3　MSISDN 的组成

其中：

CC：Country Code，国家码，如中国为 86。

NDC：National Destination Code，国内接入号，如中国移动的 NDC 目前有 139、138、137、136、135 等。

SN：Subscriber Number，用户号码。

MSISDN 的一般格式为：86-139（或 8-0）- H1 H2 H3 ABCD。

典型的 MSISDN 举例：861394770001。

SendRoutingInfo 与 SendIMSI 都是用 MSISDN 寻址的。

在中国，移动用户号码升位为 11 位，在 H1H2H3 前面加了一个 H0（0~9），其一般格式变为 86-139（或 8-0）- H0H1H2H3ABCD，典型的号码举例：8613904770001。

5. MSC – Number（MSC 号码）/VLR – Number（VLR 号码）

MSC – Number/VLR – Number 采取 E.164 编码方式。

MSC – Number/VLR – Number 编码格式为：CC + NDC + LSP。

其中，CC、NDC 含义同 MSISDN 的规定，LSP（Locally Significant Part）由运营者自己决定。

典型的 MSC – Number 为 86 – 139 – 0477。

PerformHandover 与 PrepareHandover 都是用 MSC – Number 寻址的。

目前在网上 MSC 与 VLR 都是合一的，所以 MSC – Number 与 VLR – Number 基本上都是一样的。

在中国，MSC 号码和 VLR 号码均已升位，在 M1M2M3 前面加了一个 0，典型的号码举例：8613900477。

SendIdentification、CancelLocation、InsertSubscriberData、DeleteSubscriber Data、Reset、ProvideRoamingNumber 等操作都必须用 VLR – Number 寻址，而 SendParameters 操作则可以用 VLR – Number 寻址。

6. Roaming – Number（漫游号码）与 Handover – Number（切换号码）

Roaming – Number 简称 MSRN，Handover – Number 简称 HON。

MSRN/HON 在移动被叫或切换过程中临时分配，用于 GMSC 寻址 VMSC 或 MSCA 寻址 MSCB 所用，在接续完成后立即释放。它对用户而言是不可见的。

MSRN/HON 采取 E.164 编码方式。

MSRN/HON 的编码格式为：在 MSC – Number 的后面增加几个字节。

典型的 Roaming – Number 或 Handover – Number 为 86 – 139 – 0477XXX。

因 MSISDN 号码、MSC 号码、VLR 号码均已升位，MSRN 和 HON 也随之升位，典型的升位后的 MSRN 和 HON 号码为 86 – 139 – 00477ABC。

对于 MSRN 的分配有两种：

在起始登记或位置更新时，由 VLR 分配 MSRN 后传送给 HLR。当移动台离开该地后，在 VLR 和 HLR 中都要删除 MSRN，使此号码能再分配给其他漫游用户使用。

在每次移动台有来话呼叫时，根据 HLR 的请求，临时由 VLR 分配一个 MSRN，此号码只能在某一时间范围（比如 90 s）内有效。

对于 HON，它是用于两移动交换区（MSC 区）间进行切换时，为建立 MSC 之间通话链路而临时使用的号码。

7. HLR – Number（HLR 号码）

HLR – Number 采取 E.164 编码方式。

HLR – Number 的编码格式为：CC + NDC + H1 H2 H3 0000；

升位后变为：CC + NDC + H0H1H2H3000。

其中，CC、NDC 的含义同 MSISDN 的规定。

典型的 HLR – Number 为 86 – 139 – 4770000；升位后为 861390477000。

用 IMSI 寻址的操作，除了必须用的 IMSI 之外，都可转换为用 HLR – Number 寻址。

8. LAI（Location Area Identification，位置区识别）

（1）在检测位置更新时，要使用位置区识别 LAI。

（2）编码格式如图 1-2-4 所示：

图 1-2-4　LAI 的组成

其中，MCC、MNC 的含义与 IMSI 中的相同。

LAC：Location Area Code，是 2 个字节长的十六进制 BCD 码，0000 与 FFFE 不能使用。

9. CGI（Cell Global Identification，全球小区识别）

（1）CGI 是所有 GSM PLMN 中小区的唯一标识，是在位置区识别 LAI 的基础上再加上小区识别 CI 构成的。

（2）编码格式为：LAI + CI。

其中，CI（Cell Identity）是 2 个字节长的十六进制 BCD 码，可由运营部门自定。

10. RSZI（Regional Subscription Zone Identity）

（1）RSZI 明确地定义了用户可以漫游的区域。

（2）编码格式如图 1-2-5 所示：

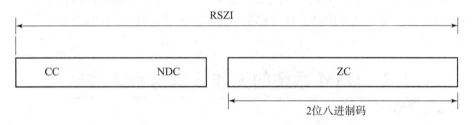

图 1-2-5　RSZI 的组成

其中：

CC 与 NDC 的含义与 MSISDN 中的相同。

ZC（Zone Code）在某一 PLMN 内唯一地识别允许漫游的区域，它是由运营者设定，在 VLR 内存储。

RSZI 并不在 HLR 与 VLR 之间传送，而只有 ZC 在位置更新时，从 HLR 传送到 VLR，用于 VLR 判断某用户是否允许在该 VLR 区域内漫游。

11. BSIC（Base Station Identity Code，基站识别码）

用于移动台识别相邻的采用相同载频的不同的基站收发信台（BTS），特别用于区别在不同国家的边界地区采用相同载频的相邻 BTS。BSIC 为一个 6 比特编码，其组成如图 1-2-6 所示。

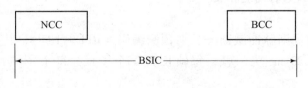

图 1-2-6　BSIC 的组成

其中：

NCC：PLMN 色码。用来唯一地识别相邻国家不同的 PLMN。相邻国家要具体协调 NCC 的配置。

BCC：BTS 色码。用来唯一地识别采用相同载频、相邻的、不同的 BTS。

12. IMEI（International Mobile Equipment Identification，国际移动设备识别码）

IMEI 唯一地识别一个移动台设备，用于监控被窃或无效的移动设备。IMEI 的组成如图 1-2-7 所示。

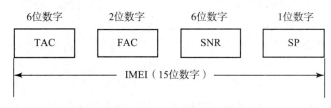

图 1-2-7　IMEI 的组成

其中：

TAC：型号批准码，由欧洲型号批准中心分配。

FAC：最后装配码，表示生产厂家或最后装配所在地，由厂家进行编码。

SNR：序号码。这个数字的独立序号码唯一地识别每个 TAC 和 FAC 的每个移动设备。

SP：备用。

1.3　GSM 系统的无线接口与系统消息

1.3.1　无线接口

语音信号在无线接口路径的处理过程如图 1-3-1 所示。

图 1-3-1　语音在 MS 中的处理过程

首先，语音通过一个模/数转换器，实际上是经过 8 kHz 抽样、量化后变为每 125 μs 含有 13 bit 的码流；每 20 ms 为一段，再经语音编码后降低传码率为 13 bit/s；经信道编码变为 22.8 kbit/s；再经码字交织、加密和突发脉冲格式化后变为 33.8 kbit/s 的码流，经调制后发送出去。接收端的处理过程与之相反。

1. 语音编码

此编码方式称为规则脉冲激励—长期预测编码（RPE-LTP），其处理过程是先进行 8 kHz 抽样，调整每 20 ms 为一帧，每帧长为 4 个子帧，每个子帧长 5 ms，纯比特率为 13 kbit/s。

现代数字通信系统往往采用语音压缩编码技术，GSM 也不例外。它利用语音编码器为人体喉咙所发出的音调和噪声，以及人的口和舌的声学滤波效应建立模型，这些模型参数将通过 TCH 信道进行传送。

语音编码器是建立在残余激励线性预测编码器（REIP）的基础上的，并通过长期预测器（LTP）增强压缩效果。LTP 通过去除语音的元音部分，使得残余数据的编码更为有利。语音编码器以 20 ms 为单位，经压缩编码后输出 260 bit，因此码速率为 13 kbit/s。根据重要性不同，输出的比特分成 182 bit 和 78 bit 两类。较重要的 182 bit 又可以进一步细分出 50 个最重要的比特。

与传统的 PCM 线路上语音的直接编码传输相比，GSM 的 13 kbit/s 的语音速率要低得多。未来的更加先进的语音编码器可以将速率进一步降低到 6.5 kbit/s（半速率编码）。

2. 信道编码

为了检测和纠正传输期间引入的差错，在数据流中引入冗余，通过加入从信源数据计算得到的信息来提高其速率，信道编码的结果为一个码字流；对语音来说，这些码字长 456 bit。

从语音编码器中输出的码流为 13 kbit/s，被分为 20 ms 的连续段，每段中含有 260 bit，其中特细分为：50 个非常重要的比特、132 个重要比特、78 个一般比特。对它们分别进行不同的冗余处理，如图 1-3-2 所示。

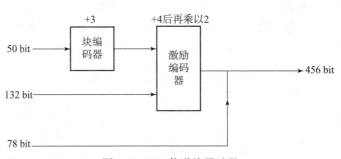

图 1-3-2　信道编码过程

其中，块编码器引入 3 位冗余码，激励编码器增加 4 个尾比特后再引入 2 倍冗余。

用于 GSM 系统的信道编码方法有三种：卷积码、分组码和奇偶码。具体原理见有关资料，在这里就不再赘述了。

3. 交织

在编码后，语音组成的是一系列有序的帧，而在传输时的比特错误通常是突发性的，这将影响连续帧的正确性。为了纠正随机错误以及突发错误，最有效的组码就是用交织技术来分散这些误差。

交织的要点是把码字的 b 个比特分散到 n 个突发脉冲序列中，以改变比特间的邻近关系。n 值越大，传输特性越好，但传输时延也越大，因此必须作折中考虑，这样，交织就与信道的用途有关，所以在 GSM 系统中规定了几种交织方法。但通常采用二次交织方法。

由信道编码后提取出的 456 bit 被分为 8 组，进行第一次交织，如图 1-3-3 所示。

由它们组成语音帧的一帧，现假设有 3 帧语音帧如图 1-3-4 所示。

而在一个突发脉冲中包括一个语音帧中的两组，如图 1-3-5 所示。

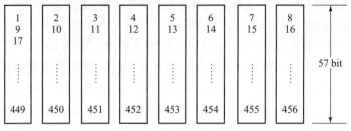

图1-3-3 456 bit 交织

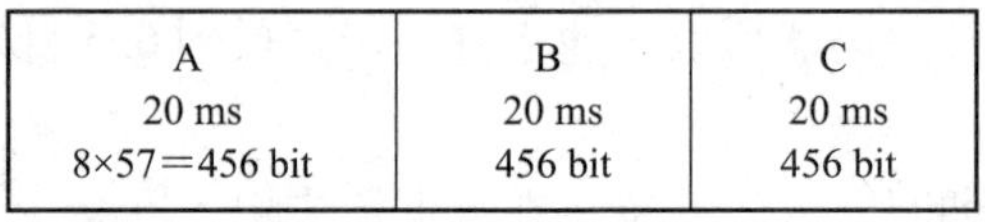

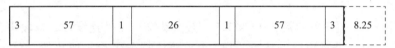

图1-3-4 三个语音帧

| 3 | 57 | 1 | 26 | 1 | 57 | 3 | 8.25 |

图1-3-5 突发脉冲的结构

其中，前后3个尾比特用于消息定界，26个训练比特，训练比特的左右各1个比特作为"挪用标志"。而一个突发脉冲携带有两段57 bit的声音信息（突发脉冲将在后一章详细介绍）。如表1-3-1所示，在发送时，进行第二次交织。

表1-3-1 语音码的二次交织

A	
A	
A	
A	
B	A
B	A
B	A
B	A
C	B
C	B
C	B
C	B
	C
	C
	C
	C

4. 调制技术

GSM 的调制方式是 0.3GMSK。0.3 表示了高斯滤波器的带宽和比特率之间的关系。

GMSK 是一种特殊的数字调频方式，它通过在载波频率上增加或者减少 67.708 kHz 来表示 0 或 1，利用两个不同的频率来表示 0 和 1 的调制方法称为 FSK。在 GSM 中，数据的比特率被选择为正好是频偏的 4 倍，这可以减小频谱的扩散，增加信道的有效性，比特率为频偏 4 倍的 FSK，称为 MSK——最小频移键控。通过高斯预调制滤波器，可以进一步压缩调制频谱。高斯滤波器降低了频率变化的速度，防止信号能量扩散到邻近信道频谱。

0.3GSMK 并不是一个相位调制，信息并不是像 QPSK 那样，由绝对的相位来表示。它是通过频率的偏移或者相位的变化来传送信息的。有时把 GMSK 画在 I/Q 平面图上是非常有用的。如果没有高斯滤波器，MSK 将用一个比载波高 67.708 kHz 的信号来表示一个待定的脉冲串 1。如果载波的频率被作为一个静止的参考相位，我们就会看到一个 67.708 kHz 的信号在 I/Q 平面上稳定地增长相位，它每秒钟将旋转 67 708 次。在每一个比特周期，相位将变化 90°。一个 1 将由 90°的相位增长表示，两个 1 将引起 180°的相位增长，三个 1 将引起 270°的相位增长，如此等等。同样地，连续的 0 也将引起相应的相位变化，只是方向相反而已。高斯滤波器的加入并没有影响 0 和 1 的 90°相位增减变化，因为它没有改变比特率和频偏之间的 4 倍关系，所以不会影响平均相位的相对关系，只是降低了相位变化时的速率。在使用高斯滤波器时，相位的方向变换将会变缓，但可以通过更高的峰值速度来进行相位补偿。如果没有高斯滤波器，将会有相位的突变，但相位的移动速度是一致的。

精确的相位轨迹需要严格地控制。GSM 系统使用数字滤波器和数字 I/Q 调制器去产生正确的相位轨迹。在 GSM 规范中，相位的峰值误差不得超过 20°，均方误差不得超过 5°。

1.3.2 跳频

在语音信号经处理，调制后发射时，还会采用跳频技术，即在不同时隙发射载频在不断地改变（当然，同时要符合频率规划原则）。

引入跳频技术，主要是出于以下两点考虑：

（1）由于过程中的衰落具有一定的频带性，引入跳频可减少瑞利衰落的相关性。

（2）由于干扰源分集特性。在业务密集区，蜂窝的容量受频率复用产生的干扰限制，因为系统的目标是满足尽可能多买主的需要，系统的最大容量是在一给定部分呼叫由于干扰使质量受到明显降低的基础上计算的，当在给定的 C/I 值附近统计分散尽可能小时，系统容量较好。我们考虑一个系统，其中一个呼叫感觉到的干扰是由许多其他呼叫引起的干扰电平的平均值。那么，对于一给定总和，干扰源的数量越多，系统性能越好。

GSM 系统的无线接口采用了慢速跳频（SFH）技术。慢速跳频与快速跳频（FFH）之间的区别在于后者的频率变化快于调制频率。GSM 系统在整个突发序列传输期，传送频率保持不变，因此是属于慢跳频情况，如图 1-3-6 所示。

在上、下行线两个方向上，突发序列号在时间上相差 3 BP，跳频序列在频率上相差 45 MHz。

GSM 系统允许有 64 种不同的跳频序列，对它的描述主要有两个参数：移动分配指数偏置 MAIO 和跳频序列号 HSN。MAIO 的取值可以与一组频率的频率数一样多；HSN 可以取 64 个不同值。跳频序列选用伪随机序列。

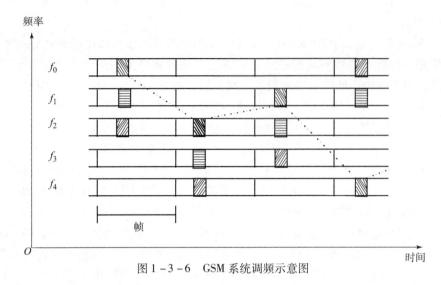

图 1-3-6 GSM 系统调频示意图

通常，在一个小区的信道载有同样的 HSN 和不同的 MAIO，这是避免小区内信道之间的干扰。邻近小区不会有干扰，因它们使用不同的频率组。为了获得干扰参差的效果，使用同样频率组的远小区应使用不同的 HSN。

1.3.3 时序调整

由于 GSM 采用 TDMA 技术，且它的小区半径可以达到 35 km，因此需要进行时序调整。由于从手机出来的信号需要经过一定时间才能到达基地站，因此我们必须采取一定的措施，来保证信号在恰当的时候到达基站。

如果没有时序调整，那么从小区边缘发射过来的信号，就将因为传输的时延和从基站附近发射的信号相冲突（除非二者之间存在一个大于信号传输时延的保护时间）。通过时序调整，手机发出的信号就可以在正确的时间到达基站。当 MS 接近小区中心时，BTS 就会通知它减少发射前置的时间，而当它远离小区中心时，就会要求它加大发射前置时间。

当手机处于空闲模式时，它可以接收和解调基站来的 BCH 信号。在 BCH 信号中有一个 SCH 的同步信号，可以用来调整手机内部的时序，当手机接收到一个 SCH 信号后，它并不知道它离基站有多远。如果手机和基站相距 30 km，那么手机的时序将比基站慢 100 μs。当手机发出它的第一个 RACH 信号时，就已经晚了 100 μs，再经过 100 μs 的传播时延，到达基站时就有了 200 μs 的总时延，很可能和基站附近的相邻时隙的脉冲发生冲突。因此，RACH 和其他的一些信道接入脉冲将比其他脉冲短。只有在收到基站的时序调整信号后，手机才能发送正常长度的脉冲。因此在这个例子中，手机就需要提前 200 μs 发送信号。

1.3.4 帧和信道

1. 基本术语简介

GSM 系统在无线路径上传输要涉及的基本概念最主要的是突发脉冲序列（Burst），简称突发序列，它是一串含有百来个调制比特的传输单元。突发脉冲序列有一个限定的持续时间和占有限定的无线频谱。它们在时间和频率窗上输出，而这个窗被人们称为隙缝（Slot）。确切地说，在系统频段内，每 200 kHz 设置隙缝的中心频率（以 FDMA 角度观察），而隙缝在时间上循环地发生,每次占 15/26 ms 即近似为 0.577 ms(以 TDMA 角度观察)。在给定的小区内,所有隙缝的时间范围是同时存在的。这些隙缝的时间间隔称为时隙(Time Slot),而它的持续时间被用于作为时间单元,标为 BP,意为突发脉冲序列周期(Burst Period)。

我们可用时间/频率图把隙缝画为一个小矩形,其长为 15/26 ms、宽为 200 kHz,如图 1-3-7 所示。类似地,我们可把 GSM 所规定的 200 kHz 带宽称为频隙(Frequency Slot),相当于 GSM 规范书中的无线频道(Radio Frequency Channel),也称射频信道。

时隙和突发脉冲序列两术语,在使用中带有某些不同的意思。例如突发脉冲序列,有时与时—频"矩形"单元有关,有时与它的内容有关。类似地,时隙含有其时间值的意思,或意味着在时间上循环地使用每 8 个隙缝中的一个隙缝。

使用一个给定的信道就意味着在特定的时刻和特定的频率,也就是说在特定的隙缝中传送突发脉冲序列。通常,一个信道的隙缝在时间上不是邻接的。

信道对于每个时隙具有给定的时间限界和时隙号码 TN(Time Slot Number),这些都是信道的要素。一个信道的时间限界是循环重复的。

与时间限界类似,信道的频率限界给出了属于信道的各隙缝的频率。它把频率配置给各时隙,而信道带有一个隙缝。对于固定的频道,频率对每个隙缝是相同的。对于跳频信道的隙缝,可使用不同的频率。

帧(Frame)通常被表示为接连发生的 i 个时隙。在 GSM 系统中,目前采用全速率业务信道,i 取为 8。TDMA 帧强调的是以时隙来分组而不是 8 BP。这个想法在处理基站执行过程中是很自然的,它与基站执行许多信道的实际情况相吻合。但是从移动台的角度看,8 BP 周期的提法更自然,因为移动台在同样的一帧时间中仅处理一个信道,占用一个时隙,更有"突发"的含义。

一个 TDMA 帧包含 8 个基本的物理信道。

物理信道(Physical Channel)采用频分和时分复用的组合,它由用于基站(BS)和移动台(MS)之间连接的时隙流构成。这些时隙在 TDMA 帧中的位置,从帧到帧是不变的,如图 1-3-7 所示。

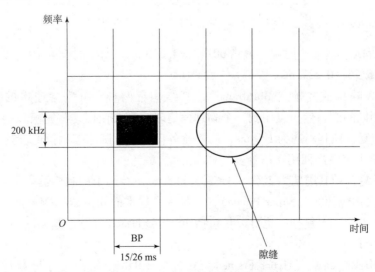

图 1-3-7 时间和频率中的隙缝

逻辑信道（Logical Channel）是在一个物理信道中作时间复用的。不同逻辑信道用于 BS 和 MS 间传送不同类型的信息，例如信令或数据业务。在 GSM 系统中，对不同的逻辑信道规定了五种不同类型的突发脉冲序列。

图 1-3-8 示出了 TDMA 帧的完整结构，还包括了时隙和突发脉冲序列。必须记住，TDMA 帧是在无线链路上重复的"物理"帧。

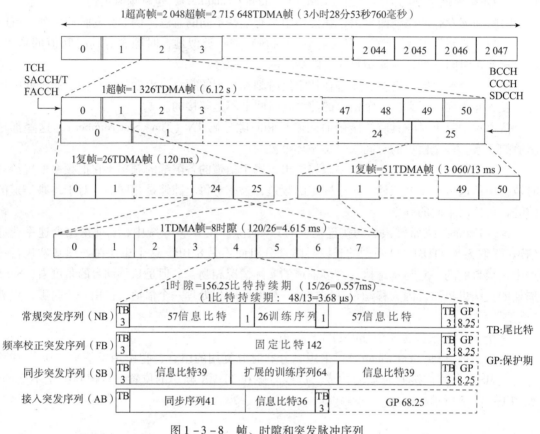

图 1-3-8　帧、时隙和突发脉冲序列

每一个 TDMA 帧含 8 个时隙，共占 $60/13 \approx 4.615$ ms。每个时隙含 156.25 个码元（比特持续期），占 $15/26 \approx 0.557$ ms。

多个 TDMA 帧构成复帧（Multiframe），其结构有两种，分别含连贯的 26 个或 51 个 TDMA 帧。当不同的逻辑信道复用到一个物理信道时，需要使用这些复帧。

含 26 帧的复合帧其周期为 120 ms，用于业务信道及其随路控制信道。其中 24 个突发序列用于业务，2 个突发序列用于信令。

含 51 帧的复合帧其周期为 $3060/13 \approx 235.385$ ms，专用于控制信道。

多个复帧又构成超帧（Super Frame），它是一个连贯的 51×26 TDMA 帧，即一个超帧可以是包括 51 个 26TDMA 复帧，也可以是包括 26 个 51TDMA 复帧。超帧的周期均为 1 326 个 TDMA 帧，即 6.12 s。

多个超帧构成超高帧（Hyper Frame）。它包括 2 048 个超帧，周期为 12 533.76 s，即 3 小时 28 分 53 秒 760 毫秒。用于加密的语音和数据，超高帧每一周期包含 2 715 648 个

TDMA 帧，这些 TDMA 帧按序编号，依次从 0 至 2 715 647，帧号在同步信道中传送。帧号在跳频算法中也是必需的。

2. 信道类型和组合

无线子系统的物理信道支撑着逻辑信道。逻辑信道可分为业务信道（Traffic Channel）和控制信道（Control Channel）两大类，其中后者也称信令信道（Signalling Channel）。

1）业务信道

业务信道（TCH）载有编码的语音或用户数据，它有全速率业务信道（TCH/F）和半速率业务信道（TCH/H）之分，两者分别载有总速率为 22.8 kbit/s 和 11.4 kbit/s 的信息。使用全速率业务信道所用时隙的一半，就可得到半速率信道。因此一个载频可提供 8 个全速率或 16 个半速率业务信道（或两者的组合）并包括各自所带有的随路控制信道。

（1）语音业务信道。

载有编码语音的业务信道分为全速率语音业务信道（TCH/FS）和半速率语音业务信道（TCH/HS），两者的总速率分别为 22.8 kbit/s 和 11.4 kbit/s。

对于全速率语音编码，语音帧长 20 ms，每帧含 260 bit，提供的净速率为 13 kbit/s。

（2）数据业务信道。

在全速率或半速率业务信道上，通过不同的速率适配、信道编码和交织，支撑着直至 9.6 kbit/s 的透明和非透明数据业务。用于不同用户数据速率的业务信道，具体有：

- 9.6 kbit/s，全速率数据业务信道（TCH/F9.6）。
- 4.8 kbit/s，全速率数据业务信道（TCH/F4.8）。
- 4.8 kbit/s，半速率数据业务信道（TCH/H4.8）。
- ≤2.4 kbit/s，全速率数据业务信道（TCH/F2.4）。
- ≤2.4 kbit/s，半速率数据业务信道（TCH/H2.4）。

数据业务信道还支撑具有净速率为 12 kbit/s 的非限制的数字承载业务。

在 GSM 系统中，为了提高系统效率，还引入额外一类信道，即 TCH/8，它的速率很低，仅用于信令和短消息传输。如果 TCH/H 可看作 TCH/F 的一半，则 TCH/8 便可看作 TCH/F 的八分之一。TCH/8 应归于慢速随路控制信道（SACCH）的范围。

2）控制信道

控制信道（CCH）用于传送信令或同步数据。它主要有三种：广播信道（BCH）、公共控制信道（CCCH）和专用控制信道（DCCH）。

（1）广播信道。

广播信道仅作为下行信道使用，即 BS 至 MS 单向传输。它分为如下三种信道：

①频率校正信道（FCCH）。

载有供移动台频率校正用的信息。

②同步信道（SCH）。

载有供移动台帧同步和基站收发信台识别的信息。实际上，该信道包含以下两个编码参数：

- 基站识别码（BSIC），它占有 6 个比特（信道编码之前），其中 3 个比特为 0～7 范围的 PLMN 色码，另 3 个比特为 0～7 范围的基站色码（BCC）。
- 简化的 TDMA 帧号（RFN），它占有 19 个比特。

③广播控制信道（BCCH）。

通常，在每个基站收发信台中总有一个收发信机含有这个信道，以向移动台广播系统信息。BCCH 所载的参数主要有：

- CCCH（公共控制信道）号码以及 CCCH 是否与 SDCCH（独立专用控制信道）相组合。
- 为接入准许信息所预约的各 CCCH 上的区块（Block）号码。
- 向同样寻呼组的移动台传送寻呼信息之间的 51TDMA 复合帧号码。

（2）公共控制信道。

公共控制信道为系统内移动台所共用，它分为下述三种信道：

①寻呼信道（PCH）。

这是一个下行信道，用于寻呼被叫的移动台。

②随机接入信道（RACH）。

这是一个上行信道，用于移动台随机提出入网申请，即请求分配一个 SDCCH。

③准予接入信道（AGCH）。

这是一个下行信道，用于基站对移动台的入网请求作出应答，即分配一个 SDCCH 或直接分配一个 TCH。

（3）专用控制信道。

使用时由基站将其分给移动台，进行移动台与基站之间的信号传输。它主要有如下几种：

①独立专用控制信道（SDCCH）。

用于传送信道分配等信号。它可分为独立专用控制信道（SDCCH/8）、与 CCCH 相组合的独立专用控制信道（SDCCH/4）。

②慢速随路控制信道（SACCH）。

它与一条业务信道或一条 SDCCH 联用，在传送用户信息期间带传某些特定信息，例如无线传输的测量报告。该信道包含下述几种：

- TCH/F 随路控制信道（SACCH/TF）。
- TCH/H 随路控制信道（SACCH/TH）。
- SDCCH/4 随路控制信道（SACCH/C4）。
- SDCCH/8 随路控制信道（SACCH/C8）。

③快速随路控制信道（FACCH）。

它与一条业务信道联用，携带与 SDCCH 同样的信号，但只在未分配 SDCCH 时才分配 FACCH，通过从业务信道借取的帧来实现接续，传送诸如"越区切换"等指令信息。FACCH 可分为如下几种：

- TCH/F 随路控制信道（FACCH/F）。
- TCH/H 随路控制信道（FACCH/H）。

除了上述三类控制信道外，还有一种小区广播控制信道（CBCH），它用于下行线，载有短消息业务小区广播（SMSCB）信息，使用像 SDCCH 相同的物理信道。

图 1-3-9 归纳了上述逻辑信道的分类。

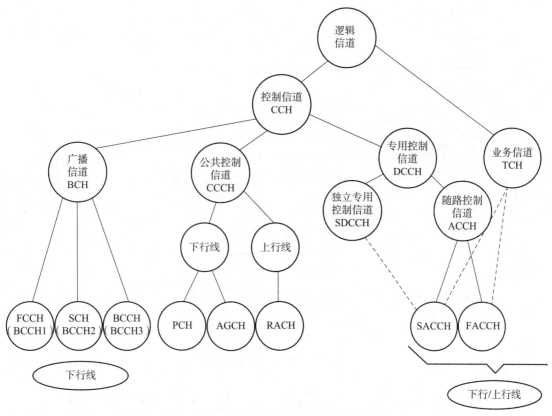

图 1-3-9 逻辑信道类型

3) 信道组合。

可能的信道组合有多种,例如:

TCH/F + FACCH/F + SACCH/TF

TCH/H + FACCH/H + SACCH/TH   26-复帧

FCCH + SCH + BCCH + CCCH

FCCH + SCH + BCCH + CCCH + SDCCH/4 + SACCH/4

BCCH + CCCH

SDCCH/8 + SACCH/8   51-复帧

其中,CCCH = PCH + RACH + AGCH。

上述组合的第3种和第4种,严格地分配到小区配置的 BCCH 载频的时隙0位置上。

图 1-3-10 和图 1-3-11 示出了全速率情况下,支撑广播和公共控制信道以及业务信道的复帧格式。

1.3.5 Um 接口语音处理

1. 语音在无线信道上的传送

我们以一语音的发送为例,讲述语音的无线传输,如图 1-3-12 所示。语音的接收仅仅是发送的反过程。

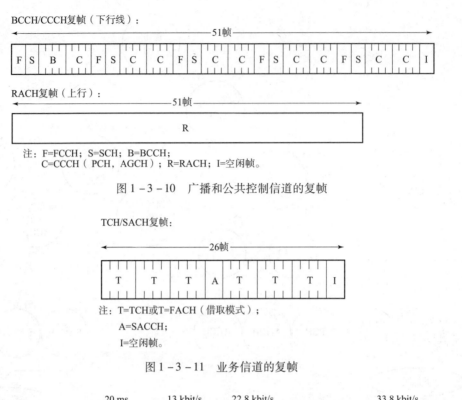

图 1-3-10 广播和公共控制信道的复帧

图 1-3-11 业务信道的复帧

图 1-3-12 语音发送的全过程

语音处理过程综述：首先，语音通过一个模/数转换器，实际上是经过 8 kHz 抽样，每个脉冲均匀量化为 13 bit；每 20 ms 为一段，再经语音编码后降低传码率为 13 bit/s；经信道编码变为 22.8 kbit/s；再经码字交织、加密和突发脉冲格式化后变为 33.8 kbit/s 的码流；经调制后发送出去。接收端的处理过程相反。

2. 信道编码

为了检测和纠正传输期间引入的误码，在数据流中引入冗余比特用于纠错。信道编码器把语音分成"很重要"（50 bit）、"较重要"（132 bit）和"不重要"（78 bit）三部分，对前两部分分别加入 3、4 位奇偶校验码（(50+3) + (132+4)）= 189 bit），然后做 1:2 的卷积（189 * 2 = 378 bit），再加上不重要的 78 bit，形成了 456 bit/20 ms = 22.8 kbit/s 的信道编码组，结果使 20 ms 段比特数从 260 bit 增加到 456 bit，相应的语音速率从 13 kbit/s 增加到 22.8 kbit/s。

3. 交织

为什么引入语音交织？由于无线传输干扰和误码通常在某个较小时间段内发生，影响连续的几个突发脉冲；如果把语音帧内的比特顺序按一定的规则错开，使原来连续的比特分散到若干个突发脉冲中传输，则可分散误码，使连续的长误码变为若干分散的短误码，以便于纠错，提高语音质量。

交织处理的两个优点：

①可以减少一个语音帧内的误码数量。
②通过信道解码,可实现部分误码的纠正。

交织处理的两个缺点:
①语音处理时延长。
②信号处理程度复杂。

第一次交织把 456 bit/20 ms 的语音码分成 8 块,每块 57 bit,如图 1-3-13 所示。前后两个 20 ms 段的块交织,组成 8 个 114 bit 的块。

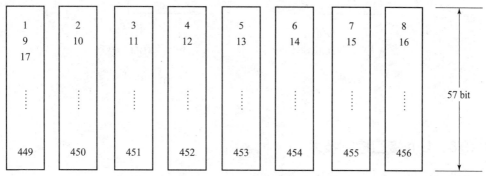

图 1-3-13　第一次交织

第二次交织是把每个 114 bit 块里来自两个 20 ms 语音码段的 57 bit 块进行比较交织,形成第二次交织后的 114 bit 块,如图 1-3-14 所示。

A	
A	
A	
A	
B	A
B	A
B	A
B	A
C	B
C	B
C	B
C	B
	C
	C

图 1-3-14　第二次交织

4. 加密

为什么引入加密技术?对无线接口上传送的信息(语音或数据)进行加密,防止无线侦听导致失密。GSM 系统的加密技术仅仅保护无线接口。

把交织后的 114 bit 块和一个 114 bit 的加密块进行加密，其示意图如图 1-3-15 所示。

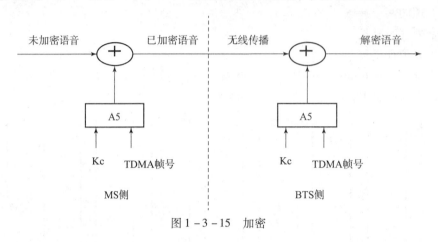

图 1-3-15　加密

1.3.6　Um 接口控制技术

1. 自动功率控制（APC）技术

为何需要 APC？可降低手机功耗，延长电池使用时间；可减小系统内的干扰，提高频率利用率，增加系统容量。

如何进行 APC？MS 功率控制：MS 接收 BTS 发射的信号，得到射频信号强度、质量等级参数，进行 APC；手机起始发射功率由系统消息决定；可能导向切换、掉话。BTS 功率控制：BTS 接收 MS 发射信号，得到射频信号强度、质量等级参数（BTS 预处理），上报 BSC，由 BSC 进行 APC。

2. 非连续发射（DTX）技术

为何需要 DTX？通话是双向的，对于 MS 用户来说，平均的说话时间约在 40% 以下；可降低手机功耗，延长电池使用时间；可减小系统内的干扰，提高频率利用率，增加系统容量。

如何进行 DTX？采用 VAD（语音激活检测）技术：在说话时，正常发射信号；在停止说话时，每隔一段时间发送一个静音帧，由静音帧在 BTS 产生舒适噪声，使对方不会误以为通话中断。重新开始说话时，由 VAD 功能检测到语音，重新正常发射信号。

3. 非连续接收（DRX）技术

为何需要 DRX？手机绝大部分时间处于空闲状态，此时需要随时准备接收 BTS 发来的寻呼信号；系统按照 IMSI 将 MS 用户分类，不同类别的手机在不同的时刻接收系统寻呼消息，无须连续接收；可降低手机功耗，延长电池使用时间。

如何进行 DRX？系统根据 IMSI 将 MS 分类，分时刻接收寻呼消息。

4. 跳频技术

跳频，即在不同时隙发射载频在不断地改变。

为何引入跳频？可减少瑞利衰落，提高每用户的语音质量；可减小系统内的干扰，提高频率利用率，增加系统容量；GSM 系统的无线接口采用了慢速跳频（SFH）技术，即系统在整个突发序列传输期（BP），传送频率保持不变。

5. 时延调整

由于 GSM 采用 TDMA，每载频 8 个时隙，应严格保持时隙间的同步；GSM 的小区半径可以达到 35 km，从手机出来的信号需要经过一定时间才能到达基站，单程传输极限时间是 100 μs，双程传输极限时间为 200 μs。因此我们必须采取一定的措施——时延调整，来保证信号在恰当的时候到达基站。

1.3.7 系统消息

1. 系统消息的作用

在 GSM 移动通信系统中，系统消息的发送方式有两种，一种是广播消息，另一种是随路消息。

移动台在空闲模式下，与网络设备间的联系是通过广播的系统消息实现的。网络设备向移动台广播系统消息，使得移动台知道自己所处的位置，以及能够获得的服务类型，在广播系统消息中的某些参数还控制了移动台的小区重选。

移动台在进行呼叫时，与网络设备间的联系是通过随路系统消息实现的。网络设备向移动台发送的随路系统消息中的某些内容，控制了移动台的传输、功率控制与切换等行为。

广播的系统消息与随路的系统消息是紧密联系的。广播系统消息中的内容可以与随路系统消息中的内容重复。随路系统消息中的内容可以与广播系统消息中的内容不一致，这主要是由于随路系统消息只影响一个移动台的行为，而广播系统消息影响的是所有处于空闲模式下的移动台。

2. 系统消息包含的种类及内容

1）系统消息 1

系统消息 1 为广播消息。

内容：

- 小区信道描述：为移动台跳频提供频点参考。
- 随机接入信道控制参数：控制移动台在初始接入时的行为。
- 系统消息 1 的剩余字节：通知信道位置信息。

2）系统消息 2

系统消息 2 为广播消息。

内容：

- 邻近小区描述：移动台监视邻近小区载频的频点参考。
- 网络色码允许：控制移动台测量报告的上报。
- 随机接入信道控制参数：控制移动台在初始接入时的行为。

（1）系统消息 2 bis。

系统消息 2 bis 为广播消息。

内容：

- 邻近小区描述：移动台监视邻近小区载频的频点参考。
- 随机接入信道控制参数：控制移动台在初始接入时的行为。
- 系统消息 2 bis 剩余字节：填充位，无有用信息。

（2）系统消息 2 ter。

系统消息 2 ter 为广播消息。

内容：

- 附加多频信息：要求的多频测量报告数量。
- 邻近小区描述：移动台监视邻近小区载频的频点参考。
- 系统消息 2 ter 剩余字节：填充位，无有用信息。

3）系统消息 3

系统消息 3 为广播消息。

内容：

- 小区标识：当前小区的标识。
- 位置区标识：当前小区的位置区标识。
- 控制信道描述：小区的控制信道的描述信息。
- 小区选项：小区选项信息。
- 小区选择参数：小区选择参数信息。
- 随机接入信道控制信息：控制移动台在初始接入时的行为。
- 系统消息 3 剩余字节：小区重选参数信息与 3 类移动台控制信息。

4）系统消息 4

系统消息 4 为广播消息。

内容：

- 位置区标识：当前小区的位置区标识。
- 小区选择参数：小区选择参数信息。
- 随机接入信道控制信息：控制移动台在初始接入时的行为。
- 小区广播信道描述：小区的广播短消息信道描述信息。
- 小区广播信道移动分配信息：小区广播短信道跳频频点信息。
- 系统消息 4 剩余字节；小区重选参数信息。

5）系统消息 5

系统消息 5 为随路消息。

内容：

- 邻近小区描述：移动台监视邻近小区载频的频点参考。

（1）系统消息 5 bis。

系统消息 5 bis 为随路消息。

内容：

- 邻近小区描述；移动台监视邻近小区载频的频点参考。

（2）系统消息 5 ter。

系统消息 5 ter 为随路消息。

内容：

- 附加多频信息：要求的多频测量报告数量。
- 邻近小区描述：移动台监视邻近小区载频的频点参考。

6）系统消息 6

系统消息 6 为随路消息。

内容：
- 小区标识：当前小区的标识。
- 位置区标识：当前小区的位置区标识。
- 小区选项：小区选项信息。
- 网络色码允许：控制移动台测量报告的上报。

7）系统消息 7

系统消息 7 为广播消息。

内容：
- 系统消息 7 剩余字节：小区重选参数信息。

8）系统消息 8

系统消息 8 为广播消息。

内容：
- 系统消息 8 剩余字节：小区重选参数信息。

9）系统消息 9

系统消息 9 为广播消息。

内容：
- 随机接入信道控制信息：控制移动台在初始接入时的行为。
- 系统消息 9 剩余字节：广播信道参数信息。

1.4 系统管理功能介绍

1.4.1 GSM 系统的安全性管理

GSM 系统主要有如下安全性措施：
- 访问 AUC，进行用户鉴权。
- 无线通道加密。
- 移动设备识别。
- IMSI 临时身份—TMSI 的使用。

在明确这些措施之前，有必要回顾一下表明用户身份的 SIM 卡的内容和鉴权中心（AUC）的内容。

SIM 卡中有如下内容：
- 固化数据，IMSI，Ki，安全算法；
- 临时的网络数据 TMSI，LAI，Kc，被禁止的 PLMN；
- 业务相关数据。

AUC 有如下内容：
- 用于生成随机数（RAND）的随机数发生器；
- 鉴权键 Ki；
- 各种安全算法。

以下对GSM安全措施进行详细说明。

(1) 访问AUC，进行用户鉴权。

AUC的基本功能是产生三参数组（RAND、SRES、Kc），其中RAND由随机数发生器产生，SRES由RAND和Ki用A3算法得出；Kc由RAND和Ki用A8算出。三参数组存于HLR中。对于某一已登记的MS，由其服务区的MSC/VLR从HLR中装载至少一套三参数组为此MS服务。

当用户要建立呼叫，进行位置更新等操作时，先需对其鉴权，其过程如下：

①MSC、VLR传送RAND至MS；

②MS用RAND和Ki算出SRES并返至MSC/VLR；

③MSC/VLR把收到的SRES与存储其中的SRES进行比较，决定其真实性。

(2) 无线通道加密。

其过程如图1-4-1所示。

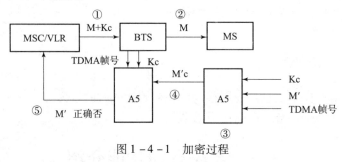

图1-4-1 加密过程

①MSC/VLR把加密模式命令M和Kc一起送给BTS；

②加密模式命令M传至MS；

③加密模式完成消息M′和Kc用A5算法加密，同时TDMA帧号也用A5算法加密，合成M′c；

④M′c送至BTS；

⑤M′c和Kc用A5算法解密，TDMA帧号也由A5算法解密；

⑥若M′c能被解密成M′（加密模式成功）并送至MSC，则所有信息从此时开始加密。

(3) 移动设备识别。

过程如下：

①MSC/VLR要求MS发送IMEI；

②MS发送IMEI；

③MSC/VLR转发IMEI；

④在EIR中核查IMEI，返回信息至MSC/VLR。

(4) TMSI的使用。

当MS进行位置更新，发起呼叫或激活业务时，MSC/VLR将分配给IMSI一个新的TMSI，并由MS存储于SIM卡上，此后MSC/VLR与MS间信令联系只使用TMSI，使用TMSI主要是用户号码保密和避免被别人对用户定位。

1.4.2 GSM系统的移动性管理

由于MS的移动性，要求网路对此特性给以支持及管理。其最终目的就是确定MS当前位置及使 MS 与网络的联系达到最佳状态。根据 MS 当前状态的不同，移动性管理可分为漫游管理及切换管理。

1. 漫游管理

当 MS 处于空闲模式时，怎样确定其位置是很重要的。只有明确知道 MS 当前位置，才能在有对 MS 的呼叫时迅速建立其与被叫 MS 的连接。

移动用户在移动性的情况下要求改变与小区和网络联系的特点称为漫游。而在漫游期间改变位置区及位置区的确认过程称为位置更新。在相同位置区中的移动不需通知 MSC，而在不同位置区间的小区间移动则需通知 MSC，位置更新主要由以下几种组成：

（1）常规位置更新。MS 由 BCCH 传送的 LAI 确定要更新后，通过 SDCCH 与 MSC/VLR 建立连接，然后发送请求，更新 VLR 中数据，若此时 LAI 属于不同的 MSC/VLR，则 HLR 也要更新，当系统确认更新后，MS 和 BTS 释放信道。

（2）IMSI 分离。当 MS 关机后，发送最后一次消息要求进行分离操作，MSC/VLR 接到后在 VLR 中的 IMSI 上作分离标记。

（3）IMSI 附着。当 MS 开机后，若此时 MS 处于分离前相同的位置区，则将 MSC/VLR 中 VLR 的 IMSI 作附着标记；若位置区已变，则要进行新的常规位置更新。

（4）强迫登记。系统确认发生位置更新的 MS 未申请直接更新 VLR 中的数据。

（5）在 IMSI 要求分离时（MS 关机），若此时信令链路质量不好，则系统会认为 MS 仍在原来位置，因此每隔 30 min 要求 MS 重发位置区信息，直到系统确认。

（6）隐式分离。在规定时间内未收到系统强迫登记后 MS 的回应信号，则对 VLR 中的 IMSI 作分离标记。

2. 切换管理

在 MS 通话阶段中 MS 小区的改变引起系统的相应操作叫切换。切换的依据是由 MS 对周邻 BTS 信号强度的测量报告和 BTS 对 MS 发射信号强度及通话质量决定的，统一由 BSC 评价后决定是否进行切换。下面将结合图解具体分析三种不同的切换。

1）由相同 BSC 控制小区间的切换（见图 1-4-2）

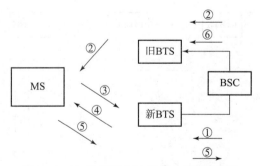

图 1-4-2 由相同 BSC 控制小区间的切换

（1）BSC 预订新的 BTS 激活一个 TCH。

（2）BSC 通过旧 BTS 发送一个包括频率及时隙和发射功率参数的信息至 MS，此信息在 FACCH 上传送。

（3）MS 在规定新频率上发送一个切换接入突发脉冲（通过 FACCH 发送）。

（4）新 BTS 收到此突发脉冲后，将时间提前量信息通过 FACCH 回送 MS。

(5) MS 通过新 BTS 向 BSC 发送一切换成功信息。

(6) BSC 要求旧 BTS 释放 TCH。

2) 由同一 MSC、不同 BSC 控制小区间的切换（见图 1-4-3）

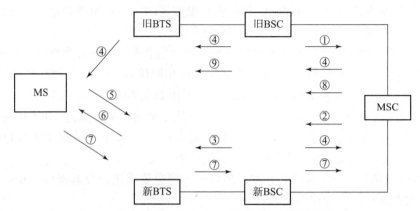

图 1-4-3　由同一 MSC、不同 BSC 控制小区间的切换

(1) 旧 BSC 把切换请求及切换目标小区标识一起发给 MSC。

(2) MSC 判断是哪个 BSC 控制的 BTS，并向新 BSC 发送切换请求。

(3) 新 BSC 预订目标 BTS 激活一个 TCH。

(4) 新 BSC 把包含有频率、时隙及发射功率的参数通过 MSC、旧 BSC 和旧 BTS 传到 MS。

(5) MS 在新频率上通过 FACCH 发送接入突发脉冲。

(6) 新 BTS 收到此脉冲后，回送时间提前量信息至 MS。

(7) MS 发送切换成功信息通过新 BSC 传至 MSC。

(8) MSC 命令旧 BSC 释放 TCH。

(9) 旧 BSC 转发 MSC 命令至旧 BTS 并执行。

3) 由不同 MSC 控制小区间的切换（见图 1-4-4）

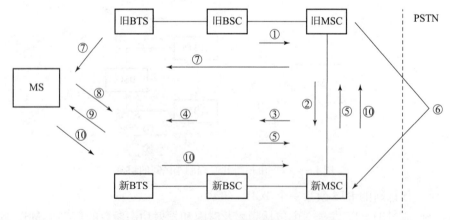

图 1-4-4　由不同 MSC 控制小区间的切换

(1) 旧 BSC 把切换目标小区标识和切换请求发至旧 MSC。

(2) 旧 MSC 判断出小区属另一 MSC 管辖。

（3）新 MSC 分配一个切换号（路由呼叫用），并向新 BSC 发送切换请求。

（4）新 BSC 激活新 BTS 的一个 TCH。

（5）新 MSC 收到新 BSC 回送信息并与切换号一起转至旧 MSC。

（6）一个连接在 MSC 间被建立（也许会通过 PSTN 网）。

（7）旧 MSC 通过旧 BSC 向 MS 发送切换命令，其中包含频率、时隙和发射功率。

（8）MS 在新频率上发一接入突发脉冲（通过 FACCH 发送）。

（9）新 BTS 收到后，回送时间提前量信息（通过 FACCH 发送）。

（10）MS 通过新 BSC 和新 MSC 向旧 MSC 发送切换成功信息。

此后，旧 TCH 被释放，而控制权仍在旧 MSC 手中。

1.4.3 GSM 移动通信网

1. 网络结构

GSM 移动通信网的组织情况视不同国家、地区而定，地域大的国家可以分为三级（第一级为大区（或省级）汇接局，第二级为省级（地区）汇接局，第三级为各基本业务区的 MSC），中小型国家可以分为两级（一级为汇接中心，另一级为各基本业务区的 MSC）或无级。下面以中国的 GSM 组网情况，介绍移动业务本地网的网络结构。

在中国，全国划分为若干个移动业务本地网，原则上长途编号区为一位、二位、三位的地区可建立移动业务本地网，它可归属于某长途编号区为一位、二位、三位地区的移动业务本地网。每个移动业务本地网中应相应设立 HLR，必要时可增设 HLR，用于存储归属该移动业务本地网的所有用户的有关数据。

每个移动业务本地网中可设一个或若干个移动业务交换中心 MSC（移动端局）。

在中国电信分营前，移动业务隶属于中国电信，移动网和固定网连接点较多。在移动业务本地网中，每个 MSC 与局所在本地的长途局相连，并与局所在地的市话汇接局相连。在长途局多局制地区，MSC 应与该地区的高一级长途局相连。如没有市话汇接局的地区，可与本地市话端局相连，如图 1-4-5 所示。

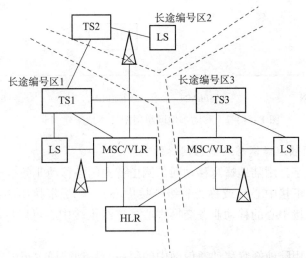

图 1-4-5 移动业务本地网由几个长途编号组成的示意图

电信和移动分营后，移动网和固定网独立出来，在两网之间设有网关局。一个移动业务本地网可只设一个移动交换中心（局）MSC；当用户多达相当数量时也可设多个MSC，各MSC间以高效直达路由相连，形成网状网结构，移动交换局通过网关局接入到固定网，同时它至少还应和省内两个二级移动汇接中心连接，当业务量比较大的时候，它还可直接与一级移动汇接中心相连，这时，二级移动汇接中心汇接省内移动业务，一级移动汇接中心汇接省级移动业务。典型的移动本地网组网方式如图1-4-6所示。

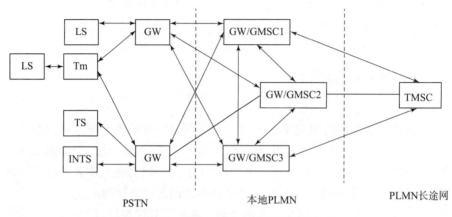

图1-4-6 移动本地网组网图（MSC较少）

根据各地方的不同情况，移动本地网还有其他组网方式，如图1-4-7与图1-4-8所示。

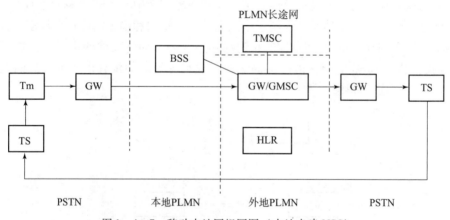

图1-4-7 移动本地网组网图（本地未建MSC）

2. 省内数字公用陆地蜂窝移动通信网络结构

在中国，省内数字公用陆地蜂窝移动通信网由省内的各移动业务本地网构成，省内设有若干个二级移动业务汇接中心（或称为省级汇接中心）。二级汇接中心可以只作汇接中心，或者既作端局又作汇接中心的移动业务交换中心。二级汇接中心可以只设基站接口和VLR，因此它不带用户。

省内数字蜂窝公用陆地蜂窝移动通信网中的每一个移动端局，至少应与省内两个二级汇接中心相连，也就是说，本地移动交换中心和二级移动汇接中心以星形网连接，同时省内的二级汇接中心之间为网状连接，如图1-4-9所示。

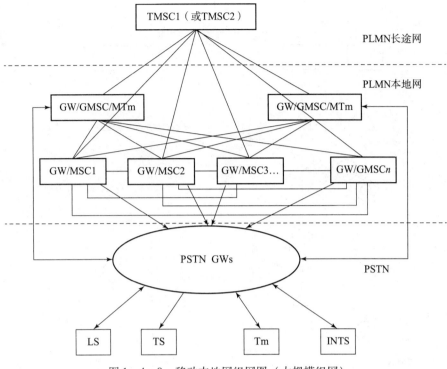

图1-4-8 移动本地网组网图（大规模组网）

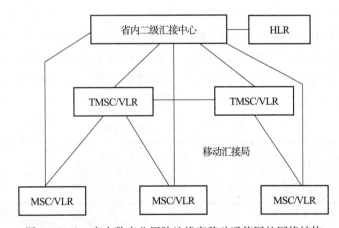

图1-4-9 省内数字公用陆地蜂窝移动通信网的网络结构

3. 全国数字公用陆地蜂窝移动通信网络结构

我国数字公用陆地蜂窝移动通信网采用三级组网结构。在各省或大区设有两个一级移动汇接中心，通常为单独设置的移动业务汇接中心，它们以网状网方式相连；每个省内至少应设有两个以上的二级移动汇接中心，并把它们置于省内主要城市，并以网状网方式相连，同时它还应与相应的两个一级移动汇接中心连接。全国数字公用陆地蜂窝移动通信网络结构的示意图如图1-4-10所示。

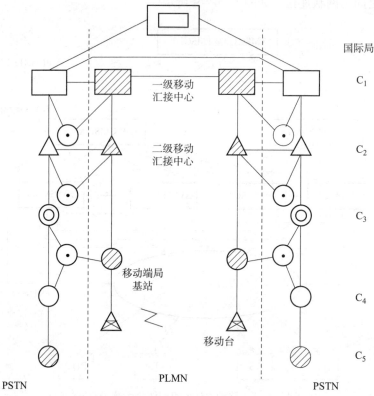

图 1-4-10 全国数字蜂窝 PLMN 的网络结构及其与 PSTN 连接的示意图

假设每个用户忙时话务量为 0.03 Erl，长途约占总业务量的 10%，其中省内长途约占 80%。中继负荷等于用户数 ×0.03 Erl×80% $N \geqslant 20$ Erl，用户分布在各 MSC 中（包括汇接 MSC），省际间业务量较小，它等于总用户数 ×0.03×2%，若采用网状（30 个省市链路达 C_{30}^2 条），就难以达到每条链路 20 Erl 标准，因此考虑增加大区一级汇接中心，采用单星形结构，这样比较经济。表 1-4-1 给出了用户容量与局数的对应关系。

表 1-4-1 用户容量与局数

局数 N	5	10	15
省内用户数	4.7 万	8.3 万	12.5 万

4. 移动信令网结构

7 号信令网的组建也和国家地域大小有关，地域大的国家可以组建三级信令网（HSTP、LSTP 和 SP），地域偏小的国家可以组建二级网（STP 和 SP）或无级网，下面以中国 GSM 信令网为例来进行介绍。

在中国，信令网有两种结构，一是全国 No.7 网；二是组建移动专用的 No.7 信令网，是全国信令网的一部分，它最简单、最经济、最合理，因为 No.7 信令网就是为多种业务共同服务的，但随着移动和电信的分营，移动建有自己独立的 No.7 信令网。

我国移动信令网采用三级结构（有些地方采用二级结构），在各省或大区设有两个

HSTP，同时省内至少还应设有两个以上的 LSTP（少数 HSTP 和 LSTP 合一），移动网中其他功能实体作为信号点 SP。大区、省市信令网的转接点结构如图 1-4-11 所示。

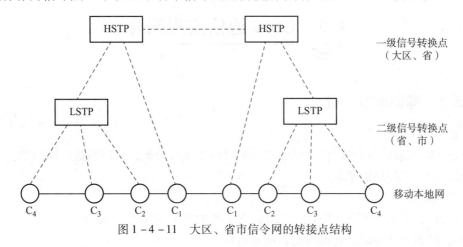

图 1-4-11 大区、省市信令网的转接点结构

HSTP 之间以网状网方式相连，分为 A、B 两个平面；在省内的 LSTP 之间也以网状网方式相连，同时它们还应和相应的两个 HSTP 连接；MSC、VLR、HLR、AUC、EIR 等信令点至少要接到两个 LSTP 点上，若业务量大时，信令点还可直接与相应的 HSTP 连接。

我国移动网中信令点编码采用 24 位，只有在 A 接口连接时才用 14 位的国内备用网信令点编码。国际信号点编码格式如表 1-4-2 所示。

表 1-4-2 国际信号点编码格式

NML	KJIHGFED	CBA
大区识别	区域网识别	信令点识别
信号区域网编码 SANC		
国际信号点编码 ISPC		

表中，NML：识别世界编号大区；
K~D：识别世界编号大区内的地理区域或区域网；
CBA：识别地理区域或区域网内的信号点。

NML 和 K~D 两部分合起来的名称为信号区域网编码，每个国家都分配了一个或几个备用 SANC。如果一个不够用（SANC 中的 8 个编码不够用）可申请备用。我国被分配在第 4 个信号大区，其 NML 编码为 4，区域编码为 120，所以 SANC 的编码是 4-120。我国国内信号网信号点编码如表 1-4-3 所示。

表 1-4-3 我国国内信号网信号点编码

8	8	8	首先发送的比特
主信号区	分信号区	信号点	
省自治区、直辖市	地区、地级市，直辖市内的汇接区、郊区	电信网中的交换局	

在国际电话连接中，国际接口局负责两个信号点编码的变换。

1.5 GSM 通信流程简介

1.5.1 呼叫信令分析

1. 主叫过程流程

移动台作为起始呼叫者，在与网络端接触以前拨被叫号码，然后发送，网络端会向主叫用户作出应答表明呼叫的结果。

1）接入阶段

接入阶段，手机与 BTS（BSC）之间建立了暂时固定的关系。其过程包括：信道请求，信道激活，信道激活响应，立即指配，业务请求。

2）鉴权加密阶段

该阶段主要包括：鉴权请求，鉴权响应，加密模式命令，加密模式完成，呼叫建立。经过这个阶段，主叫用户的身份已经确认，网络认为主叫用户是一个合法用户。

3）TCH 指配阶段

该阶段主要包括：指配命令，指配完成。经过这个阶段，主叫用户的语音信道已经确定，如果在后面被叫接续的过程中不能接通，主叫用户可以通过语音信道听到 MSC 的语音提示。

4）取被叫用户路由信息阶段

该阶段包括：向 HLR 请求路由信息，HLR 向 VLR 请求漫游号码，VLR 回送被叫用户的漫游号码，HLR 向 MSC 回送被叫用户的路由信息。

MSC 接到路由信息后，对被叫用户的路由信息进行分析，得到被叫用户的局向，然后进行话路接续。

2. 被叫过程流程

移动台作被叫时，其 MSC 通过与外界的接口收到初始化地址消息（IAI）。从这条消息的内容及 MSC 已经存在 VLR 中的记录，MSC 可以取到如 IMSI、请求业务类别等完成接续所需要的全部数据。MSC 然后对移动台发起寻呼，移动台接受呼叫并返回呼叫核准消息，此时移动台振铃。MSC 在收到被叫移动台的呼叫核准消息后，会向主叫网方向发出地址完成（ADDRESS COMPLETE）消息（ACM）。

1）接入阶段

接入阶段包括：手机收到 BTS 的寻呼命令后，信道请求，信道激活，信道激活响应，立即指配，寻呼响应。经过这个阶段，手机与 BTS（BSC）之间建立了暂时固定的关系。

2）鉴权加密阶段

该阶段主要包括：鉴权请求，鉴权响应，加密模式命令，加密模式完成，呼叫建立。经过这个阶段，被叫用户的身份已经确认，网络认为被叫用户是一个合法用户。

3）TCH 指配阶段

该阶段主要包括：指配命令，指配完成。经过这个阶段，被叫用户的语音信道已经确定，主叫听回铃音，被叫振铃。如果被叫用户摘机，则进入通话状态。

4）通话阶段与拆线阶段

用户摘机进入通话阶段。而拆线阶段可能由主叫发起，也可能由被叫发起，流程基本类似：拆线，释放，释放完成。没有发起拆线的用户会听到忙音。释放完成。用户进入空闲状态。

1.5.2 呼叫流程举例分析

从通信接续的观点来说，通信是电信用户之间为交换信息而建立的一种临时关系。这种关系的建立是根据用户的要求，通过一定的接续过程，最后由电信网为用户双方提供适当的传输线路。只要通信的一方是 GSM 用户，就会涉及 GSM 的接续通信流程。

1. 移动呼移动（主、被叫在同一 MSC，见图 1-5-1）

（1）移动台发 MSISDN，完成信道请求、业务请求、鉴权请求、信道指配等步骤。

（2）MSC 向 HLR 发请求，要 MSRN。

（3）HLR 提供 MSRN 并回送至 MSC。

（4）MSC 分析 MSRN 得知被叫是本局用户，向 VLR 发一个 S.F.I.C（为来话发送信息）。

（5）VLR 向 MSC 发寻呼请求。

（6）MSC 向 BSSb 发出寻呼请求并找到 MS。

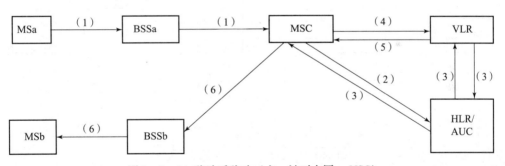

图 1-5-1 移动呼移动（主、被叫在同一 MSC）

2. 移动呼移动（主、被叫不在同一 MSC，见图 1-5-2）

（1）移动台完成了信道请求、业务请求、鉴权请求、信道指配等步骤以后，发 MSISDN。

（2）MSCa 向 HLR/AUC 要 MSRN，HLR/AUC 向 VLRb 转发该消息。

（3）VLRb 提供 MSRN 并回送至 MSCa。

（4）MSCa 与 MSCb 建立了连接。

（5）MSCb 向 VLRb 发一个 S.F.I.C（为来话发送信息）。

（6）VLRb 向 MSCb 发寻呼请求。

（7）MSCb 向 BSSb 发出寻呼请求并找到 MSb。

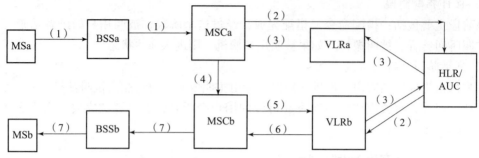

图1-5-2 移动呼移动（主、被叫不在同一MSC）

3. 移动呼固定（见图1-5-3）

（1）移动台完成了信道请求、业务请求、鉴权请求、信道指配等步骤以后，发被叫固定用户号码。

（2）MSC向VLR请求建立连接的信息。

（3）VLR回送MSC用户信息，呼叫进程。

（4）MSC与被叫PSTN建立了连接，并找到被叫用户。

（5）被叫PSTN向MSC发回一个ACM消息。

（6）被叫PSTN向MSC发回一个ANS应答消息。

（7）MSC向主叫MS发出提醒（ALTER）和连接（CONNECT）消息。

（8）MS连接证实（CONN-ACK）。

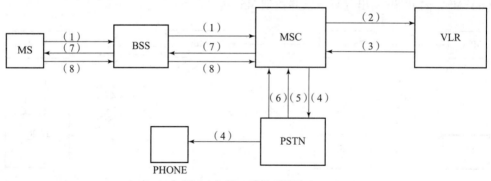

图1-5-3 移动呼固定

4. 固定呼移动（被叫在GMSC，见图1-5-4）

（1）主叫固定用户发起呼叫，发IAM。

（2）网关GMSC向HLR/AUC请求MSRN，HLR到VLR请求MSRN。

（3）VLR回送GMSC MSRN。

（4）GMSC向VLR发一个S.F.I.C.（为来话发送信息）。

（5）VLR向GMSC发寻呼请求。

（6）GMSC向BSS发寻呼请求，找到被叫移动台。

（7）被叫移动台通过BSS向GMSC发寻呼响应。

（8）GMSC连接证实（CON-CONF）。

（9）GMSC完成被叫MS的鉴权、加密、呼叫建立等过程。

（10）GMSC 向主叫 PSTN 发回地址全消息（ACM）和应答消息（ANC）。

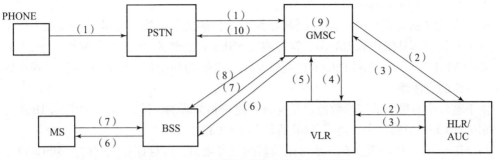

图 1－5－4　固定呼移动（被叫在 GMSC）

5. 固定呼移动（被叫不在 GMSC，见图 1－5－5）

（1）主叫固定用户发起呼叫，发 IAM。

（2）网关 GMSC 向被叫所在的 HLR/AUC 请求 MSRN，HLR 到被叫所在的 VLR 请求 MSRN。

（3）VLR 回送 GMSC 漫游号 MSRN。

（4）GMSC 与被叫所在的 MSC 建立连接。

（5）MSC 向 VLR 发一个 S. F. I. C.（为来话发送信息）。

（6）VLR 向 MSC 发寻呼请求。

（7）MSC 向 BSS 发寻呼请求，找到被叫移动台。

（8）被叫移动台通过 BSS 向 MSC 发寻呼响应。

（9）MSC 连接证实（CON－CONF）。

（10）MSC 完成被叫 MS 的鉴权、加密、呼叫建立等过程。

（11）MSC 向主叫 PSTN 发回地址全消息（ACM）和应答消息（ANC）。

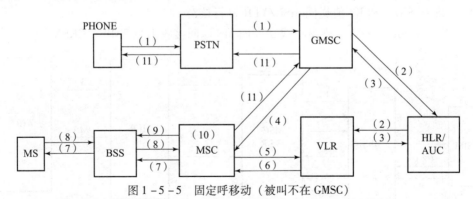

图 1－5－5　固定呼移动（被叫不在 GMSC）

1.5.3　鉴权

1. 鉴权简介

鉴权是数字网络区别于模拟网络的重要特性之一。通过鉴权，系统可以为合法的用户提供服务，对不合法的用户拒绝服务。

2. 鉴权原理

鉴权是通过鉴权中心（AUC）完成的。

AUC 是为了防止非法用户接入 GSM 系统而设置的安全措施。它可以不断地为每个用户提供一组参数（包括随机数 RAND、符号响应 SRES 和密匙 Kc 等三个参数）。

MSC/VLR 在每次呼叫过程中通过检查系统所提供的和用户响应的三参数是否一致来鉴定用户身份的合法性。

由于鉴权中心提供的三参数组总是与每个用户相关联的，因此通常 AUC 与 HLR 合在同一个实体（HLR/AUC）中，或者 AUC 直接与 HLR 相连。

每个用户在 VLR 中至少有一个可用的新的三参数组，以保证在任何时候 MSC/VLR 可提供一个新的鉴权参数。

当用户要进行呼叫、位置更新等操作时，先需对其鉴权：

(1) MSC、VLR 传送 RAND 至 MS。

(2) MS 用 RAND 和 Ki 算出 SRES 并返回 MSC/VLR。

(3) MSC/VLR 把收到的 SRES 与存储在其中的 SRES 进行比较，决定其真实性。

3. 鉴权执行控制过程（见图 1-5-6）

(1) 主叫用户发出 IMSI 到 VLR。

(2) MSC/VLR 判断该 IMSI 是否为新，如为新卡，则向 AUC 申请五个三数组；如为旧卡，则调用 VLR 中的一个三数组。

(3) VLR 发请求三数组消息到 AUC。

(4) AUC 送回五个三数组。

(5) VLR 只使用一个三数组进行鉴权，其余四组待用。

(6) MSC/VLR 通过 BSS 向 MS 发 RAND。

(7) MS 在 SIM 卡进行计算，得到 SRES 和 Kc 值。

(8) MS 将 SRES 和 Kc 值送回 MSC/VLR 进行核对。

(9) 若两个 SRES 一致，则鉴权成功，向 MS 返回接收消息 TMIS、CKSN 等。

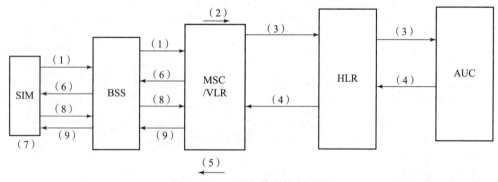

图 1-5-6　鉴权执行控制过程

1.5.4　切换

1. 切换简介

在 MS 通话阶段中 MS 小区的改变引起系统的相应操作叫切换。切换的依据是 MS 对周邻的 BTS 信号强度的测量报告和 BTS 对 MS 发射信号及通话质量，BSS 统一评价后决定是否进行切换。

切换的决定主要由 BSS 作出，当 BSS 对当前 BSS 与移动用户的无线连接质量不满意，BSS 根据现场情况发起不同的切换要求，也可由 NSS 根据话务信息要求 MS 开始切换流程。

2. 切换类型

(1) 小区内切换：
- 同一个无线频道的话务信道之间；
- 不同的无线频道之间。

(2) 同基站内小区间切换。

(3) 同 MSC 内基站间切换。

(4) 同 PLMN、不同 MSC 之间切换。

(5) 不同 PLMN 的基站间切换（GSM 不定义）。

3. 相同 BSC 控制的小区间切换（见图 1-5-7）

(1) BSC 预订新的 BTS 激活一个 TCH。

(2) BSC 通过旧 BTS 发送一个包括频率、时隙及发射功率参数的信息至 MS，此信息在 FACCH 上传送。

(3) MS 在规定新频率上发送一个切换接入突发脉冲（通过 FACCH 发送）。

(4) 新 BTS 收到此突发脉冲后，将时间提前量信息通过 FACCH 回送 MS。

(5) MS 通过新 BTS 向 BSC 发送一切换成功信息。

(6) BSC 要求旧 BTS 释放 TCH。

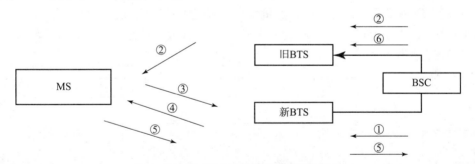

图 1-5-7 相同 BSC 控制的小区间切换

4. 相同 MSC、不同 BSC 控制的小区间切换（见图 1-5-8）

(1) 旧 BSC 把切换请求及切换目标小区标识一起发给 MSC。

(2) MSC 判断是哪个 BSC 控制的 BTS，并向新 BSC 发送切换请求。

(3) 新 BSC 预订目标 BTS 激活一个 TCH。

(4) 新 BSC 把包含有频率、时隙及发射功率的参数通过 MSC、旧 BSC 和旧 BTS 传到 MS。

(5) MS 在新频率上通过 FACCH 发送接入突发脉冲。

(6) 新 BTS 收到此脉冲后，回送时间提前量信息至 MS。

(7) MS 发送切换成功信息，通过新 BSC 传至 MSC。

(8) MSC 命令旧 BSC 释放 TCH。

（9）旧 BSC 转发旧 MSC 命令至旧 BTS 并执行。

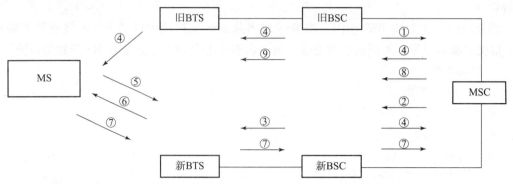

图 1-5-8 相同 MSC、不同 BSC 控制的小区间切换

5. 不同 MSC 控制的小区间切换（见图 1-5-9）

（1）旧 BSC 把切换目标小区标识和切换请求发至旧 MSC。

（2）旧 MSC 判断出小区属另一 MSC 管辖。

（3）新 MSC 分配一个切换号（路由呼叫用），并向新 BSC 发送切换请求。

（4）新 BSC 激活新 BTS 的一个 TCH。

（5）新 MSC 收到新 BSC 回送信息并与切换号一起转至旧 MSC。

（6）一个连接在 MSC 间被建立（也许会通过 PSTN 网）。

（7）旧 MSC 通过旧 BSC 向 MS 发送切换命令，其中包含频率、时隙和发射功率。

（8）MS 在新频率上发一接入突发脉冲（通过 FACCH 发送）。

（9）新 BTS 收到后，回送时间提前量信息（通过 FACCH 发送）

（10）MS 通过新 BSC 和新 MSC 向旧 MSC 发送切换成功信息，旧 TCH 被释放，而控制权仍在旧 MSC 手中。

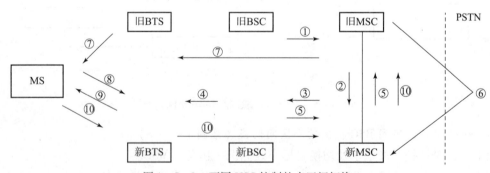

图 1-5-9 不同 MSC 控制的小区间切换

1.5.5 位置更新

位置更新的发生：当移动用户远离一个小区，向另一个小区移动时，该 MS 接收到原小区 BCCH 上的信号强度减弱，而决定转移到临近小区的新的无线频道上去。当新的 BTS 发出的 BCCH 载频信号强度优于原小区时，MS 锁定这个载频，并继续接收广播消息及可能发给它的寻呼消息，直到它移向另一小区，该过程的完成即为位置更新。

移动用户在移动性的情况下要求改变与小区和网络联系的特点称为漫游。而在漫游期间改变位置区及位置区的确认过程则称为位置更新。在相同位置区中的移动不需通知 MSC，而在不同位置区间的小区间移动则需通知 MSC。

1. 常规位置更新（见图 1-5-10）

（1）位置更新请求；

（2）位置更新区（CKSN、IMSI、LAIO、LAIN）；

（3）鉴权完成过程；

（4）位置更新接受；

（5）加密模式完成过程；

（6）位置更新接受（TMSI、LAI）；

（7）TMSI 完成；

（8）TMSI 分配完成证实；

（9）释放资源；

（10）清除完成。

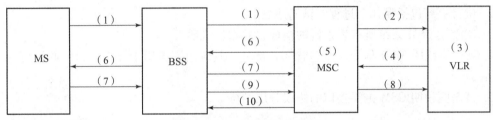

图 1-5-10 常规位置更新

2. 周期性位置更新

周期性位置更新是保证数据安全的一种方法。网络通过 BCCH 向全体 MS 提供更新的周期（一般为 0.1~24 h）。MS 自动地、周期地与网络取得联系，核对数据。

3. IMSI 分离（见图 1-5-11）

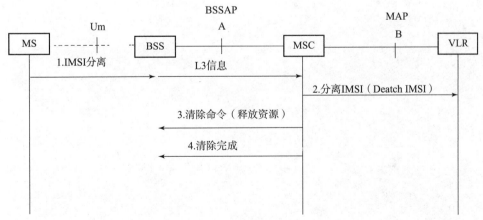

图 1-5-11 IMSI 分离

4. IMSI 附着（见图 1-5-12）

当 MS 开机后，若此时 MS 处于分离前相同的位置区，则将 MSC/VLR 中 VLR 的 IMSI 作附着标记；若位置区已变，则要进行新的常规位置更新。

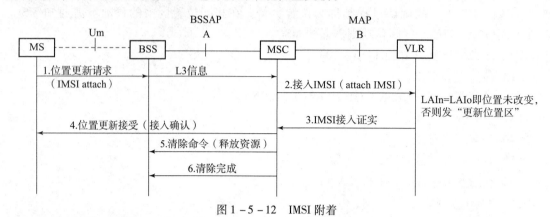

图1-5-12 IMSI附着

思考与练习题

1. 切换有哪几种类？试简单说明。
2. 位置更新包括哪几个过程？试简述之。
3. 试简述 GSM 系统所有识别码的构成，并举例说明。
4. GSM 系统的 No.7 信令系统包含哪几部分？其应用层各用于什么接口？并用图说明层次关系。
5. 试用图说明 GSM 主要接口的协议分层结构。

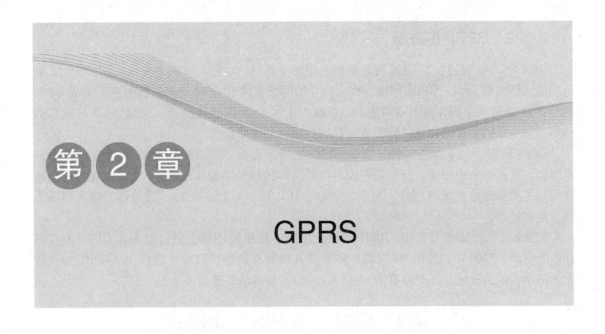

第 2 章 GPRS

2.1 GPRS 概述

2.1.1 GPRS 的产生

GPRS（General Packet Radio Service，通用分组无线业务）是在现有的 GSM 移动通信系统基础上发展起来的一种移动分组数据业务。GPRS 通过在 GSM 数字移动通信网络中引入分组交换的功能实体，以完成用分组方式进行的数据传输。GPRS 系统可以看作是对原有的 GSM 电路交换系统的基础上进行的业务扩充，以支持移动用户利用分组数据移动终端接入 Internet 或其他分组数据网络的需求。

以 GSM、CDMA 为主的数字蜂窝移动通信和以 Internet 为主的分组数据通信是目前信息领域增长最为迅猛的两大产业，正呈现出相互融合的趋势。GPRS 可以看作是移动通信和分组数据通信融合的第一步。

移动通信在目前的语音业务继续保持发展的同时，对 IP 和高速数据业务的支持已经成为第二代移动通信系统演进的方向，而且也将成为第三代移动通信系统的主要业务特征。

GPRS 包含丰富的数据业务，如：PTP 点对点数据业务、PTM–M 点对多点广播数据业务、PTM–G 点对多点群呼数据业务、IP–M 广播业务。这些业务已具有了一定的调度功能，再加上 GSM–phase 2 + 中定义的语音广播及语音组呼业务，GPRS 已能完成一些调度功能。

GPRS 主要的应用领域是：E–mail 电子邮件、WWW 浏览、WAP 业务、电子商务、信息查询、远程监控等。

2.1.2 GPRS 的发展

GSM – GPRS 通过在原 GSM 网络基础上增加一系列的功能实体来完成分组数据功能，新增功能实体组成 GSM – GPRS 网络，作为独立的网络实体对 GSM 数据进行旁路，完成 GPRS 业务，原 GSM 网络则完成语音功能，尽量减少了对 GSM 网络的改动。GPRS 网络与原 GSM 网络通过一系列的接口协议共同完成对移动台的移动管理功能。

GPRS 新增了如下功能实体：服务 GPRS 支持节点 SGSN、网关 GPRS 支持节点 GGSN、点对多点数据服务中心等，及一系列原有功能实体的软件功能的增强。GPRS 大规模地借鉴及使用了数据通信技术与产品，包括帧中继、TCP/IP、X.25、X.75、路由器、接入网服务器、防火墙等。

GPRS 最早在 1993 年提出，1997 年出台了第一阶段的协议，到目前为止 GPRS 协议还在不断更新，2000 年初推出 SMG#30，匿名接入功能在新的协议中不再体现。GPRS 协议除包含新出台的协议外，还对原有的一些协议进行了较多的修改。

2.2 CSD 与 GPRS 的比较

以下对 GSM 电路交换型数据业务与 GPRS 分组型数据业务的技术特征做一下对比说明。

2.2.1 电路交换的通信方式

在电路交换的通信方式中，在发送数据之前，首先需要通过一系列的信令过程，为特定的信息传输过程（如通话）分配信道，并在信息的发送方、信息所经过的中间节点、信息的接收方之间建立起连接，然后传送数据，数据传输过程结束以后再释放信道资源，断开连接。

图 2 – 2 – 1 是一个基于电路方式的语音通信过程示意图。

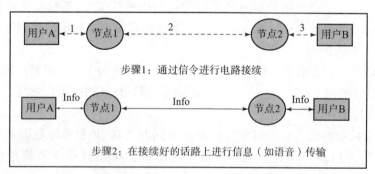

图 2 – 2 – 1　基于电路方式的语音通信过程示意图

电路交换的通信方式一般适用于需要恒定带宽、对时延比较敏感的业务，如语音业务目前一般都采用电路交换的通信方式。

2.2.2 分组交换的通信方式

在分组交换的通信方式中，数据被分成一定长度的包（分组），每个包的前面有一个分组头（其中的地址标志指明该分组发往何处）。数据传送之前并不需要预先分配信道，建立连接，而是在每一个数据包到达时，根据数据包头中的信息（如目的地址），临时寻找一个可用的信道资源将该数据报发送出去。在这种传送方式中，数据的发送和接收方同信道之间没有固定的占用关系，信道资源可以看作是由所有的用户共享使用。

由于数据业务在绝大多数情况下都表现出一种突发性的业务特点，对信道带宽的需求变化较大，因此采用分组方式进行数据传送将能够更好地利用信道资源。例如一个进行 WWW 浏览的用户，大部分时间处于浏览状态，而真正用于数据传送的时间只占很小比例，这种情况下若采用固定占用信道的方式，将会造成较大的资源浪费。

图 2-2-2 是基于分组的通信过程示意图。

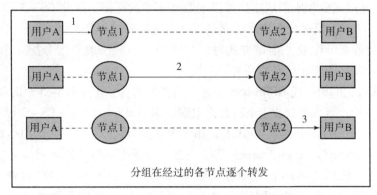

图 2-2-2　基于分组的通信过程示意图

在 GPRS 系统中采用的就是分组通信技术，用户在数据通信过程中并不固定占用无线信道，因此对信道资源能够更合理地应用。

在 GSM 移动通信的发展进程中，GPRS 是移动业务和分组业务相结合的第一步，也是采用 GSM 技术体制的第二代移动通信技术向第三代移动通信技术发展的重要里程碑。

2.3　GPRS 的基本功能和业务

在 PLMN 中，GPRS 使得用户能够在端到端分组传输模式下发送和接收数据。在 GPRS 中定义了两类承载业务：点对点（PTP）和点对多点（PTM）。以 GPRS 承载业务支持的标准网络协议为基础，GPRS 网络营运者可以支持或提供给用户各种电信业务。GPRS 提供应用业务的特点如下：

（1）适用于不连续的非周期性（突发）的数据传送，突发出现的时间间隔远大于突发数据的平均传输时延；

（2）适用于小于 500 字节小数据量事务处理业务，允许每分钟出现几次，可以频繁传送；

（3）适用于几千字节大数据量事务处理业务，允许每小时出现几次，可以频繁传送。

上述 GPRS 应用业务特点表明：GPRS 非常适合突发数据应用业务，能高效利用信道资源，但对大数据量应用业务 GPRS 网络要加以限制。主要原因是：

（1）数据业务量较小。GPRS 网络是依附于原有的 GSM 网络之上的。但在目前，GSM 网络还主要提供电话业务，电话用户密度高、业务量大，而 GPRS 数据用户密度低。在一个小区内不可能有更多的信道用于 GPRS 业务。

（2）无线信道的数据速率较低。采用 GPRS 推荐的 CS-1 和 CS-2 信道编码方案时，数据速率仅为 9.05 kbit/s 和 13.4 kbit/s（包括 RLC 块字头）。但能够保证实现小区的 100% 和 90% 覆盖时，能满足同频道干扰 C/I 9 dB 要求。原因是 CS-1 和 CS-2 编码方案 RLC（无线链路控制）块中的半速率和 1/3 速率比特用于前向纠错 FEC，因此降低了 C/I 要求。因此目前 GPRS 应主要采用 CS-1 和 CS-2 编码方案，能满足现有电路设计要求。

虽然 CS-3 和 CS-4 编码方案数据速率较高，为 15.6 kbit/s 和 21.4 kbit/s（包括 RLC 块字头），它是通过减少和取消纠错比特换取数据速率的提高。因此 CS-3 和 CS-4 编码方案要求较高的 C/I 值，仅适合能满足较高的 C/I 值的特殊地区使用。

（3）当采用静态分配业务信道方式时，初期一个小区一般考虑分配一个频道（载波）即 8 个信道（时隙）用于分组数据业务。

例如，某家公司的第一代 GPRS BSS 多时隙工作能力为：上下行各 5 个时隙（PDCH）用于全双工 MS。一个小区仅能提供上下行最高数据速率小于 67 kbit/s（CS-2 编码）。当下行 4 个时隙（PDCH）和上行 2 个时隙（PDCH）用于半双工 MS 工作时，一个小区仅提供下行最高数据速率小于 53.6 kbit/s（CS-2 编码）和上行最高数据速率小于 28.6 kbit/s（CS-2 编码）。

多时隙信道一般用于 Web 浏览业务（数据库查询）和 FTP 文件传送业务等。由于多时隙信道数量有限，因此 GPRS 网络要对大数据量应用业务加以限制，允许每小时出现几次。

（4）当 GPRS 业务和 GSM 业务共享信道，采用动态分配信道方式时，电话有较高的优先级。可利用任何一个信道的两次通话间隙传送 GPRS 分组数据业务，如果某个信道用于 GPRS 业务，一个分组数据信道（PDCH）可以实现多个 GPRS MS 用户共享（即多个逻辑信道可以复用到一个物理信道），因此 GPRS 特别适用突发数据的应用，大大地提高了信道利用率。

2.4　GPRS 的基本体系结构和传输机制

2.4.1　GPRS 接入接口和参考点

GPRS PLMN 用户接入点：Um 接口和 R 参考点，如图 2-4-1 所示。
GPRS PLMN 网间接入点：Gp 接口，如图 2-4-1 所示。
GPRS PLMN 到外部固定网络的接入点：Gi 参考点，如图 2-4-1 所示。

2.4.2　网络互通

通过 Gi 接口，GPRS PLMN 支持与外部数据网络的互通，如与 PSPDN 网络或 IP 网络互通。

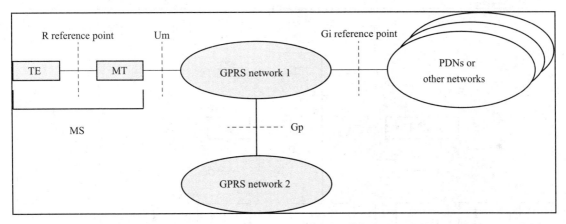

图 2-4-1 GPRS 接入接口和参考点

2.4.3 逻辑体系结构

GPRS 网络引入了分组交换和分组传输的概念，这样使得 GSM 网络对数据业务的支持从网络体系上得到了加强。图 2-4-2 从不同的角度给出了 GPRS 网络的组成示意图。GPRS 其实是叠加在现有的 GSM 网络的另一网络，GPRS 网络在原有的 GSM 网络的基础上增加了 SGSN（服务 GPRS 支持节点）、GGSN（网关 GPRS 支持节点）等功能实体。GPRS 共用现有的 GSM 网络的 BSS 系统，但要对软硬件进行相应的更新；同时 GPRS 和 GSM 网络各实体的接口必须作相应的界定；另外，移动台则要求提供对 GPRS 业务的支持。GPRS 支持通过 GGSN 实现与 PSPDN 的互联，接口协议可以是 X.75 或者是 X.25，同时 GPRS 还支持和 IP 网络的直接互联。

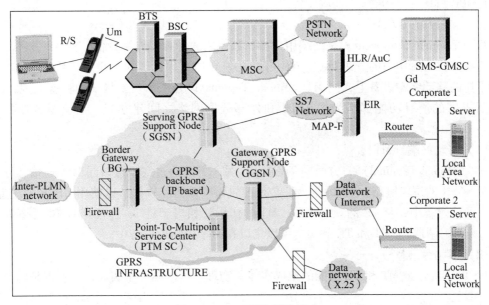

图 2-4-2 GPRS 网络组成

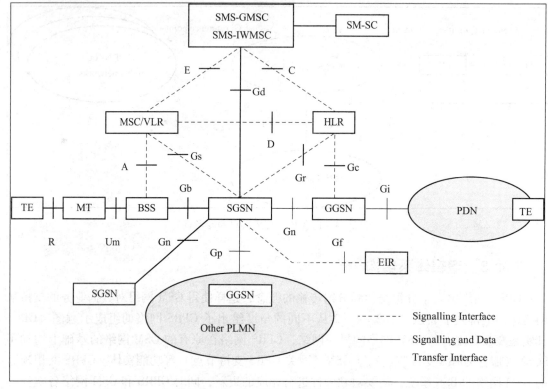

图 2-4-2 GPRS 网络组成（续）

2.4.4 主要网络实体

1. GPRS MS

1）终端设备（TE）

TE（Teminal Equipment）是终端用户操作和使用的计算机终端设备，在 GPRS 系统中用于发送和接收终端用户的分组数据。TE 可以是独立的桌面计算机，也可以将 TE 的功能集成到手持的移动终端设备上，同 MT（Mobile Terminal）合二为一。从某种程度上说，GPRS 网络所提供的所有功能都是为了在 TE 和外部数据网络之间建立起一个分组数据传送的通路。

（1）移动终端（MT）。

MT（Mobile Terminal）一方面同 TE 通信，另一方面通过空中接口同 BTS 通信，并可建立到 SGSN 的逻辑链路。GPRS 的 MT 必须配置 GPRS 功能软件，以使用 GPRS 系统业务。在数据通信过程中，从 TE 的观点来看，MT 的作用就相当于将 TE 连接到 GPRS 系统的 Modem（调制解调器）。MT 和 TE 的功能可以集成在同一个物理设备中。

（2）移动台（MS）。

MS 可以看作是 MT 和 TE 功能的集成实体，物理上可以是一个实体，也可以是两个实体（TE + MT）。

MS 有三种类型：

A 类：可同时进行分组交换业务和电路交换业务。

B 类：可同时附着在 GPRS 网络和 GSM 网络上，但不能同时进行电路交换和分组交换业务。

C 类：不能同时附着在 GPRS 网络和 GSM 网络上。

2. 分组控制单元（PCU）

PCU 是在 BSS 侧增加的一个处理单元，主要完成 BSS 侧的分组业务处理和分组无线信道资源的管理，目前 PCU 一般实现在 BSC 和 SGSN 之间。

3. 服务 GPRS 支持节点（SGSN）

SGSN 是 GPRS 网络的一个基本组成网元，是为了提供 GPRS 业务而在 GSM 网络中引进的一个新的网元设备。其主要的作用就是为本 SGSN 服务区域的 MS 转发输入/输出的 IP 分组，其地位类似于 GSM 电路网中的 VMSC。SGSN 提供以下功能：

（1）本 SGSN 区域内的分组数据包的路由与转发功能，为本 SGSN 区域内的所有 GPRS 用户提供服务。

（2）加密与鉴权功能。

（3）会话管理功能。

（4）移动性管理功能。

（5）逻辑链路管理功能。

（6）同 GPRS BSS、GGSN、HLR、MSC、SMS – GMSC、SMS – IWMSC 的接口功能。

（7）话单产生和输出功能，主要收集用户对无线资源的使用情况。

此外，SGSN 中还集成了类似于 GSM 网络中 VLR 的功能，当用户处于 GPRS Attach（GPRS 附着）状态时，SGSN 中存储了同分组相关的用户信息和位置信息。同 VLR 相似，SGSN 中的大部分用户信息在位置更新过程中从 HLR 获取。

4. 关口 GPRS 支持节点（GGSN）

GGSN 也是为了在 GSM 网络中提供 GPRS 业务功能而引入的一个新的网元功能实体，提供数据包在 GPRS 网和外部数据网之间的路由和封装。用户选择哪一个 GGSN 作为网关，是在 PDP 上下文激活过程中根据用户的签约信息以及用户请求的接入点名确定的。GGSN 主要提供以下功能：

（1）同外部 IP 分组网络的接口功能。GGSN 需要提供 MS 接入外部分组网络的关口功能，从外部网的观点来看，GGSN 就好像是可寻址 GPRS 网络中所有用户 IP 的路由器，需要同外部网络交换路由信息。

（2）GPRS 会话管理，完成 MS 同外部网的通信建立过程。

（3）将移动用户的分组数据发往正确的 SGSN 的功能。

（4）话单的产生和输出功能，主要体现用户对外部网络的使用情况。

5. 计费网关（CG）

CG 主要完成从各 GSN 的话单收集、合并、预处理工作，并完成与计费中心之间的通信接口。在 GSM 原有网络中并没有这样一个设备，GPRS 用户一次上网过程的话单会从多个网元实体中产生，而且每一个网元设备中都会产生多张话单。引入 CG 的目的就是在话单送往计费中心之前对话单进行合并与预处理，以减少计费中心的负担；同时 SGSN、GGSN 这样的网元设备也不需要实现与计费中心的接口功能。

6. RADIUS 服务器

在非透明接入的时候，需要对用户的身份进行认证，RADIUS 服务器（Remote Authentication Dial In User Service，远程接入鉴权与认证服务器）上存储有用户的认证、授权。该功能实体并非 GPRS 所专有的设备实体。

7. 域名服务器

GPRS 网络中存在两种域名服务器，一种是 GGSN 同外部网之间的 DNS，主要功能是对外部网的域名进行解析，其作用完全等同于固定 Internet 网络上的普通 DNS；另一种是 GPRS 骨干网上的 DNS，其作用主要有两点：其一是在 PDP 上下文激活过程中根据确定的 APN（Access Point Name）解析出 GGSN 的 IP 地址，另一是在 SGSN 间的路由区更新过程中，根据旧的路由区号码，解析出老的 SGSN 的 IP 地址。该功能实体并非 GPRS 专有的设备实体。

8. 边缘网关（BG）

BG（Border Gate Way）实际上就是一个路由器，主要完成分属不同 GPRS 网络的 SGSN、GGSN 之间的路由功能，以及安全性管理功能。该功能实体并非 GPRS 专有的设备实体。

2.4.5 主要网络接口

1. Um 接口

GPRS MS 与 GPRS 网络侧的接口，通过 MS 完成与网络侧的通信，完成分组数据传送、移动性管理、会话管理、无线资源管理等多方面的功能。

2. Gb 接口

Gb 接口是 SGSN 和 BSS 间的接口（在华为的 GPRS 系统中，Gb 接口是 SGSN 和 PCU 之间的接口），通过该接口 SGSN 完成同 BSS 系统、MS 之间的通信，以完成分组数据传送、移动性管理、会话管理方面的功能。该接口是 GPRS 组网的必选接口。在目前的 GPRS 标准协议中，指定 Gb 接口采用帧中继作为底层的传输协议，SGSN 与 BSS 之间可以采用帧中继网进行通信，也可以采用点到点的帧中继连接进行通信。

3. Gi 接口

Gi 接口是 GPRS 与外部分组数据网之间的接口。GPRS 通过 Gi 接口和各种公众分组网如 Internet 或 ISDN 网实现互联，在 Gi 接口上需要进行协议的封装/解封装、地址转换（如私有网 IP 地址转换为公有网 IP 地址）、用户接入时的鉴权和认证等操作。

4. Gn 接口

Gn 接口是 GRPS 支持节点间的接口，即同一个 PLMN 内部 SGSN 间、SGSN 和 GGSN 间的接口，该接口采用在 TCP/UDP 协议之上承载 GTP（GPRS 隧道协议）的方式进行通信。

5. Gs 接口

Gs 接口是 SGSN 与 MSC/VLR 之间的接口，Gs 接口采用 7 号信令上承载 BSSAP + 协议。SGSN 通过 Gs 接口和 MSC 配合完成对 MS 的移动性管理功能，包括联合的附着/解附着（Attach/Detach）、联合的路由区/位置区更新等操作。SGSN 还将接收从 MSC 来的电路型寻呼信息，并通过 PCU 下发到 MS。如果不提供 Gs 接口，则无法进行寻呼协调，网络只能工作在操作模式Ⅱ或Ⅲ，不利于提高系统接通率；如果不提供 Gs 接口，则无法进行联合位置路由区更新，不利于减轻系统信令负荷。

6. Gr 接口

Gr 接口是 SGSN 与 HLR 之间的接口，Gr 接口采用 7 号信令上承载 MAP + 协议的方式。SGSN 通过 Gr 接口从 HLR 取得关于 MS 的数据，HLR 保存 GPRS 用户数据和路由信息，当发生 SGSN 间的路由区更新时，SGSN 将会更新 HLR 中相应的位置信息；当 HLR 中数据有变动时，也将通知 SGSN，SGSN 会进行相关的处理。

7. Gd 接口

Gd 接口是 SGSN 与 SMS – GMSC、SMS – IWMSC 之间的接口。通过该接口，SGSN 能接收短消息，并将它转发给 MS，SGSN 和 SMS – GMSC、SMS – IWMSC、短消息中心之间通过 Gd 接口配合完成在 GPRS 上的短消息业务。如果不提供 Gd 接口，当 C 类手机附着在 GPRS 网上时，它将无法收发短消息。

8. Gp 接口

Gp 接口是 GPRS 网间的接口，是不同 PLMN 网的 GSN 之间采用的接口，在通信协议上与 Gn 接口相同，但是增加了边缘网关（BG）和防火墙，通过 BG 来提供边缘网关路由协议，以完成归属于不同 PLMN 的 GPRS 支持节点之间的通信。

9. Gc 接口

Gc 接口是 GGSN 与 HLR 之间的接口，主要用于网络侧主动发起对手机的业务请求时，由 GGSN 用 IMSI 向 HLR 请求用户当前 SGSN 地址信息。由于移动数据业务中很少会有网络侧主动向手机发起业务请求的情况，因此 Gc 接口目前作用不大。

10. Gf 接口

Gf 接口是 SGSN 与 EIR 之间的接口，由于目前网上一般都没有EIR，因此该接口作用不大。

2.5 功能分配

高层功能在各网络实体之间的分配如表 2 – 5 – 1 所示。

表 2 – 5 – 1　高层功能分布

Function	MS	BSS	SGSN	GGSN	HLR
Network Access Control：					
Registration					X
Authentication and Authorisation	X		X		X
Admission Control	X	X	X		
Message Screening				X	
Packet Terminal Adaptation	X				

续表

Function	MS	BSS	SGSN	GGSN	HLR
Charging Data Collection			X	X	
Packet Routeing & Transfer:					
Relay	X	X	X	X	
Routeing	X	X	X	X	
Address Translation and Mapping	X		X	X	
Encapsulation	X		X	X	
Tunnelling			X	X	
Compression	X		X		
Ciphering	X		X		X
Mobility Management:	X		X	X	X
Logical Link Management:					
Logical Link Establishment	X		X		
Logical Link Maintenance	X		X		
Logical Link Release	X		X		
Radio Resource Management:					
Um Management	X	X			
Cell Selection	X	X			
Um – Tranx	X	X			
Path Management		X	X		

2.6 GPRS 数据传输平面

和 GSM 相比，GPRS 体现出了分组交换和分组传输的特点，即数据和信令是基于统一的传输平面，从下面的几个图中可以看出，在数据传输所经过的几个接口，传输层（LLC）以下的协议结构对于数据和信令是相同的。而在 GSM 中，数据和信令只是在物理层上相同。

GPRS 数据传输平面如图 2-6-1 所示：

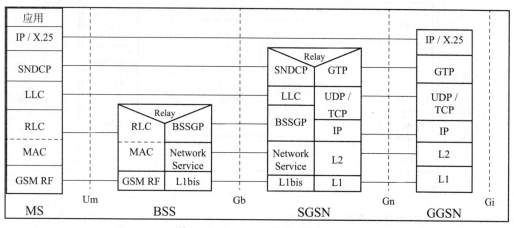

图 2-6-1　GPRS 数据传输平面

对其中的功能实体说明如下：

（1）GTP：GPRS 隧道协议。所有在 GSN 间传送的 PDU 应经 GTP 重新包装，GTP 提供流量控制功能。

（2）UDP/TCP：传输层协议，建立端到端连接的可靠链路。TCP 具有保护和流量控制功能，确保数据传输的准确，TCP 是面向连接的协议；UDP 则是面向非连接的协议，UDP 不提供错误恢复能力，也不关心是否已正确接收了报文，只充当数据报的发送者和接收者。

（3）IP：网络层协议，此处不述。

（4）L2：数据链路层协议，可采用一般以太网协议。

（5）L1：物理层。

（6）Network Service：数据链路层协议，采用帧中继方式。

（7）BSSGP：该层包含了网络层和一部分传输层功能，主要解释路由信息和服务质量信息。

（8）LLC：传输层协议，提供端到端的可靠无差错的逻辑数据链路。

（9）SNDCP：执行用户数据的分段、压缩功能等。

（10）MAC：介质控制接入子层，属于链路层协议。

（11）RLC：无线链路控制子层，属于链路层和网络层协议。

2.7 GPRS 信令平面

1. MS 与 SGSN 间信令平面（见图 2-7-1）

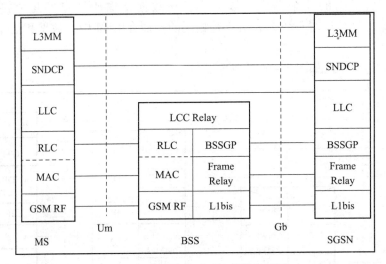

图 2-7-1　MS 与 SGSN 间信令平面

2. SGSN 与 HLR 间信令平面（见图 2-7-2）

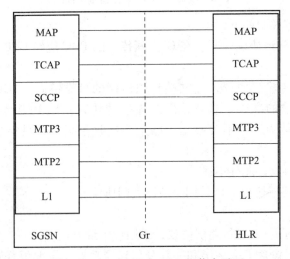

图 2-7-2　SGSN 与 HLR 间信令平面

3. SGSN 与 MSC/VLR 间信令平面（见图 2-7-3）

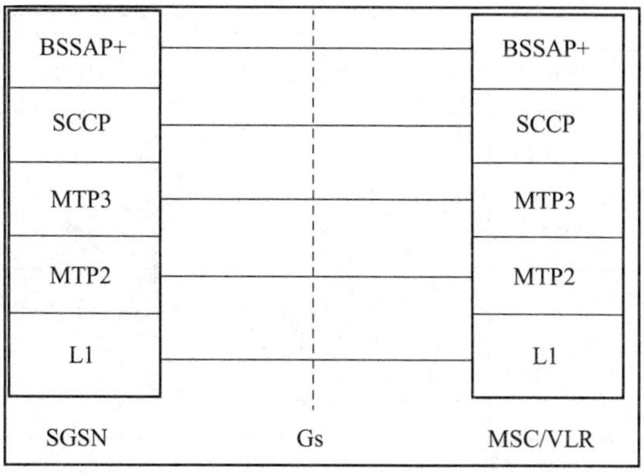

图 2-7-3　SGSN 与 MSC/VLR 间信令平面

4. SGSN 与 EIR 间信令平面（见图 2-7-4）

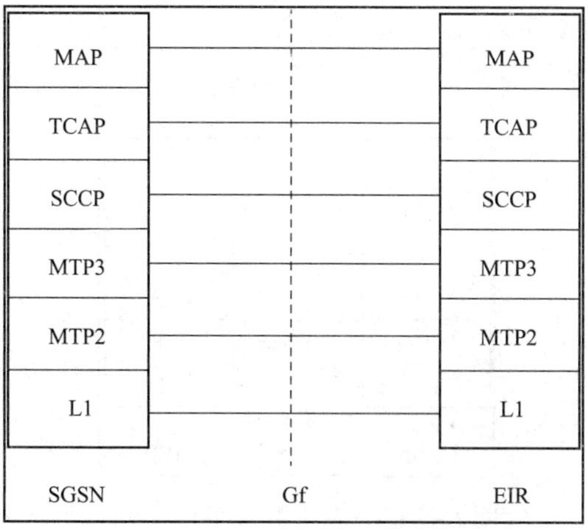

图 2-7-4　SGSN 与 EIR 间信令平面

5. SGSN 与 SMS-GMSC、SMS-IWMSC 间信令平面（见图 2-7-5）

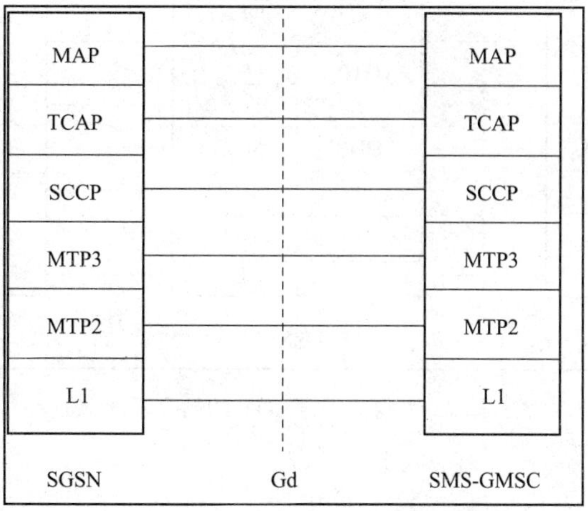

图 2-7-5　SGSN 与 SMS-GMSC、SMS-IWMSC 间信令平面

6. GPRS 支持节点间信令平面（见图 2-7-6）

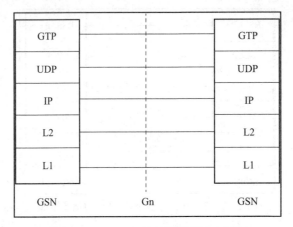

图 2-7-6　GPRS 支持节点间信令平面

7. GGSN 与 HLR 间信令平面

（1）基于 MAP 的信令平面，如图 2-7-7 所示。

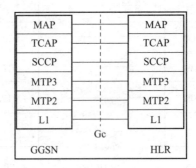

图 2-7-7　基于 MAP 的信令平面

（2）基于 GTP 的信令平面，如图 2-7-8 所示。

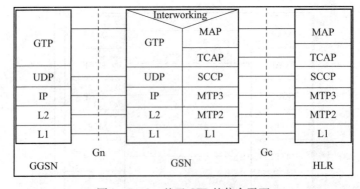

图 2-7-8　基于 GTP 的信令平面

2.8 移动性管理

2.8.1 MM 状态

用户的移动性管理活动用三个不同的 MM 状态来描述。每个状态描述了一定层次的功能和信息分配。这些信息存储在 MS 和 SGSN 的 MM 上下文中。

MM 上下文也即移动性管理上下文，用户首次附着到 GPRS 网络中，SGSN 就要建立一个 MM 上下文，如果用户再次附着，SGSN 会搜索 SDB 中已有的数据重建 MM 上下文。MM 上下文包括用户移动性管理的一些内容：IMSI、MM 状态、P-TMSI、MSISDN、Routeing Area、Cell identity、New SGSN Address、VLR Num 等。

三种不同的 MM 状态是：IDLE 状态、STANDBY 状态和 READY 状态。

1. IDLE 状态

在 IDLE 状态（空闲状态）下，MS 和 SGSN 的 MM 上下文中不包含该用户的有效位置及路由信息。

在 IDLE 状态下，MS 可以接收 PTM-M 传输，但 PTP 和 PTM-G 业务不能进行。

在 MS 和 SGSN 之间为了建立 MM 上下文，MS 应执行 PLMN 选择、小区选择与重选以及 GPRS 附着程序。

2. STANDBY 状态

在 STANDBY 状态（待命状态）下，用户附着到移动性管理，MS 和 SGSN 中建立了该用户的、以 IMSI 标识的 MM 上下文。

MS 可以接收 PTM-M 和 PTM-G 业务数据，经 SGSN 的电路交换业务也可以接收。但是 PTP 业务的接收和发送、PTM-G 数据的发送在此状态下不能执行。MS 可执行 GPRS 路由区（RA）功能、GPRS 小区选择和本地小区重选功能。当 MS 进入新的 RA 时，MS 执行移动性管理程序通知 SGSN。当 MS 在同一 RA 的小区间移动时，MS 不通知 SGSN。因此 MS 工作在 STANDBY 状态时，SGSN MM 上下文中的位置信息仅包含路由区域信息。

在 STANDBY 状态下，MS 可以启动 PDP 上下文激活或 PDP 上下文去激活规程。在 PDP 上下文收发数据前，必须要激活该 PDP 上下文。

在网络需要给出处于 STANDBY 状态的 MS 发送数据或信令时，SGSN 在 MS 所在路由区内送寻呼请求。在 MS 对寻呼进行响应后，MS 中 MM 状态从 STANDBY 状态转变为 READY 状态；同时，当 SGSN 接收到寻呼响应后，SGSN 中 MM 状态也从 STANDBY 状态转变为 READY 状态。

与此类似的是，以及当 MS 发送数据和信令信息后，MS 的 MM 状态从 STANDBY 状态转变为 READY 状态；当 SGSN 收到 MS 送出的数据和信令信息时，SGSN 的 MM 状态从 STANDBY 状态转变为 READY 状态。

无论是 MS 还是 SGSN 都可以通过启动 GPRS 分离规程来将 MM 状态迁移到 IDLE 状态。如果 MS 可及定时器超时，SGSN 发起隐含的 GPRS 分离规程，SGSN 和 MS 中的 MM 上下文将被删除，MM 状态进入 IDLE 状态。

3. READY 状态

在 READY 状态（就绪状态）下，SGSN 中对应于该 MS 的 MM 上下文中扩展了一项信息——MS 所驻留的小区位置信息。这项信息是由 MS 执行相关的移动性管理规程（PDP 上下文激活规程）来向网络提供的。

GPRS 小区的选择和重选是由 MS 在本地完成的，也可以由网络来控制。

在这种状态下，MS 可以发送和接收 PTP PDUs，网络侧不对 MS 发起 PS 寻呼，对其他业务的寻呼可以通过 SGSN 实现。

无论是否为该 MS 分配无线资源，MM 状态仍保持在 READY 状态，直到 MM READY 定时器超时。MM READY 定时器超时后，MM 状态转变为 STANDBY 状态。为了从 READY 状态进入 IDLE 状态，MS 需要启动 PDP 去激活规程。

2.8.2 MM 状态功能

1. MM 状态迁移

移动性管理三种工作状态转换工作模型如图 2-8-1 所示。

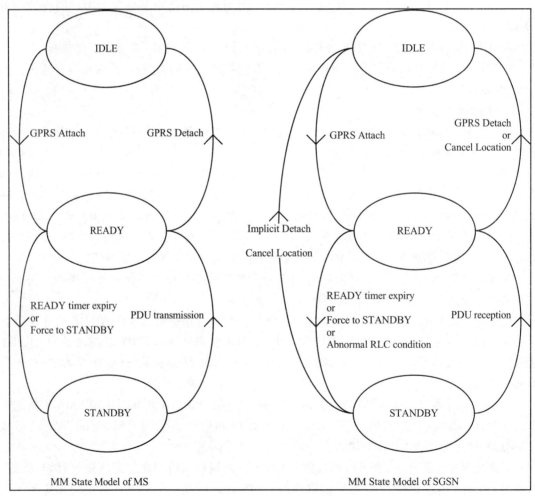

图 2-8-1 移动性管理状态迁移模型

2. 就绪定时器功能

就绪定时器功能维护 MS 中和 SGSN 中的就绪定时器，该功能是为了避免 SGSN 中的 MM 上下文和 PDP 上下文无限制积累而消耗有限的存储空间。就绪定时器控制 MS 和 SGSN 中 MM 上下文保持在 MM READY 状态的时间。当该定时器超时后，MS 中和 SGSN 中的 MM 上下文应该迁移到 STANDBY 状态。在 MS 发送 LLC PDU 后，MS 中的该定时器需要重启；在 SGSN 收到一个正确的 LLC PDU 后，相应的就绪定时器需要重启。

就绪定时器的长度在 MS 中和 SGSN 中一样，由 SGSN 通过 Attach Accept、Routeing Area Update Accept 等消息来控制。

当就绪定时器设置为 0 时，MS 应该回到 STANDBY 状态；当就绪定时器全 1 编码时，就绪定时器功能被禁止。

3. 周期性路由区更新定时器功能

周期性路由区更新定时器功能检视 MS 中的周期性 RA 更新规程，其功能是使 MS 尽量可靠地附着在 GPRS 网络上。

周期性 RA 更新的时长在一个路由区中是唯一的，由 SGSN 通过 Attach Accept、Routeing Area Update Accept 等消息来通知 MS。在该定时器超时后，MS 应该主动发起周期性 RA 更新规程。

对于 MS 离开 GPRS 覆盖区后，又回到 GPRS 覆盖区的情形：如果回到 GPRS 覆盖区前，周期性 RA 更新定时器超时了，MS 应该立即执行周期性 RA 更新规程；如果该定时器没有超时，MS 不得发起周期性 RA 更新规程。

如果将 GSM 覆盖区和 GPRS 覆盖区结合起来考虑，MS 离开覆盖区一段时间后又回到覆盖区的行为相当复杂，在这儿不详细介绍。

4. 用户可及定时器功能

用户可及定时器功能监视 SGSN 中的周期性 RA 更新规程，其功能是减少系统在寻呼方面的信令开销。用户可及定时器时长比周期性路由区更新定时器要稍微长些。该定时器超时意味着用户要么不在覆盖区，要么是关机、MS 故障、电池耗尽或人为掉电状态，此时再对该用户进行寻呼是必然没有响应的。没有响应又会导致寻呼重发，无谓地增加了系统的信令开销。

为了让用户不可及原因消除后，用户能够尽快恢复到不可及原因发生前的 GPRS 业务能力，同时又不增加系统的信令负荷，SGSN 中的 MM 上下文和 PDP 上下文应该维持不变。

用户可及定时器在进入 READY 状态后停止，在回到 STANDBY 状态后重启。

在该定时器超时后，SGSN 应该清除相应的 PPF 标志，此后 SGSN 不再对该 MS 进行寻呼。在检测到 MS 的下次活动后 SGSN 中相应的 PPF 置位。在用户首次注册到 SGSN 时，相应的 PPU 是置位的。

2.8.3 SGSN 与 MSC/VLR 的交互

为了提高系统的效率（主要是无线资源的利用率），通过一种特定的、在 SGSN 和相关 MSC/VLR 之间的关联，提高 SGSN 与相应的 MSC/VLR 的交互是有吸引力的想法。在 SGSN 和 MSC/VLR 都支持可选的 Gs 接口时，这种想法就实现了。

当SGSN存储了相应的VLR号，VLR存储了相应的SGSN号，这样关联机就建立起来了。这种关联主要是要协调同时GPRS附着和IMSI附着的MS。

通过这种关联，GSM/GPRS系统可以支持如下功能：

（1）通过SGSN实现IMSI附着和IMSI分离。这使得组合GPRS/IMSI附着和组合GPRS/IMSI分离成为可能，这样可以节省无线资源。

（2）通过SGSN来实现LA更新（包括周期性LA更新）。这使得组合LA/RA更新成为可能，这样可以节省更多的无线资源。

（3）通过SGSN实现CS寻呼，提高系统电路交换接通率。

（4）非GPRS业务提醒规程。

（5）身份识别规程。

（6）MM信息规程。

后面三个功能意义不大，第一个比较简单，重点介绍第二和第三个功能。

1. 组合RA/LA更新

当同时处于IMSI附着和GPRS附着的MS进入一个工作在网络操作模式Ⅰ的路由区时，该MS发起组合RA/LA更新规程。对于进入其他网络操作模式的路由区，由于不支持寻呼协调，MS发起组合RA/LA更新规程没有任何意义。

A类的MS在进行电路交换业务时只进行路由区更新，不进行组合路由区/位置区更新。

B类的MS在进行电路交换业务时，不进行任何更新。

C类的MS从不进行组合路由区/位置区更新。

2. CS寻呼协调及网络操作模式

如果一个MS既附着在GPRS网络又附着在GSM网络，而且网络工作在操作模式Ⅰ，则MSC/VLR可以通过SGSN来进行电路业务寻呼。如果该MS处于STANDBY状态，则寻呼在路由区级别进行；如果该MS处于READY状态，则寻呼在小区级别进行。

通过SGSN进行电路寻呼的示意图如图2-8-2所示。

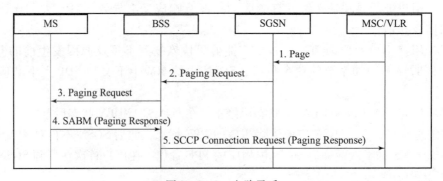

图2-8-2 电路寻呼

根据网络对电路业务和GPRS业务的寻呼方式及其配合关系，可将网络划分为表2-8-1所示的三种网络工作模式。

表 2-8-1 网络工作模式

模式	电路寻呼所用信道	GPRS 寻呼所用信道	寻呼协调关系
Ⅰ	PPCH	PPCH	有寻呼协调功能，应选用 Gs 接口 对附着在 GPRS 网络上的 MS，网络下发分组寻呼的信道与电路寻呼一样，MS 只需监视一个寻呼信道。如果给 MS 分配了 PDCH，则网络还可以在该 PDCH 上给该 MS 下发电路寻呼消息
Ⅱ	PCH	PCH	无寻呼协调功能 所有寻呼均在 PCH 上下发。MS 只需监视 PCH，即使给 MS 分配了 PDCH，MS 也仍在 PCH 上侦听电路寻呼消息
Ⅲ	PCH	PPCH	无寻呼协调功能 电路寻呼消息：网络在 PCH 上下发。 分组寻呼消息：如果小区配有 PCCCH 则在 PPCH 上下发（MS 需要同时侦听 PCH 和 PPCH 这两个信道），否则在 PCH 上下发

2.8.4 MM 规程

GPRS 的 MM 规程通常与附着、用户鉴权、标识校验、加密等接入控制与安全性管理一起执行。

1. GPRS 附着功能

当 MS 完成 GPRS 附着规程后，MS 就处于 READY 状态，在 MS 和 SGSN 中建立了该 MS 的 MM 上下文。此后，MS 可以通过 PDP 上下文激活规程激活其 PDP 上下文。

如果网络操作模式为Ⅰ，已经 GPRS 附着的 MS，通过组合 RA/LA 更新规程完成 IMSI 附着。

如果网络操作模式为Ⅱ或Ⅲ，或者 MS 没有附着在 GPRS，则 MS 按照 GSM 规范中规定的 IMSI 附着规程进行。

在附着规程中，MS 向网络指示其附着类型（IMSI 附着、GPRS 附着或组合的 IMSI/GPRS 附着）和身份识别。身份识别应优先使用 P-TMSI（如果有有效的 P-TMSI 条件下），然后才使用 IMSI。

对于 C 类的 MS，在进行 IMSI 附着前必须处于 GPRS 分离状态；在进行 GPRS 附着前，必须处于 IMSI 分离状态。

单纯的 GPRS 附着规程比较简单，图 2-8-3 是组合 GPRS/IMSI 附着规程示意图。

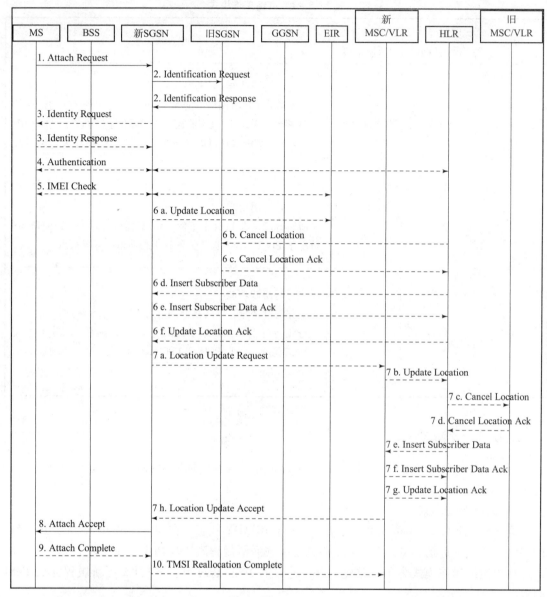

图 2-8-3　GPRS/IMSI 附着规程

对上述规程的可选流程说明如下：

第 2 步，如果 MS 的身份标识是 P-TMSI，而且其驻留的 SGSN 在 GPRS 分离后已经改变，则新 SGSN 向旧 SGSN 请求该 MS 的 IMSI。

第 3 步，如果第 2 步未成功，则新 SGSN 向 MS 要求其上报 IMSI。

第 4 步，是可选的。但是如果网络没有该 MS 的 MM 上下文，则该过程必须执行。

第 5 步，完全是可选的。

第 6 步，如果 MS 驻留的 SGSN 在 GPRS 分离后已经改变，或者是它第一次附着，则 SGSN 需要通知 HLR 该 MS 的位置已经更新，HLR 需要将该 MS 的预约数据下发到该 SGSN。

第 7 步，如果第 1 步指示的附着类型是在 IMSI 附着前提下的 GPRS 附着或组合 GPRS/

IMSI 附着，并且 SGSN 和 VLR 都支持 Gs 接口，则 SGSN 需要向（新）MSC/VLR 发起位置更新，以维持 SGSN 与 MSC/VLR 的关联。7c 和 7d 步骤是针对 MSC 间位置更新的情形。

第 9 步，如果 P‑TMSI 或/和 TMSI 发生改变，则 MS 应该确认其已经接受该 TMSI。

第 10 步，如果 TMSI 发生改变，则 SGSN 应向 VLR 确认 MS 已经接受新 TMSI。

2. GPRS 分离规程

通过分离规程，用户断开与 GPRS/GSM 网络的连接，GPRS 分离后，MS 进入 MM IDLE 状态。分离类型包括以下几种：

- IMSI 分离。
- GPRS 分离。
- 联合 IMSI/GPRS 分离（只支持 MS 发起）。

MS 从 GPRS 网络中分离可以采用显式分离和隐式分离两种方式。所谓显式分离方式就是由 MS 或 SGSN 发送一个分离请求；后者则是在一个已经存在的逻辑链路上，由于就绪定时器超时或者由于无线链路上发生不可恢复的错误而造成的分离。

MS 实现 IMSI 分离的方式要随着是否存在着 GPRS 附着而不同。已经处于 GPRS 附着状态的 MS，可以通过 SGSN 来发起 IMSI 分离，而且可以与 GPRS 分离组合进行；没有附着在 GPRS 的 MS 通过与 GSM IMSI 分离规程一样的规程来进行 IMSI 分离。

GPRS 分离功能一般由 MS 来发起，网络也能发起 GPRS 断开功能。

下面给出几种分离的规程示意图。

1) MS 发起的 GPRS 分离规程（见图 2‑8‑4）

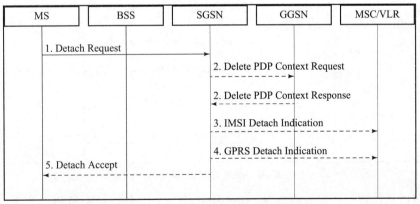

图 2‑8‑4　MS 发起的 GPRS 分离规程

对 MS 发起的分离规程说明如下：

（1）MS 向 SGSN 发出分离请求（分离类型、切断）。

（2）如果是 GPRS 分离，则 SGSN 收到该请求后向 GGSN 发出删除 PDP 上下文请求（TID），GGSN 返回删除 PDP 上下文响应（TID）。

（3）如果是 IMSI 分离，SGSN 则向 MSC/VLR 发出 IMSI 分离指示。

（4）如果是 GPRS 分离，则 SGSN 向 MSC/VLR 发出 GPRS 分离指示。

（5）SGSN 向 MS 发送分离确认。

2) SGSN/HLR 发起的 GPRS 分离规程

（1）网络（SGSN）发起分离，其分离规程如图 2‑8‑5 所示。

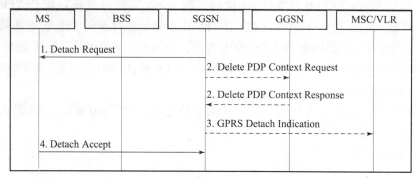

图2-8-5 SGSN发起的GPRS分离规程

对SGSN发起的分离规程说明如下:

①SGSN向MS发出分离请求(分离类型)。

②SGSN向GGSN发出删除PDP上下文请求(TID), GGSN返回删除PDP上下文响应(TID)。

③SGSN向MSC/VLR发出GPRS分离指示(IMSI)。

④MS向SGSN返回分离确认。

(2)网络(HLR)发起分离,其分离规程如图2-8-6所示。

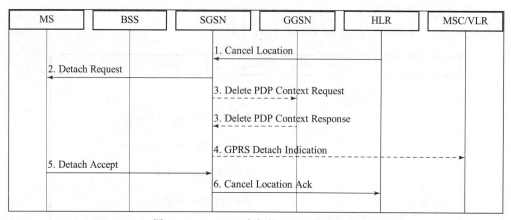

图2-8-6 HLR发起的GPRS分离规程

HLR可以从运营目的出发要求从SGSN中删除一个用户的MM和PDP上下文。对HLR发起的分离规程说明如下:

①HLR向SGSN发送一个位置取消(IMSI、取消类型)消息。

②SGSN收到该消息之后向MS发出分离请求(分离类型)。

③SGSN向GGSN发出删除PDP上下文请求(TID), GGSN返回删除PDP上下文响应(TID)。

④SGSN向MSC/VLR发出GRPS分离指示(IMSI)。

⑤MS返回分离确认。

⑥SGSN向HLR返回位置取消确认(IMSI)。

3. 清除功能

清除功能允许SGSN通知HLR它已经将一已经处于GPRS分离状态的MS的MM上下文

和 PDP 上下文删除。事实上，在 MS 显式或隐式地分离后，SGSN 有两种选择，一是立即删除 MS 的 MM 和 PDP 上下文；另外一种选择是 SGSN 将该 MS 的 MM 上下文、PDP 上下文和鉴权三元组保留一定时间，以备稍后该 MS 可能的 GPRS 附着使用，以减少访问 HLR 的次数。

2.8.5 安全性功能

安全性功能包括以下三个方面：
- 防止未授权使用 GPRS 业务（鉴权和服务请求确认）。
- 保持用户身份机密性（临时身份和加密）。
- 保持用户数据的机密性（加密）。

下面从这三个方面对 GPRS 的安全性功能做简要介绍。

1. 用户鉴权

GPRS 鉴权流程和 GSM 原有的鉴权流程是相似的，不同点在于 GPRS 鉴权流程是由 SGSN 发起的，GPRS 鉴权三元组存储在 SGSN 中，同时在开始加密时，将对所采用的加密算法进行选择。图 2-8-7 给出了 GPRS 用户鉴权流程。

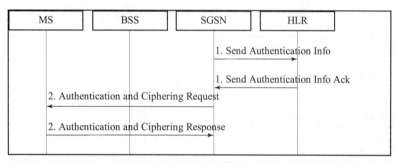

图 2-8-7 用户鉴权流程

对该流程说明如下：

（1）SGSN 向 HLR 发出发送鉴权信息（IMSI），HLR 返回鉴权信息确认（包含鉴权三参数组：RAND、SRES 和 Kc）。

（2）SGSN 向 MS 发出鉴权请求（RAND、CKSN、加密算法），MS 返回鉴权响应（SRES），完成鉴权过程。

2. 用户身份机密性

临时逻辑链路标志（TLLI）用来唯一表示一个用户，在同一路由区，IMSI 和 TLLI 具有一一对应关系，这种对应关系只有 MS 和 SGSN 知道。TLLI 的地址范围可以分为三部分：本地地址、外部地址以及随机地址，其中本地地址是由 SGSN 分配的，并且只在地址分配时所在路由区有效；外部地址是由 MS 分配的，源于旧路由区中的本地地址；当 MS 不具备本地地址和外部地址或 MS 发起一个匿名接入时，MS 将随机选择一个 TLLI。当 MS 处于 READY 状态时，SGSN 可随时为 MS 重新分配 TLLI，可以通过一个 TLLI 再分配流程或在连接流程、路由区更新流程时进行。

与 TLLI 相联系的还有 TLLI 标记这个概念，TLLI 标记用来对用户的身份进行验证。在 SGSN 向 MS 发送 Attach Accept 和 Area Update Accept 消息时，可以将 TLLI 标记作为一个可选的参数，如果 MS 接收到 TLLI 标记，将在下一个连接请求或路由区请求中附加 TLLI 标记，供 SGSN 验证。图 2-8-8 给出了 TLLI 再分配的流程。

图 2-8-8　P-TMSI 重新分配流程

P-TMSI 的分配：

P-TMSI 由 SGSN 分配。

- SGSN：向 MS 发出 P-TMSI 重新分配命令消息（新 P-TMSI，P-TMSI 签名，RAI）。
- MS：向 SGSN 返回 P-TMSI 重新分配完成消息。

注：P-TMSI 签名是一个与 P-TMSI 相关的可选参数，用于附着和位置更新等规程。

3. 用户数据和 GMM/SM 信令机密性

在 GPRS 中，加密的范围在 MS 和 SGSN 之间，而与此对应，GSM 加密的作用范围在 MS 和 BTS 之间，如图 2-8-9 所示。加密操作是由 LLC 层完成的。

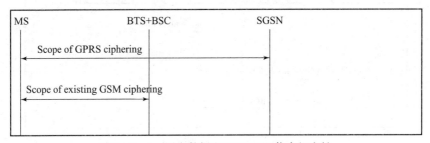

图 2-8-9　用户数据和 GMM/SM 信令机密性

GPRS 增加了一个新的加密算法，另外由于 SGSN 不知道 TDMA 的帧数，因此在加密算法中，用逻辑链路控制帧数量来代替 TDMA 帧号。

4. 用户身份检查

GPRS 的用户身份检验规程基本等同于 GSM，不同点在于检验的执行者是 SGSN。

如图 2-8-10 所示，用户身份检验规程如下：

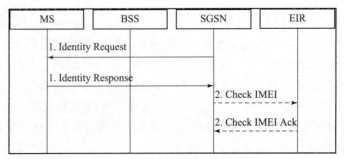

图 2-8-10　用户身份检验规程

- SGSN：向 MS 发出标识请求（标识类型）。

- MS：向 SGSN 返回标识响应（移动标识）。
- SGSN：如果需要校验 IMEI，则向 EIR 发出校验 IMEI 消息。
- EIR：向 SGSN 返回校验 IMEI 确认。

2.8.6 位置管理功能

位置管理功能包括以下几个方面：
- 提供小区和 PLMN 选择的机制。
- 为网络提供一种获取处于 STANDBY 和 READY 状态下 MS 的路由区机制。
- 为网络提供一种获取处于 READY 状态下 MS 的小区标志机制。

MS 定时地分别比较 MM 上下文中的小区标识和路由区标识，并分别与从系统消息中接收到的小区标识和路由区标志相比较，从而产生小区更新和路由区更新请求。另外，MS 会定时发起周期性路由区更新请求。位置管理的规程可以分为以下三种：
- 小区更新规程。
- 路由区更新规程。
- 组合路由区和位置区更新规程。

1. 小区更新规程

当 MS 处于 READY 状态时由一个小区进入同一路由区中的另一个小区，该 MS 会发起小区更新规程。对小区更新规程的描述如下：

（1）MS 通过发送一个任意类型的、包含其 ID 的上行 LLC 帧给 SGSN 来启动小区更新规程。

（2）BSS 收到该 LLC 帧后，在相应的 BSSGP 帧头带上新小区的 CGI 给 SGSN。

（3）SGSN 收到该 BSSGP 帧后，将 MS 驻留的新小区的 CGI 保留到该 MS 的 MM 上下文中，以后给该 MS 的业务都直接发向该新小区。

2. 路由区更新规程

当处于 GPRS 附着状态的 MS 检查到进入了一个新的路由区，或当它的周期性路由区更新定时器超时后，该 MS 发起 RA 更新规程。

SGSN 通过检查路由区更新请求消息是否携带老路由区标识来确定执行 SGSN 内部的 RA 更新规程或 SGSN 间的 RA 更新规程。周期性 RA 更新规程总是 SGSN 内部 RA 更新规程。

3. SGSN 内部的路由区更新

SGSN 内部的路由区更新规程如图 2-8-11 所示。对该规程说明如下：

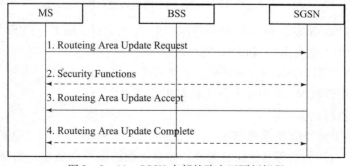

图 2-8-11　SGSN 内部的路由区更新规程

（1）MS 向 SGSN 发出路由区更新请求（包含原 RAI、原 P-TMSI 签名、更新类型等），BSS 在其中加上包含 RAC 和 LAC 的小区全球标识（CGI）。

（2）可选地启动安全性规程。

（3）SGSN 更新该 MS 的 MM 上下文，必要时给它分配一个新的 P-TMSI，然后向 MS 返回路由区更新接受消息（P-TMSI、P-TMSI 签名）。

（4）如果分配了新的 P-TMSI，则 MS 应返回路由区更新完成消息（P-TMSI）。

4. SGSN 间的路由区更新

SGSN 间的路由区更新规程如图 2-8-12 所示。对该规程说明如下：

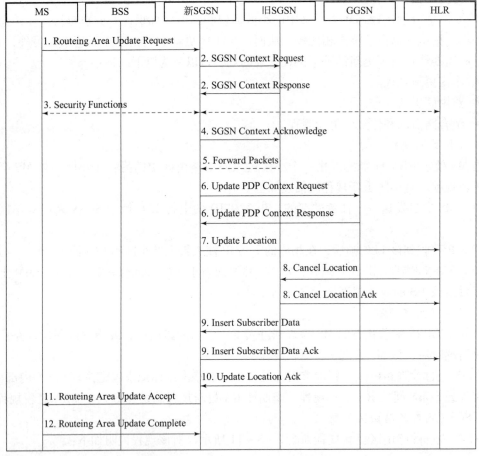

图 2-8-12　SGSN 间的路由区更新规程

（1）MS 向新 SGSN 发送路由区更新请求（包含原 RAI、原 P-TMSI 签名、更新类型等），BSS 在其中加上包含 RAC 和 LAC 的小区全球标识（CGI）。

（2）新 SGSN 向旧 SGSN 发出 SGSN 上下文请求（原 RAI、TLLI、原 P-TMSI 签名、新 SGSN 地址），以获得该 MS 的 MM 上下文和 PDP 上下文。

（3）可选地执行加密功能。

（4）新 SGSN 向旧 SGSN 返回 SGSN 上下文确认；旧 SGSN 收到该确认后，标记该 MS 的上下文中的 MSC/VLR 关联等其他信息无效。如果前面的鉴权未通过，则新 SGSN 应该拒绝该 MS 的路由区更新请求，旧 SGSN 应该当作什么也没有发生。

（5）在收到新 SGSN 的 SGSN 上下文确认消息后，旧 SGSN 在一定的时期内将相关的 N-PDU 转发给新 SGSN。

（6）新 SGSN 向 GGSN 发出更新 PDP 上下文请求（新 SGSN 地址、TID、商定的 QoS），GGSN 返回更新 PDP 上下文响应（TID）。

（7）新 SGSN 向 HLR 发出位置更新消息（SGSN 编号、SGSN 地址、IMSI）。

（8）HLR 向旧 SGSN 发出位置取消消息（IMSI、取消类型），旧 SGSN 删除相应的 MM 和 PDP 上下文后返回位置取消确认（IMSI）。

（9）HLR 通知新 SGSN 插入用户数据（IMSI、GPRS 签约数据），新 SGSN 创建相应的 MM 上下文后返回插入用户数据确认（IMSI）。

（10）HLR 向新 SGSN 返回位置更新确认（IMSI）。

（11）新 SGSN 重建该 MS 的 MM 上下文和 PDP 上下文，为该 MS 分配新的 P-TMSI，向 MS 返回路由区更新接受消息（P-TMSI、LLC 确认、P-TMSI 签名）。

（12）MS 返回路由更新完成消息（P-TMSI、LLC 确认）。

5. 组合 RA/LA 更新规程

当 MS 进入一个新路由区或一个 GPRS 附着状态的 MS 进行 IMSI 附着时，MS 发起路由区和位置区更新规程，但这仅限于网络操作模式 I 方式下的 GPRS 网络。

6. SGSN 内部的组合 RA/LA 更新规程（见图 2-8-13）

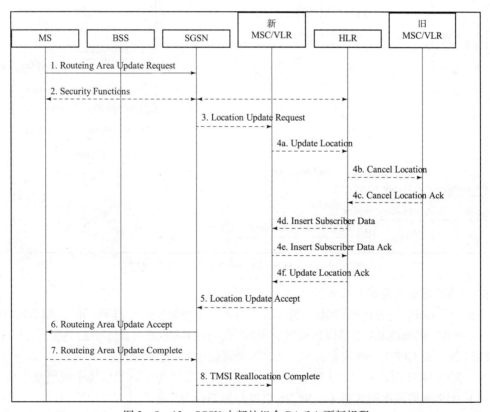

图 2-8-13 SGSN 内部的组合 RA/LA 更新规程

7. SGSN 间的组合 RA/LA 更新规程（见图 2-8-14）

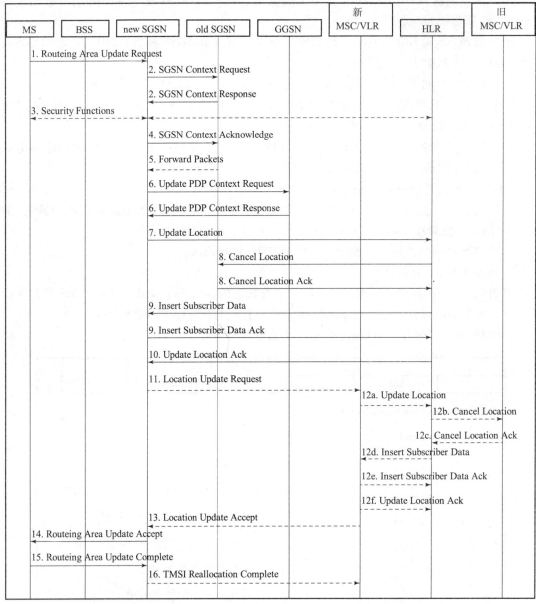

图 2-8-14　SGSN 间的组合 RA/LA 更新规程

8. 周期性路由区更新和位置区更新

所有处于 GPRS 附着状态的 MS（除了在进行电路交换业务的 B 类 MS 外），都应该进行周期性 RA 更新。周期性 RA 更新规程相当于 SGSN 内部的 RA 更新（除了更新类型不一样外）。

IMSI 附着而 GPRS 分离状态的 MS 应该发起周期性 LA 更新规程。

对于同时 IMSI 附着和 GPRS 附着状态的 MS，其周期性更新行为取决于网络操作模式：

（1）如果网络操作模式是 Ⅰ，则 MS 只进行周期性 RA 更新。

（2）如果网络操作模式是 Ⅱ 或 Ⅲ，则 MS 应该分别进行周期性 RA 更新和周期性 LA 更新。

2.8.7 用户数据管理功能

如果 HLR 中的用户签约数据改变（如 QoS 文件、允许的 VPLMN 地址等改变）或删除，则可通过下述插入用户数据规程和删除用户数据规程通知相关的 SGSN。

此外，HLR 可以通过插入用户数据规程来通知 SGSN 对插入一个或多个新的 PDP 上下文，或修改已存在的一个或多个 PDP 上下文。

1. 插入用户数据规程

对该规程描述如下：

（1）HLR 向 SGSN 发出插入用户数据（IMSI、GPRS 签约数据）消息。

（2）SGSN 更新其 GPRS 签约数据并且确认来自 HLR 的消息。

①如果相关的 PDP 上下文是新的或未激活，则存储 HLR 发来的数据即可。

②如果相关的 PDP 上下文激活，则将新的 QoS 与商定的 QoS 进行比较，不一样时发起"PDP 上下文修改规程"；如果 MS 目前驻留的 VPLMN 与新的允许 VPLMN 地址不符，则发起"PDP 上下文去激活规程"。

2. 删除用户数据规程

对该规程描述如下：

（1）HLR 向 SGSN 发出删除用户数据（IMSI、PDP 上下文标识表）。

（2）SGSN 向 HLR 返回删除用户数据确认（IMSI）。

①如果相关的 PDP 上下文未激活，则删除该 PDP 上下文即可。

②如果相关的 PDP 上下文激活，则发起"PDP 上下文去激活规程"。

2.8.8 MS 类别标志处理功能

GPRS 对 MS 的类别标志的处理与原 GSM 不同，当 MS 附着到 GPRS 上时，其类别标志在 MM 消息中发送给网络并存储在网络中，直至该 MS 转移到 GPRS 分离状态。这是为了避免 MS 类别在无线接口上传输，从而节约无线资源。

MS 的级别标志分两部分：无线接入类标和 SGSN 类标。无线接入类标表示 MS 的无线能力，如频段能力、多时隙能力、功率等级能力以及 BSS 进行无线资源管理所需的其他信息等。无线接入类标在发送给 SGSN 之后，由 SGSN 提供给 BSS。SGSN 类标表示与无线无关的其他能力，如加密能力等。

SGSN 应该将无线接入类标作为一个信息域在每个下行的 BSSGP PDU 中提供给 BSS；而 BSS 随时可以向 SGSN 请求某 MS 的无线接入类标。

为了提高效率，规范中也提高了在初始接入阶段，BSS 从 MS 直接得到简化无线接入类标的机制。

2.9 无线资源管理功能

1. 无线资源管理

GPRS 无线资源管理功能主要体现在以下几个方面：

(1) GPRS 物理信道的分配和释放。
(2) 监视 GPRS 信道的使用以检测正在使用或发生拥塞的 GPRS 信道。
(3) 拥塞控制。
(4) 小区系统信息广播。

GPRS 无线资源是采取动态分配的策略，同时 GSM 无线资源动态地在 GPRS 和其他 GSM 业务之间共享。用于 GPRS 的无线资源可以动态地增加直到达到一个运营者设定的最大值，或动态地减少直到达到一个运营者设定的最小值。另外，网络将在公共控制信道上广播 GPRS 系统信息。

2. GPRS 下行传输的寻呼

在 SGSN 向一个处于 STANDBY 状态的 MS 传输数据之前，SGSN 将向 MS 发送一个寻呼请求，该寻呼流程将 MM 的状态由 STANDBY 状态转为 READY 状态，MS 收到寻呼请求后将回送任一有效的 LLC 帧作为应答，将 SGSN 中的 MM 上下文由 STANDBY 状态转为 READY 状态。如果 SGSN 在一定时间内（由一定时器监视）没有收到 MS 的应答，将重复发送寻呼请求，重复发送的实现方式由实现者确定。

3. 小区选择和小区重选

当 MS 处于空闲状态并且开始 GPRS 连接流程时，如果 MS 所处的小区支持 GPRS 则不需要进行小区重选的操作，否则要进行小区重选。

4. 非连续接收

GPRS MS 可以选择使用非连续接收（DRX），如果选用 DRX，MS 应在连接过程中将 DRX 的相关参数指示给 SGSN，SGSN 将在每一个寻呼请求中，将这些参数传送给 BSS。

2.10 分组路由与传输功能

2.10.1 PDP 状态和状态转换

每个 GPRS PTP 业务的签约包括一个或几个 PDP 地址的签约，对应每个 PDP 地址，MS、SGSN 和 GGSN 中都存在一个特定的 PDP 上下文，而每个 PDP 上下文都处于非激活状态（INACTIVE）和激活状态（ACTIVE）两个中的一个。一个用户的所有 PDP 上下文都与其唯一的以 IMSI 为标识的 MM 上下文相关联。

PDP 上下文包括会话管理的一些内容（详细的内容请参考信息存储一节）：

MS：PDP State, PDP Type, PDP Address, APN, NSAPI, TI, Send N – PDU Number, Receive N – PDU Number, QoS Profile Negotiated；

SGSN：PDP State, PDP Type, PDP Address, APN, NASPI, TI, GGSN Address, Send N – PDU Number, Receive N – PDU Number, QoS Profile Negotiated；

GGSN：IMSI, NSAPI, MSISDN, PDP Type, PDP Address, Dynamic Address, APN, QoS Profile Negotiated。

1. 非激活（INACTIVE）状态

处于非激活状态的 PDP 地址的 PDP 上下文不包含处理分组数据包所需的路由及映射信

息，对于用户的路由区更新信息不作修改，不能进行数据传送。

对于特定的处于非激活状态的 PDP 地址，如果 GGSN 接收到移动被叫的数据包并且对应着该 PDP 地址的 PDP 上下文允许激活，GGSN 将发起一个 PDP 上下文激活规程，否则将发送出错信息。

2. 激活（ACTIVE）状态

处于激活状态的 PDP 地址的 PDP 上下文包含处理分组数据包所需的路由及映射信息，可以进行数据传送。PDP 上下文激活状态只有当用户的 MM 状态处于 STANDBY 和 READY 状态时才可能。

PDP 状态之间的转换如图 2-10-1 所示。

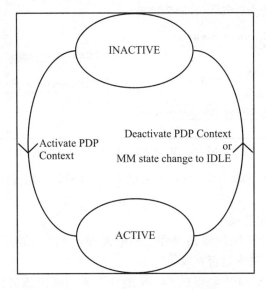

图 2-10-1　PDP 状态之间的转换

2.10.2　会话管理规程

分组路由和转发功能是和 PDP 上下文的状态有着紧密关系的，只有在一个 PDP 地址所对应的位于 SGSN 和 GGSN 中的 PDP 上下文都处于激活状态时，才可能对相应的 PDP PDU 进行路由和转发（对于 PTP 情况）。

在 GPRS 系统中，传输数据是围绕 PDP 上下文来开展的，对 PDP 上下文的激活、修改和去激活的过程就是会话管理。

2.10.3　静态地址与动态地址

网络给 MS 分配地址有 3 种方式：

（1）HPLMN 在开户时给 MS 分配一个静态地址。

（2）HPLMN 在 PDP 上下文激活时分配一个动态地址。

（3）VPLMN 在 PDP 上下文激活时给 MS 分配一个动态地址。

后面两种方式的选择，也是由 HPLMN 在用户开户时在签约数据中确定。

对每个 IMSI，可以分配 0 个或若干个静态地址，可以分配 0 个或若干个动态地址。
当使用动态地址时，由 GGSN 负责给 MS 分配动态地址。
网络发起的 PDP 上下文激活规程只对具有静态地址的 MS 才可能。

2.10.4 PDP 上下文的激活规程

1. MS 发起的 PDP 上下文激活规程

MS 发起的 PDP 上下文激活规程如图 2-10-2 所示。对该规程的说明如下：

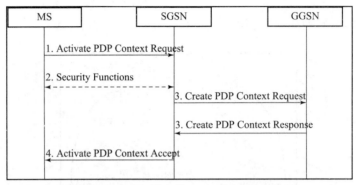

图 2-10-2 MS 发起的 PDP 上下文激活规程

（1）MS 向 SGSN 发出激活 PDP 上下文请求（NSAPI、TI、PDP 类型、APN、要求的 QoS、PDP 配置选项）。

（2）可选地执行安全性规程。

（3）SGSN 根据 MS 提供的激活类型、PDP 地址、APN，通过 APN 选择标准来解析 GGSN 地址，从而检查该请求是否有效。

①如果 SGSN 不能从 APN 解析出 GGSN 地址，或判断出该激活请求无效，则拒绝该请求。

②如果 SGSN 从 APN 解析出了 GGSN 地址，则为所请求的 PDP 上下文创建一个 TID（IMSI + NSAPI），并向 GGSN 发出创建 PDP 上下文请求（PDP 类型、PDP 地址、APN、商定的 QoS、TID、选择模式、PDP 配置选项）。

GGSN 利用 SGSN 提供的信息确定外部 PDN，分配动态地址，启动计费，限定 QoS 等：

①如果能满足所商定的 QoS，则向 SGSN 返回创建 PDP 上下文响应（TID、PDP 地址、BB 协议、重新排序请求、PDP 配置选项、商定的 QoS、计费 ID、原因）。

②如果不能满足所商定的 QoS，则向 SGSN 返回拒绝创建 PDP 上下文请求。QoS 文件由 GGSN 操作者来配置。

（4）SGSN 如果收到 GGSN 的创建 PDP 上下文响应，则在该 PDP 上下文中插入 NSAPI、GGSN 地址、动态 PDP 地址，根据商定的 QoS 选择无线优先权，然后向 MS 返回激活 PDP 上下文接受消息（PDP 类型、PDP 地址、TI、商定的 QoS、无线优先权、PDP 配置选项）。此时就已建立起 MS 与 GGSN 之间的路由，开始计费，可以进行分组数据传送。

2. 网络发起的 PDP 上下文激活规程

当 PDP 地址为静态时，可由网络请求 PDP 上下文激活规程，其激活规程如图 2-10-3 所示。对该规程的说明如下：

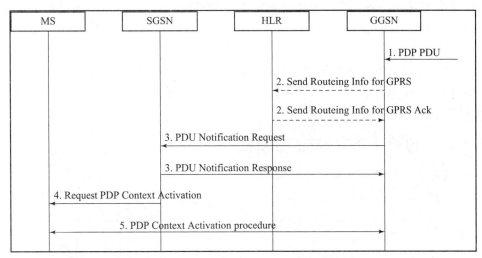

图 2 – 10 – 3　网络发起的 PDP 上下文激活规程

（1）GGSN 接收到来自外部 PDN 的 PDP PDU，则将这些 PDP PDU 存储起来，并向 HLR 发出发送 GPRS 路由信息（IMSI）消息。

（2）如果 HLR 判断可为该请求提供服务，则返回发送 GPRS 路由信息确认（IMSI、SGSN 地址、移动台不可及原因）。如果 HLR 判断不能为该请求提供服务（如 HLR 不知道其 IMSI 时），则返回有错应答（IMSI、MAP 错误原因）。

（3）GGSN 向 HLR 所指定的 SGSN 发送 PDU 通知请求（IMSI、PDP 类型、PDP 地址）消息。SGSN 向 GGSN 返回 PDU 通知响应（原因）。

（4）SGSN 向 MS 发出请求 PDP 上下文激活消息（TI、PDP 类型、PDP 地址）。

（5）后续规程与 MS 发起的 PDP 上下文激活规程一样。

2.10.5　PDP 上下文的修改规程

SGSN 可以决定（或者是由 HLR 触发）修改一个 PDP 上下文的 QoS 参数或无线优先级。它可以选择 PDP 上下文修改规程来完成，或者在 MM 消息（如路由区更新接受消息）中携带此要求。

PDP 上下文修改规程如图 2 – 10 – 4 所示，对该规程说明如下：

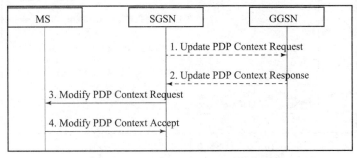

图 2 – 10 – 4　PDP 上下文的修改规程

（1）SGSN 向 GGSN 发出更新 PDP 上下文请求（TID、商定的 QoS）。

（2）如果商定的 QoS 与所要修改的 PDP 上下文不符，则 GGSN 拒绝该更新 PDP 上下文请求。否则存储该商定的 QoS 并向 SGSN 返回更新 PDP 上下文响应消息（TID、商定的 QoS）。

（3）SGSN 向 MS 发出修改 PDP 上下文请求（TI、商定的 QoS、无线优先权）。

（4）MS 如果接受该修改请求，则返回接受消息，否则发起 PDP 上下文去激活规程来去激活该 PDP 上下文。

2.10.6　PDP 上下文的去激活规程

1. MS 发起的 PDP 上下文去激活规程

MS 发起的 PDP 上下文去激活规程如图 2-10-5 所示。对该规程说明如下：

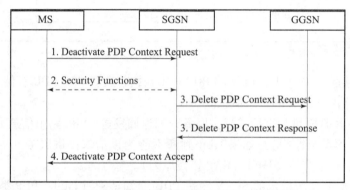

图 2-10-5　MS 发起的 PDP 上下文去激活规程

（1）MS 向 SGSN 发出去激活 PDP 上下文请求（TI）。

（2）可选地执行安全性管理规程。

（3）SGSN 向 GGSN 发出删除 PDP 上下文请求（TID），GGSN 删除 PDP 上下文，释放动态 PDP 地址，并向 SGSN 返回响应。

（4）SGSN 向 MS 返回去激活 PDP 上下文接受消息（TI）。

2. SGSN 发起的 PDP 上下文去激活规程

SGSN 发起的 PDP 上下文去激活规程如图 2-10-6 所示。对该规程说明如下：

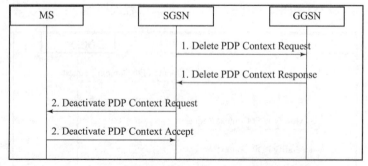

图 2-10-6　SGSN 发起的 PDP 上下文去激活规程

（1）SGSN 向 GGSN 发出删除 PDP 上下文请求（TID），GGSN 删除该 PDP 上下文，释放动态 PDP 地址，并向 SGSN 返回响应。

(2) SGSN 向 MS 发出去激活 PDP 上下文请求（TI）。
(3) MS 删除 PDP 上下文，并向 SGSN 返回去激活 PDP 上下文接受消息。

3. GGSN 发起的 PDP 上下文去激活规程

GGSN 发起的 PDP 上下文去激活规程如图 2-10-7 所示。对该规程说明如下：

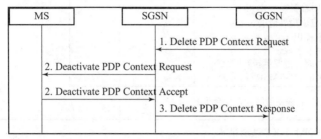

图 2-10-7　GGSN 发起的 PDP 上下文去激活规程

（1）GGSN 向 SGSN 发出删除 PDP 上下文请求（TID）。
（2）SGSN 向 MS 发送去激活 PDP 上下文请求（TI），MS 删除 PDP 上下文，并向 SGSN 返回去激活 PDP 上下文接受消息。
（3）SGSN 向 GGSN 返回删除 PDP 上下文响应（TID），GGSN 释放动态 PDP 地址和相应的 PDP 上下文。

2.11　业务流程举例

GPRS 业务流程主要是由上述基本的移动性管理规程和 PDP 上下文控制规程配合实现的。GPRS 业务流程将视 MM 状态、PDP 状态以及相关参数的不同而各不相同，以下给出的是几个较典型的业务流程示例。

2.11.1　MS 发起的分组数据业务流程

MS 在一定的 MM 状态下发起分组数据业务：

当 MM 状态为空闲时，MS 应首先执行移动性管理的附着规程，进入 MM READY 状态或 MM STANDBY 状态后才能执行 PDP 上下文的激活规程来实现分组数据业务。其业务流程如图 2-11-1 所示。

当 MM 状态为 READY 时，其业务流程可直接从图 2-11-1 中的第 3 步骤开始。

当 MM 状态为 STANDBY 状态时，如果未发生位置改变，则其业务流程可直接从图 2-11-1 中的第 3 步骤开始；如果发生了位置改变，则需先进行位置更新，然后进入第 3 步骤。

2.11.2　网络发起的分组数据业务流程

网络可在一定的 MM 状态下对具有静态 PDP 地址的 MS 发起分组数据业务，当 MS 的 MM 状态为空闲时，网络无法对 MS 进行寻呼，因此无法发起分组数据业务。当 MM 状态为待命时，网络需先向 MS 发起寻呼，然后再执行激活 PDP 上下文规程，如图 2-11-2 所示。

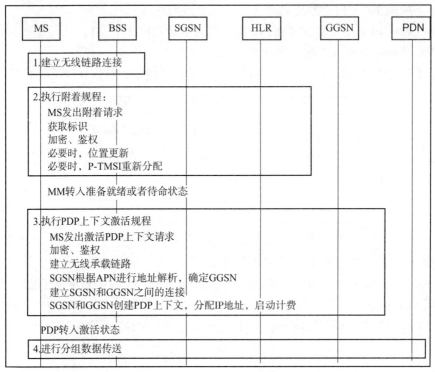

图 2-11-1　MS 发起的分组数据业务流程

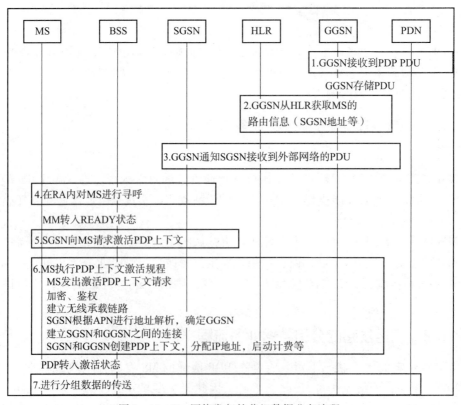

图 2-11-2　网络发起的分组数据业务流程

当 MM 状态为 READY 时，其业务流程不需执行图 2-11-2 中第 4 步的寻呼规程。

2.12 用户数据传输

2.12.1 传输模式

GTP、LLC 和 RLC 协议中提供了多种传输模式。这些传输模式的组合定义了 QoS 中的可靠性级别参数（参见"网络服务质量"一节）。

1. GTP 传输模式

GTP 提供两种传输模式：有证实传输模式（TCP/IP）和无证实传输模式（UDP/IP）。GTP 应能同时支持这两种传输模式。

2. LLC 传输模式

LLC 提供两种传输模式：有证实传输模式和无证实传输模式。RLC 应能同时支持这两种传输模式。信令和短消息必须以无证实模式传输。

在无证实模式下，LLC 提供两种选择：

（1）传输保护信息：LLC 信息域错误将导致 LLC 帧丢弃。

（2）传输无保护信息：LLC 信息域错误不会导致 LLC 帧丢弃。

LLC 层应该支持多种 QoS 延迟级别。

3. RLC 传输模式

RLC 提供两种传输模式：有证实传输模式和无证实传输模式。RLC 应能同时支持这两种传输模式。

2.12.2 LLC 的功能

LLC 层的主要功能是在 MS 和 SGSN 之间提供一条稳定可靠的传输链路。LLC 层位于 SNDC 层之下。

1. 寻址

在 LLC 层通过 TLLI 来寻址。TLLI 参见"TLLI 和 NSAPI"内容。

2. 服务

LLC 为 MS 和 SGSN 提供一条加密的数据链路。当 MS 在同一 SGSN 下的小区间移动时，LLC 连接可以维持不断，当 MS 在移动到另外一个 SGSN 下的小区时，LLC 连接须释放，然后重新建立。

LLC 连接可以承载 PTP 业务和 PTM 业务。

LLC 可以独立于底层的无线接口协议（RLC/MAC、RF）。为了达到此目的，LLC 协议运行在 MS 和 SGSN 之间进行参数（帧长、定时器时长等）协商。

3. 功能

LLC 层支持：

（1）在 SNDC 层和 LLC 层之间的 SN-PDT 传输原语。

（2）在 MS 和 SGSN 之间传输 LL-PDU 的规程。

(3) 丢帧和错帧情形的检测和恢复。
(4) MS 和 SGSN 之间的 LL – PDU 流量控制。
(5) LL – PDU 的加密传输。

2.12.3　SNDCP 的功能

SNDC 层（子网适配层），作为网络层与链路层的过渡，将 IP/X.25 用户数据进行分段、压缩等处理后送入 LLC 层进行传输。网络层的分组数据包与信令、短消息复用相同的 SNDC 层，如图 2 – 12 – 1 所示。

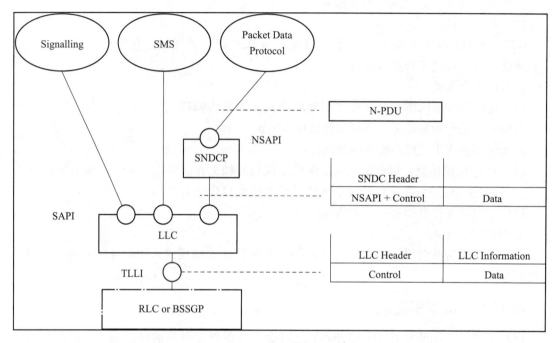

图 2 – 12 – 1　SNDCP 的功能

SNDC 层提供如下功能给网络层：
(1) 将从网络层收到的 SNDC 原语映射为 LLC 原语，或反过来。
(2) 以证实 LLC 方式或非证实 LLC 方式收发 N – PDU。
(3) 在 MS 和 SGSN 之间，按照协商好的 QoS 传输 N – PDU、传输变长的 N – PDU。
(4) 将自多个 NAPI 来的 N – PDU 复用到一个 LLC SAPI。
(5) 使用压缩技术在 MS 和 SGSN 之间传输尽量少的数据量。压缩协议控制信息和用户数据，包括如 TCP/IP 头压缩和 V.42bis 数据压缩。该功能是可选的。
(6) N – PDU 的分割与重组，如图 2 – 12 – 2 所示。

2.12.4　PPP 的功能

PPP 功能示意图如图 2 – 12 – 3 所示。GGSN 可以终止 PPP 协议并接入外部分组数据网，或者选择通过其他隧道协议（如 L2TP）将 PPP PDU 转发到外部数据网络。

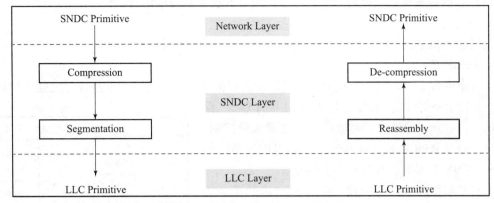

图 2-12-2　N-PDU 的分割与重组

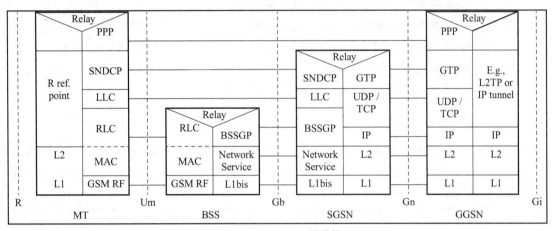

图 2-12-3　PPP 的功能

2.12.5　Gb 接口

Gb 接口允许多个用户复用同一物理资源，资源在用户之间是按需分配的，这与 A 接口的独占分配方式是截然不同的。分配给单个用户的接入速率可以从 0 到最大的线路速率（对 E1 来说是 1 984 kbit/s）。

GPRS 信令和数据在 Gb 接口上的传输是一样的，无须为信令单独分配资源。

1. 物理层

物理层可以采用 E1、T1 等多种接口形式。物理层的资源分配应该由 O&M 规程来分配。

2. FR 子层

FR 子层属于数据链路层，它为 Gb 接口的上层提供公用的传送通路，在 Gb 接口，FR 子层使用统计复用方式传送上层数据和信令。

GPRS Gb 接口 FR 子层只实现 FR 协议的部分功能。FR 子层的主要功能：

（1）FR 子层从 NS 控制子层接收数据包，将数据包组成帧中继帧，然后经物理接口传送。

（2）FR 子层从物理接口接收帧中继帧，对其分析，然后传送到 NS 控制子层。

（3）协议处理部分的用户侧周期地向网络侧进行 PVC 状态检查和链路一致性检查。

（4）进行帧中继子层的操作维护。

(5) 在接收发送数据时进行各种信息的统计和拥塞状态的统计。

3. NS 子层

该层基于帧中继,用于传送上层的 BSSGP PDU,能够提供负荷分担、链路查询等功能。

4. BSSGP 层

在传输平台上,该层用于在 BSS 与 SGSN 之间提供一条无连接的链路进行无确认的数据传送。采用 BSSGP 协议来传送与无线相关的 QoS、路由等信息,处理寻呼请求,对数据传输实现流量控制。目的就是通过 BSSGP 实现对 BSS 一些信息的屏蔽,使得 MS、SGSN 不用关心 BSS 的相关信息。

BSSGP 层结构如图 2-12-4 所示,其主要功能如下:

(1) 在 SGSN 和 BSS 之间提供无连接的传输链路。

(2) 在 SGSN 和 BSS 之间进行无证实数据传输。

(3) 在 SGSN 和 BSS 之间提供双向流控机制。

(4) 处理 SGSN 到 BSS 的寻呼请求。

(5) 支持对 BSS 旧消息的清除(如由于 MS 改变了 BSS)。

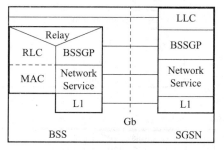

图 2-12-4 BSSGP 层

2.12.6 Abis 接口

支持 GPRS 业务时,在基站子系统需要增加新硬件设备:分组控制单元(PCU)。PCU 主要完成 RLC/MAC 功能和与 Gb 接口功能。根据 PCU 位置的不同,GPRS 基站子系统有如图 2-12-5 所示的三种结构。

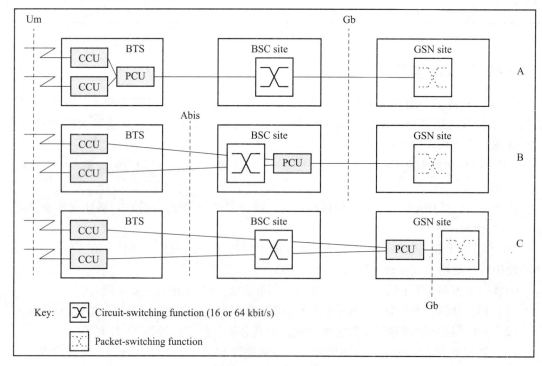

图 2-12-5 Abis 接口

对于 B 和 C 结构，PCU 称为远端 PCU。此时 PCU 与 CCU 之间需要通过 PCU 帧（是对 TRAU 帧的扩展）来通信。GPRS 用户数据和 RLC/MAC 控制信息都通过 PCU 帧来传输，故 PCU 帧必须定义带内信令机制。规范中未对 PCU 帧进行具体定义，由厂商自定义。

对于结构 B，PCU 可以作为 BSC 的嵌入设备来实现；对于结构 C，BSC 对 GPRS 数据只是起透明转发作用。

对于结构 B 和 C，PCU 可以半独立设备的形式实现。在《GPRS 基站子系统设备规范》中，我们已经对图 2-15-5 做了适当的修改，如图 2-12-6 所示。

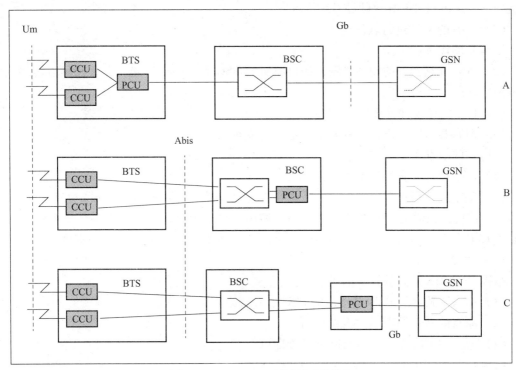

图 2-12-6 GPRS 基站子系统设备

1. 结构 A

结构 A 下 BSS 的升级方法描述如下：

（1）无须引入其他设备。

（2）原有的 BSC 进行软件升级，由 BSC 提供 Gb 接口，这有可能需要硬件升级。

（3）原有的 BTS 进行软件升级，并有可能需要硬件升级。

结构 A 方案的优点在于：

（1）PCU 无须额外的硬件投资，如果原有的 BTS 无须硬件升级，那么这种方案将大大节省硬件投资。

（2）分组处理分散在各个 BTS 实现，一个 PCU 功能实体只负责一个小区或一个载频的无线分组处理。这就降低了对处理能力和存储空间的要求，从而降低了对硬件平台的要求。

结构 A 的缺点在于：

（1）原有的 BTS 可能需要硬件升级。这是由于分组处理较大增加了主 CPU 的负担，原有 BTS 的主 CPU 可能处理能力不够。这个问题对较早期的 BTS 尤为严重。

（2）由于 BSC 要出 Gb 接口，可能导致 BSC 的硬件升级。

（3）Abis 接口的处理较复杂，实现起来较困难。这种困难主要是多时隙捆绑和高速率的无线编码方式带来的。

2. 结构 B

结构 B 下 BSS 的升级方法描述如下：

（1）无须引入其他设备。

（2）原有的 BSC 进行软件升级，由 BSC 提供 Gb 接口，并且由 BSC 进行大部分的无线分组处理，这极有可能导致硬件升级需求。

（3）原有的 BTS 进行软件升级即可。

结构 B 的优点在于：

（1）PCU 无须额外的硬件投资，如果原有的 BSC 无须硬件升级，那么这种方案将大大节省硬件投资。

（2）BTS 无须硬件升级。

（3）Abis 接口的实现在三种方案中是最简单的。

结构 B 的缺点在于：

（1）BSC 极有可能需要硬件升级。

（2）集中式处理，容量较小。这是由于在电路交换中，用户数据在设定好后，由硬件直接交换传输，无须主 CPU 处理；在分组交换中，每个用户数据包（包头带信令信息）都需要主 CPU 处理，这会给主 CPU 带来很大的负荷。而原来的 BSC 是为电路交换设计的。

3. 结构 C

结构 C 下 BSS 的升级方法描述如下：

（1）引入半独立的 PCU 设备，由 PCU 出 Gb 接口。

（2）原有的 BSC 进行软件升级即可。

（3）原有的 BTS 基本上进行软件升级即可。

结构 C 的优点在于：

（1）BSC 无须硬件升级，BTS 基本上也不需要（有些早期基站也许需要）。

（2）组网方式灵活。

（3）半独立的 PCU 承担绝大部分无线分组处理，对原有 BSC 的影响最小，从而将对原有语音业务的影响降低到最小。

（4）半独立的 PCU 也容易实现大容量、高处理能力。

结构 C 的主要缺点在于：PCU 需要额外的硬件投资。

结构 C 方式相对于其他两种方式有明显的现实优势。

2.13 信息存储

2.13.1 HLR

IMSI 是 HLR 中存储的用户签约数据数据库的主键。对每个 IMSI，可以有多个 PDP 签约，每个PDP签约可视为一个基本业务，如图2–13–1所示。

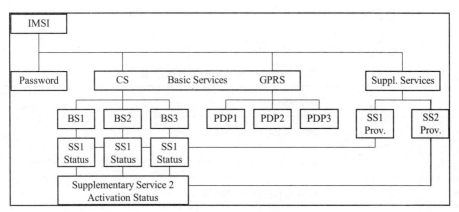

图2–13–1　HLR

表2–13–1是HLR中的GPRS签约数据。

表2–13–1　HLR中的GPRS签约数据

Field	Description
IMSI	IMSI is the main reference key.
MSISDN	The basic MSISDN of the MS.
SGSN Number	The SS7 number of the SGSN currently serving this MS.
SGSN Address	The IP address of the SGSN currently serving this MS.
SMS Parameters	SMS–related parameters, e.g., operator–determined barring.
MS Purged for GPRS	Indicates that the MM and PDP contexts of the MS are deleted from the SGSN.
MNRG	Indicates that the MS is not reachable through an SGSN, and that the MS is marked as not reachable for GPRS at the SGSN and possibly at the GGSN.
GGSN–list	The GSN number and optional IP address pair related to the GGSN that shall be contacted when activity from the MS is detected and MNRG is set. The GSN number shall be either the number of the GGSN or the protocol–converting GSN as described in the subclauses " MAP–based GGSN–HLR Signalling" and " GTP and MAP–based GGSN–HLR Signalling".
Each IMSI contains zero or more of the following PDP context subscription records:	
PDP Context Identifier	Index of the PDP context.
PDP Type	PDP type, e.g., X.25, PPP, or IP.
PDP Address	PDP address, e.g., an X.121 address. This field shall be empty if dynamic addressing is allowed.
Access Point Name	A label according to DNS naming conventions describing the access point to the external packet data network.
QoS Profile Subscribed	The quality of service profile subscribed. QoS Profile Subscribed is the default level if a particular QoS profile is not requested.
VPLMN Address Allowed	Specifies whether the MS is allowed to use the APN in the domain of the HPLMN only, or additionally the APN in the domain of the VPLMN.

2.13.2　SGSN

SGSN 中的签约数据如表 2-13-2 所示。

表 2-13-2　SGSN 中的签约数据

Field	Description
IMSI	IMSI is the main reference key.
MM State	Mobility management state, IDLE, STANDBY, or READY.
P-TMSI	Packet Temporary Mobile Subscriber Identity.
P-TMSI Signature	A signature used for identification checking purposes.
IMEI	International Mobile Equipment Identity
MSISDN	The basic MSISDN of the MS.
Routeing Area	Current routeing area.
Cell Identity	Current cell in READY state, last known cell in STANDBY or IDLE state.
Cell Identity Age	Time elapsed since the last LLC PDU was received from the MS at the SGSN.
VLR Number	The VLR number of the MSC/VLR currently serving this MS.
New SGSN Address	The IP address of the new SGSN where buffered and not sent N-PDUs should be forwarded to.
Authentication Triplets	Authentication and ciphering parameters.
Kc	Currently used ciphering key.
CKSN	Ciphering key sequence number of Kc.
Ciphering algorithm	Selected ciphering algorithm.
Radio Access Classmark	MS radio access capabilities.
SGSN Classmark	MS network capabilities.
DRX Parameters	Discontinuous reception parameters.
MNRG	Indicates whether activity from the MS shall be reported to the HLR.
NGAF	Indicates whether activity from the MS shall be reported to the MSC/VLR.
PPF	Indicates whether paging for GPRS and non-GPRS services can be initiated.

续表

Field	Description
SMS Parameters	SMS-related parameters, e.g., operator-determined barring.
Recovery	Indicates if HLR or VLR is performing database recovery.
Radio Priority SMS	The RLC/MAC radio priority level for uplink SMS transmission.
Each MM context contains zero or more of the following PDP contexts:	
PDP Context Identifier	Index of the PDP context.
PDP State	Packet data protocol state, INACTIVE or ACTIVE.
PDP Type	PDP type, e.g., X.25, PPP, or IP.
PDP Address	PDP address, e.g., an X.121 address.
APN Subscribed	The APN received from the HLR.
APN in Use	The APN currently used.
NSAPI	Network layer Service Access Point Identifier.
TI	Transaction Identifier.
GGSN Address in Use	The IP address of the GGSN currently used.
VPLMN Address Allowed	Specifies whether the MS is allowed to use the APN in the domain of the HPLMN only, or additionally the APN in the domain of the VPLMN.
QoS Profile Subscribed	The quality of service profile subscribed.
QoS Profile Requested	The quality of service profile requested.
QoS Profile Negotiated	The quality of service profile negotiated.
Radio Priority	The RLC/MAC radio priority level for uplink user data transmission.
Send N-PDU Number	SNDCP sequence number of the next downlink N-PDU to be sent to the MS.
Receive N-PDU Number	SNDCP sequence number of the next uplink N-PDU expected from the MS.
SND	GTP sequence number of the next downlink N-PDU to be sent to the MS.
SNU	GTP sequence number of the next uplink N-PDU to be sent to the GGSN.
Charging Id	Charging identifier, identifies charging records generated by SGSN and GGSN.
Reordering Required	Specifies whether the SGSN shall reorder N-PDUs before delivering the N-PDUs to the MS.

2.13.3 GGSN

GGSN 中的签约数据如表 2-13-3 所示。

表 2-13-3　GGSN 中的签约数据

Field	Description
IMSI	International Mobile Subscriber Identity.
NSAPI	Network layer Service Access Point Identifier.
MSISDN	The basic MSISDN of the MS.
PDP Type	PDP type, e.g., X.25, PPP, or IP.
PDP Address	PDP address, e.g., an X.121 address.
Dynamic Address	Indicates whether PDP Address is static or dynamic.
APN in Use	The APN Network Identifier currently used.
QoS Profile Negotiated	The quality of service profile negotiated.
SGSN Address	The IP address of the SGSN currently serving this MS.
MNRG	Indicates whether the MS is marked as not reachable for GPRS at the HLR.
Recovery	Indicates if the SGSN is performing database recovery.
SND	GTP sequence number of the next downlink N-PDU to be sent to the SGSN.
SNU	GTP sequence number of the next uplink N-PDU to be received from the SGSN.
Charging Id	Charging identifier, identifies charging records generated by SGSN and GGSN.
Reordering Required	Specifies whether the GGSN shall reorder N-PDUs received from the SGSN.

2.14　MS

MS 中的签约数据如表 2-14-1 所示。

表 2-14-1　MS 中的签约数据

Field	SIM	Description
IMSI	X	International Mobile Subscriber Identity.
MM State		Mobility management state, IDLE, STANDBY, or READY.
P-TMSI	X	Packet Temporary Mobile Subscriber Identity.

Field	SIM	Description
P – TMSI Signature	X	A signature used for identification checking purposes.
Routeing Area	X	Current routeing area.
Cell Identity		Current cell.
Kc	X	Currently used ciphering key.
CKSN	X	Ciphering key sequence number of Kc.
Ciphering algorithm		Selected ciphering algorithm.
Classmark		MS classmark.
DRX Parameters		Discontinuous reception parameters.
Radio Priority SMS		The RLC/MAC radio priority level for uplink SMS transmission.

Each MM context contains zero or more of the following PDP contexts:

Field	Description
PDP Type	PDP type, e.g., X.25, PPP, or IP.
PDP Address	PDP address, e.g., an X.121 address.
PDP State	Packet data protocol state, INACTIVE or ACTIVE.
Dynamic Address Allowed	Specifies whether the MS is allowed to use a dynamic address.
APN Requested	The APN requested.
NSAPI	Network layer Service Access Point Identifier.
TI	Transaction Identifier.
QoS Profile Requested	The quality of service profile requested.
QoS Profile Negotiated	The quality of service profile negotiated.
Radio Priority	The RLC/MAC radio priority level for uplink user data transmission.
Send N – PDU Number	SNDCP sequence number of the next uplink N – PDU to be sent to the SGSN.
Receive N – PDU Number	SNDCP sequence number of the next downlink N – PDU expected from the SGSN.

2.15 MSC/VLR

MSC/VLR 中的签约数据如表 2-15-1 所示。

表 2-15-1 MSC/VLR 中的签约数据

Field	Description
IMSI	IMSI is the main reference key.
SGSN Number	The SGSN number of the SGSN currently serving this MS.

2.16 编号

GPRS 涉及地址、编号以及一些相关的标识，分布在各实体中。

在 GPRS 骨干网中，每个 SGSN 有一个内部 IP 地址，用于骨干网内的通信。另外，它还有一个 SS7 网的 SGSN 编号，用于与 HLR、EIR 等的通信；每个 GGSN 有一个内部 IP 地址用于骨干网内的通信。若 GGSN 选择了通过 Gc 接口与 HLR 相连，则它也应有一个 GGSN SS7 编号。此外，作为与外部数据网互连的网关，GGSN 还应具有一个与外部网络相应的地址。

GPRS 的终端 MS 具有一个唯一的 IMSI，在附着到 GPRS 上时，还将由 SGSN 分配一个临时的 P-TMSI。要接入外部 PDN，MS 还应具有与该 PDN 相应的地址，称为 PDP 地址，如：在接入 X.25/X.75 网时，该 PDP 地址是 X.121 地址；接入 IP 网时，则 PDP 地址是外部 IP 网的 IP 地址，IP 地址可以由 GGSN 静态或者动态分配。MS 在发起分组数据业务时，还应向 SGSN 提供一个接入点名（APN），以使网络知道它要接入哪个外部网络，从而将它寻路到相应的 GGSN 上。

一个用户在一个分组数据业务进程中，在 MS 到 SGSN 段由 TLLI 来唯一地进行标识，在 SGSN 到 GGSN 段由 TID 来唯一地进行标识。

对各标识的描述如图 2-16-1 所示。

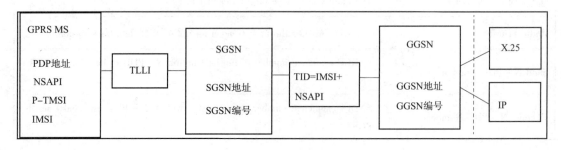

图 2-16-1 标识描述

2.16.1 IMSI

与原 GSM 用户一样，所有 GPRS 用户（匿名接入用户除外）都应有一个 IMSI。

注：匿名接入是指，对于某些特定的主机，移动用户可以不经 IMSI 或 IMEI 鉴权和加密而进行匿名接入，这时，匿名接入所发生的资费应由被叫支付。运营者可根据业务需求来决定是否支持匿名接入，目前我国的 GSM 网中尚未引入被叫付费业务，因此，暂不详细讨论匿名接入相关的业务流程。

ETSI 最近的会议有意取消关于匿名接入。

2.16.2 P-TMSI

附着在 GPRS 上的用户由 SGSN 分配一个用于分组呼叫的 P-TMSI。

2.16.3 NSAPI/TLLI

网络层业务接入点标识/临时逻辑链路标识（NSAPI/TLLI）配对用于网络层的路由选择。

TLLI 用于标识 MS 和 SGSN 之间的逻辑链路，由 SGSN 根据 P-TMSI 导出；

NSAPI 和 TLLI 用于网络层的路由，NSAPI/TLLI 对在一个路由区内是唯一的。

1. NSAPI

即指分组数据协议应用层接入 SNDCP 的地址，如图 2-16-2 所示。

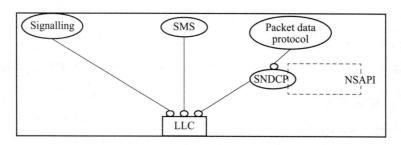

图 2-16-2 NSAPI 应用

对于 X.25 和 IP 各有自己的 NSAPI。

2. TLLI

TLLI 用于一个路由区内唯一地标识 MS 和 SGSN 间的一条逻辑链路。在一个路由区内，TLLI 和 IMSI 一一对应。在 GPRS 系统中，存在四种不同的 TLLI：

（1）Local TLLI：

从 P-TMSI 而来，仅仅在与之关联的路由区内有效。

（2）Foreign TLLI：

从 P-TMSI 和另外一个 RA 演化而来，当用户发生路由区更新时上报给 SGSN。

（3）Random TLLI：

如果 MS 没有一个有效的 P-TMSI（如新上网的 MS），在附着时需要自己提供一个随机的 TLLI。

(4) Auxiliary TLLI：

SGSN 选择，给匿名接入的 MS 提供标识。

2.16.4　PDP 地址和类型

PDP 地址即分组协议的地址。MS 由 IMSI 标识，为完成分组数据功能，还应具有 PDP 地址。PDP 地址可为：

IP 地址（IP4 地址或 IP6 地址）；

X.121 地址（对于 X.25 业务）。

上述地址可以固定分配，也可以动态临时分配。固定分配时，MS 必须先签约，由网络分配相应的固定地址，同时写入该用户的 SIM 卡和用户数据库，PDP 地址类型也必须在签约时说明，否则系统对不签约的 PDP 地址予以拒绝。

2.16.5　TID

隧道标识，由 IMSI 和 NSAPI 组成，用于在 GSN 之间（SGSN 和 GGSN 之间，或新 SGSN 和旧 SGSN 之间）唯一地标识一个 PDP 上下文。

2.16.6　路由区识别

路由区由运营者定义，包含一个或多个小区，可等同于一个位置区，或是一个位置区的子集。一个路由区由一个 SGSN 控制。路由区信息作为一种系统信息将在公共控制信道广播。

LAI = MCC + MNC + LAC

RAI = MCC + MNC + LAC + RAC

CGI = LAI +（RAC）+ CI（如果该小区支持 GPRS，CGI 中将包含 RAC，否则将不包含）

2.16.7　小区标识

小区标识与原 GSM 相同。

2.16.8　GSN 地址

GSN 地址：用于与 GPRS 骨干网上的其他 GSN 通信，每个 SGSN、GGSN 都有一个 IP 地址（IPv4/IPv6），这些 IP 地址是 GPRS 网的内部地址，每个地址可以有一个或几个相应的域名。

GSN 编号：用于与 HLR、EIR 等通信，每个 SGSN 还有一个 SGSN SS7 编号。若 GGSN 选择了通过 Gc 接口与 HLR 相连，则它也应有一个 GGSN SS7 编号。

2.16.9　接入点名字

接入点名字（APN）在 GPRS 骨干网中用来标识要使用的 GGSN，另外，它在 GGSN 中用于表征外部数据网络。APN 由以下两部分组成。

（1）APN 网络标识：这部分是必有的，它是由网络运营者分配给 ISP 或公司的与其固定 Internet 域名一样的一个标识。

（2）APN 运营者标识：这部分是可选的，其形式为"xxx.yyy.gprs"（如

MNC. MCC. gprs），用于标志归属网络。

APN 网络标识通常作为用户签约数据存储在 HLR 中，用户在发起分组业务时也可向 SGSN 提供 APN，用于 SGSN 选择时应接入相应的 GGSN 以及用于 GGSN 判断接入相应的外部网络。此外，HLR 中也可存储一个通配符，这样用户或 SGSN 就可以选择接入一个没有在 HLR 中存储的 APN。

用户可以通过不同的 APN 选择 GGSN，这就是说用户可以激活多个 PDP 上下文，每个与一个 APN 相联系。用户选择不同的 APN，目的就是通过不同的 GGSN 选择外部网络。

APN 需要通过 DNS 进行名字解析才能获取 GGSN 或外部网络节点的真实 IP 地址。

2.17 IP 相关的基础知识

2.17.1 NAT

NAT 提供了地址转换的功能，地址转换实现了私有地址与公有地址之间的转换，提供了内部网络访问外部网络的功能，同时可以对内部网络提供相应的对外服务。地址转换作为一个功能嵌到 IP 层中。

地址转换主要是因为 Internet 地址短缺问题而提出的。利用地址转换可以使内部网络的用户访问外部网络（Internet），同时利用地址转换可以给内部网络提供一种"隐私"保护，也可以按照用户的需要提供给外部网络一定的服务，如：WWW、FTP、TELNET、SMTP、POP3 等。

2.17.2 FIREWALL（防火墙）

在 GSN 中加入防火墙技术，对进入 GSN 的 IP 包进行包过滤，能够有效地将一大部分安全隐患在 IP 层给处理掉。IP 包过滤的依据是用户制订的访问列表规则。根据不同的需要，用户可以制定相应的访问列表规则，采用这些规则来过滤 IP 数据包。

2.17.3 GRE

GRE（Generic Routing Encapsulation）——基本路由封装是对某些网络层协议（如：IP、IPX、AppleTalk 等）的数据报进行封装，使这些被封装的数据报能够在另一个网络层协议（如 IP）中传输。

GRE 是一种通用隧道协议，属于三层隧道协议。在 GPRS 中，它利用 IP 网络协议来传输上层协议，从而提供 VPN 的功能。

对使用 GRE 的用户，在发送用户包时，先对用户的 IP 包进行一次 GRE 封装，然后再从 Gi 接口发送；当从 Gi 接口收到 GRE 封装的包时，首先要进行 GRE 的解封装，然后再查找上下文，将解开的 IP 包通过 GPRS 网络送给相应的用户。

2.17.4 DNS

GPRS 系统中使用了 DNS 域名解析服务，用以将 GPRS 系统中的域名解析为互联网的 IP 地址，进行进一步的操作。

DNS 服务是互联网的基本服务之一，目前所有的域名到 IP 地址的解析都是使用该服务。

2.17.5 RADIUS

GSN 系统中使用了 RADIUS 远程验证拨入用户服务功能对上网的用户及其密码进行验证，在华为系统中 RADIUS 实现了 DHCP 的功能，即可以分配动态地址。

第二部分　CDMA 原理

第3章 CDMA概述及原理

3.1 移动通信发展史及 CDMA 标准

移动通信的历史可以追溯到 20 世纪初,但在近 20 年来才得到飞速发展。移动通信技术基本上以开辟新的移动通信频段、有效利用频率和移动台的小型化、轻便化为中心而发展,其中有效利用频率技术是移动通信的核心。

20 世纪 40 年代,第一个移动电话系统在美国开通。

20 世纪 70 年代初,美国贝尔实验室提出了蜂窝系统的概念和理论。此后,蜂窝移动通信系统经历了三代演变,见表 3-1-1。

表 3-1-1 蜂窝移动通信系统的演变

第一代	第二代	第三代
模拟	数字	数字
语音	语音、数据	语音、高速数据
AMPS	CDMA	CDMA2000
TACS	GSM/TDMA GPRS	WCDMA
20 世纪 80 年代	1991—1999	2001—2002

AMPS:Advanced Mobile Phone System;
TACS:Total Access Communication System;
GPRS:General Packet Radio Services。

1. 第一代蜂窝移动通信系统

20 世纪 70 年代末，第一代蜂窝移动通信系统诞生于美国贝尔实验室，即著名的先进移动电话系统 AMPS。其后，北欧（丹麦、挪威、瑞典、芬兰）和英国相继研制和开发了类似的 NMTS（Nordic Mobile Telephone System）和 TACS（Total Access Communication System）移动通信系统。中国在 1987 年开始使用模拟制式蜂窝电话通信。1987 年 11 月，第一个移动电话局在广州开通。

仅仅几年后，采用模拟制式的第一代蜂窝移动通信系统就暴露出了容量不足、业务形式单一及语音质量不高等严重弊端，这就促使了对第二代蜂窝移动通信系统的研发。

2. 第二代蜂窝移动通信系统

第二代蜂窝移动通信系统（2G）采用数字制式，提供了更高的频谱利用率、更好的数据业务和通信质量以及比第一代系统更先进的漫游功能。

典型的第二代蜂窝移动通信系统包括：居于主导地位的 GSM 系统（全球移动通信系统）、美国 IS–54/IS–136 与 IS–95 系统、日本 PDC（Personal Digital Celluar）系统。其中 IS–95 是美国电信工业协会 TIA 于 1993 年确定的美国蜂窝移动通信标准，它采用了 Qualcomm 公司推出的 CDMA 技术规范。

1995 年，第一个 CDMA 蜂窝移动通信系统在中国香港开通，标志着 CDMA 已经走向商业应用。但是 IS–95 的发展受到了美国联邦通信委员会 FCC 的限制，它要求 IS–95 必须和 AMPS 相兼容，即带宽限制在 AMPS 原有的频带框架内。因此，IS–95 是一个窄带 CDMA 系统，只能提供非常有限的服务，还存在很多的不足。

20 世纪末，由 2G 提供的面向语音的移动通信业务吸引了越来越多的用户。2G 的巨大成功对第三代移动通信系统（3G）的研发起着强劲的推动作用。

3. 第三代蜂窝移动通信系统及 CDMA 标准

1985 年，国际电信联盟 ITU 提出未来公共陆地移动通信系统 FPLMTS，即第三代移动通信系统。FPLMTS 后来被更名为 IMT—2000。欧洲电信标准协会 ETSI 也提出了通用移动通信系统 UMTS。

IMT–2000 和 UMTS 的概念和目的非常相似，均致力于在全球统一频段，按统一标准，提供功能、质量与固定有线通信系统相当的多种服务。

第三代蜂窝移动通信和个人通信系统提供更大的系统容量、更高速的数据传输能力。

目前，3G 系统数据传输速率在车辆上可以达到 144 kbit/s，在室外步行时可以达到 384 kbit/s，在建筑物里可以达到 2 Mbit/s，在未来这些速率还能进一步提高。

3G 服务包括视频流、音频流、移动互联、移动商务及电子邮件，后来发展到视频邮件和文件传输。真正实现"任何人，在任何地点、任何时间、与任何人"都能便利地通信这样一个目标。

4. RTT 技术

IMT–2000 中最关键的是无线传输技术（RTT）。截至 1998 年 6 月底，ITU 征集到来自欧洲、日本、美国、中国和韩国的 10 个地面接口 RTT 标准。

尽管 ITU 在尽最大努力寻求标准的统一，但以欧美为代表的两大区域性标准化组织 3GPP 和 3GPP2，分别以 WCDMA 和 CDMA2000 为基础形成了两大格局。其中 3GPP 是由欧洲电信标准研究院 ETSI 发起的第三代伙伴计划，3GPP2 是由美国 ANSI（American National

Standards Institute）发起的另一个第三代伙伴计划。中国于 1999 年 4 月成立了无线通信标准研究组 CWTS，并于 1999 年 5 月正式加入了 3GPP 和 3GPP2。

为了确定 IMT-2000 RTT 的关键技术，ITU 对多种无线接入方案（卫星接入除外）进行了艰难的融合，以尽可能达到形成统一的 RTT 标准的目的。但是，经过一年多的研究之后，ITU 发现要想获得不同 RTT 技术间的完全融合是根本行不通的。因此，1999 年 11 月，ITU TG8/1 在芬兰举行的会议上通过了"IMT-2000 无线接口技术规范"，最终确定了 IMT-2000 可用的 5 种 RTT 技术，这些技术覆盖了欧洲与日本的 WCDMA、美国的 CDMA2000 和中国的 TD-SCDMA。

- WCDMA 是欧洲和日本提出的宽带 CDMA 标准，并且双方已经达成一致，彼此间差异很小。其技术特点是：频分双工，可适应多种速率和多种业务；前向链路快速功率控制、反向链路相干解调；支持不同载频间切换，基站之间无须同步，适用于高速环境，是一种很有前途的方案。
- CDMA2000 是北美基于 IS-95 系统演变而来的。其技术特点是：反向链路相干接收、前向链路发送分集；基站之间由 GPS 同步；与 IS-95 兼容性好，技术成熟、风险小，综合经济技术性能好。
- TD-SCDMA 是中国第一次向 ITU 提出的拥有自主知识产权的提案，它基于 TDMA 和同步 CDMA 技术的标准。其技术特点是：时分双工（TDD），并结合了智能天线和软件无线电等技术，适用于低速接入环境。

从提交的 IMT-2000 RTT 的 10 种候选技术看，有 8 种为 CDMA 技术，也就是说 CDMA 技术在第三代通信系统中居于主导地位。

2001 年 3 月，日本进行了 WCDMA 的商用测试，并在同年年底，在全世界率先推出了 3G 业务。

3G 从概念化模型到商用的整个过程的成功促使我们去考虑下一代的移动通信系统。4G 最大的数据传输速率超过 100 Mbit/s，这个速率是移动电话数据传输速率的 1 万倍，也是 3G 移动电话速率的 50 倍。

CDMA2000 标准的演进过程：

CDMA2000 技术的完整演进过程如图 3-1-1 所示。

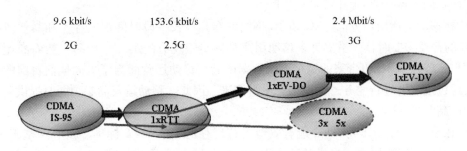

图 3-1-1　CDMA2000 技术的演进过程

真正在全球得到广泛应用的第一个 CDMA 标准是 IS-95A，这一标准支持 8K 语音编码服务、13K 语音编码服务，其中 13K 语音编码服务质量已非常接近有线电话的语音质量。

随着移动通信对数据业务需求的增长，1998年2月，美国Qualcomm公司宣布IS-95B标准用于CDMA基础平台。IS-95B提升了CDMA系统性能，并增加了用户移动通信设备的数据流量，提供对64 kbit/s数据业务的支持。

在以下章节中，如不加特殊说明，提到的IS-95就是IS-95A。采用IS-95规范的CDMA系统统称为CDMAOne。对应CDMA2000技术的演进过程，CDMA各阶段系统的描述如表3-1-2所示。

表3-1-2　CDMA系统演进

系统	速率	业务	阶段
CDMAOne（IS-95A，IS-95B）	14.4 kbit/s，64 kbit/s	语音	2G
CDMA2000 1x	153.6 kbit/s	语音/数据	2.5G
CDMA2000 1xEV-DO	2.4 Mbit/s	数据	3G
CDMA2000 1xEV-DV	4 Mbit/s以上	语音/数据	3G

5. 为什么需要3G

随着时代的进步，人们对移动通信提出了更高的要求。

2G系统虽然可以比较好地提供移动语音通信，但是对于用户不断增加的需求（例如：在移动中享用数据、多媒体通信）却显得力不从心。此外，在一些人口高度密集的发达地区，2G系统本身的技术瓶颈导致它不能满足不断增长的用户容量的需求。

在这种情况下，3G系统成为大家的热切期望目标。其中，最受瞩目的两种3G方案（WCDMA、CDMA2000）中，WCDMA标准不断有新的版本出现，变化多而快，显得稳定性不足。

与此形成对比的是，CDMA2000是由上一代CDMA系统直接发展而来的。CDMA2000从1x走向1xEV-DV的演进则相对较为平滑。CDMA2000 1x在向前延伸的过程中，无线子系统只需要在软硬件上作部分的变动，相对来说要平稳一些。

下面我们重点介绍CDMA2000技术。

- 在移动电话用户方面，2G和3G网络将在相当长一段时间内共存。和其他新技术一样，3G的普及需要时日。虽然许多移动用户都满足于现有的第二代产品，然而商业用户和高端用户希望享用3G所带来的宽带无线数据产品。移动运营商为了巩固他们目前的用户基础，会通过逐步引进新业务，帮助用户平滑演进。因此，移动运营商必须同时提供第二代和第三代产品业务。
- 在技术方面，CDMA2000能有效地支持现存的IS-634A标准，核心网基于ANSI-41，同时通过网络扩展方式提供基于GSM-MAP核心网上运行的能力。

CDMA2000 1x是CDMA2000第三代无线通信系统的第一个阶段。CDMA2000 1x从CDMAOne演化而来，主要特点是与现有的TIA/EIA-95B标准后向兼容，并可与IS-95A/B系统的频段共享或重叠。通过设置不同的无线配置（RC），CDMA2000 1x可以同时支持CDMA2000 1x终端和IS-95A/B终端。因此，IS-95A/B和CDMA2000 1x可以同时存在于同一载波中。

3.2 CDMA 的基本原理

CDMA（码分多址）包含两个基本技术：一个是码分技术，其基础是扩频通信技术；一个是多址技术。将这两个基本技术结合在一起，并吸收其他一些关键技术，形成了码分多址移动通信系统的技术支撑。

通过对本章的学习，你可以掌握 CDMA 的基本原理并了解 CDMA 系统的语音编码和信道编码技术，为理解 IS – 95 系统、CDMA2000 1x 系统（以下简称 1x 系统）的原理打下基础。

3.2.1 扩频通信技术

扩频通信技术，即扩展频谱通信（Spread Spectrum Communication），它与光纤通信、卫星通信一同被誉为进入信息时代的三大高技术通信传输方式。

1. 扩频通信的理论基础

扩频通信的基本思想和理论依据是香农（Shannon）公式。

香农在信息论的研究中得出了信道容量的公式：

$$C = B \times \log_2 (1 + S/N)$$

式中，C 为信道容量，单位为 bit/s；B 为信号频带宽度，单位为 Hz；S 为信号平均功率，单位为 W；N 为噪声平均功率，单位为 W。

这个公式指出：如果信道容量 C 不变，则信号带宽 B 和信噪比 S/N 是可以互换的。只要增加信号带宽，就可以在较低的信噪比的情况下，以相同的信息速率来可靠地传输信息。甚至在信号被噪声淹没的情况下，只要相应地增加信号带宽，仍然能保持可靠的通信。也就是说，可以用扩频方法以宽带传输信息来换取信噪比上的好处。

2. 扩频与解扩频过程

扩频通信技术是一种信息传输方式：在发送端采用扩频码调制，使信号所占的频带宽度远大于所传的信息必需的带宽；在接收端采用相同的扩频码进行相干解调来恢复所传的信息数据。

图 3 – 2 – 1 表明了整个扩频与解扩频过程。

（1）信息数据经过常规的数据调制，变成窄带信号（假定带宽为 B_1）。

（2）窄带信号经扩频编码发生器产生的伪随机编码（PN 码：Pseudo Noise Code）扩频调制，形成功率谱密度极低的宽带扩频信号（假定带宽为 B_2，B_2 远大于 B_1）。窄带信号以 PN 码所规定的规律分散到宽带上后，被发射出去。

（3）在信号传输过程中会产生一些干扰噪声（窄带噪声、宽带噪声）。

（4）在接收端，宽带信号经与发射时相同的伪随机编码扩频解调，恢复成常规的窄带信号。即依照 PN 码的规律从宽带中提取与发射对应的成分进行积分，形成普通的窄带信号。再用常规的通信处理方式将窄带信号解调成信息数据。干扰噪声则被解扩成跟信号不相关的宽带信号。

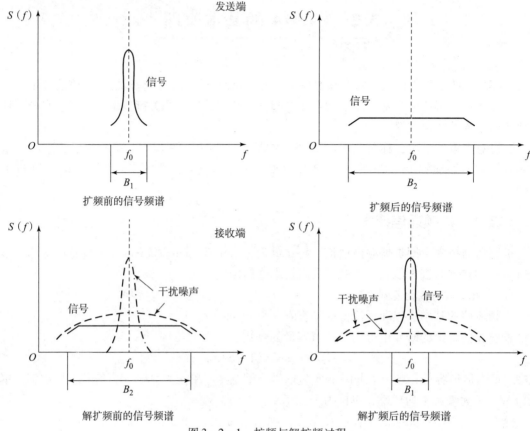

图 3-2-1 扩频与解扩频过程

3. 处理增益与抗干扰容限

扩频通信系统有两个重要的概念：处理增益、抗干扰容限。

处理增益表明扩频通信系统信噪比改善的程度，是系统抗干扰的一个性能指标。

一般把扩频信号带宽 W 与信息带宽 Δf 之比称为处理增益 G_p，即：

$$G_p = \frac{W}{\Delta f}$$

理论分析表明，各种扩频通信系统的抗干扰性能与信息频谱扩展前后的扩频信号带宽比例有关。

仅仅知道了扩频通信系统的处理增益，还不能充分说明系统在干扰环境下的工作性能。因为系统的正常工作还需要在扣除系统其他一些损耗之后，保证输出端有一定的信噪比。所以我们引入抗干扰容限 M_J，其定义如下：

$$M_J = G_p - \left[\left(\frac{S}{N} \right)_o + L_s \right]$$

式中，$\left(\frac{S}{N} \right)_o$ 为输出端的信噪比；L_s 为系统损耗。

4. 扩频通信技术的特点

1）抗干扰能力强

在扩频通信技术中，在发送端信号被扩展到很宽的频带上发送，在接收端扩频信号带宽被压缩，恢复成窄带信号。干扰信号与扩频伪随机码不相关，被扩展到很宽的频带上后，进入与有用信号同频带内的干扰功率大大降低，从而增加了输出信号/干扰比，因此具有很强的抗干扰能力。抗干扰能力与频带的扩展倍数成正比，频谱扩展得越宽，抗干扰的能力越强。

2）可进行多址通信

CDMA 扩频通信系统虽然占用了很宽的频带，但由于各网在同一时刻共用同一频段，其频谱利用率高，因此可支持多址通信。

3）保密性好

扩频通信系统将传送的信息扩展到很宽的频带上去，其功率密度随频谱的展宽而降低，甚至可以将信号淹没在噪声中，因此，其保密性很强。要截获、窃听或侦察这样的信号是非常困难的。除非采用与发送端所用的扩频码且与之同步后进行相关检测，否则对扩频信号的截获、窃听或侦察无能为力。

4）抗多径干扰

在移动通信、室内通信等通信环境下，多径干扰非常严重。系统必须具有很强的抗干扰能力，才能保证通信的畅通。扩频通信技术利用扩频所用的扩频码的相关特性来达到抗多径干扰，甚至可利用多径能量来提高系统的性能。

当然，扩频通信还有很多其他优点。例如，精确地定时和测距，抗噪声，功率谱密度低，可任意选址等。

3.2.2 多址技术

多址方式是许多用户地址共同使用同一资源（频段）相互通信的一种方式。对于 CDMA 系统来说就是许多的用户在同一时间使用相同的频点。通常，这些用户位于不同的地方并可能处于运动状态。例如，多个卫星通信地球站使用同一卫星转发器相互通信、多个移动台通过基站相互通信等均属于多址通信方式。

由于使用共同的传输频段，各用户系统之间可能会产生相互干扰，即多址干扰，同时也称为自干扰。为了消除或减少多址干扰，不同用户的信号必须具有某种特征以便接收机能够将不同用户信号区分开，这一过程称作信号分割。

多址接入方式的数学基础是信号的正交分割原理。传输信号可以表达为时间、频率和码型的函数。

根据传输信号不同特性来区分信道的多址接入方式，如图 3-2-2 所示。

- 频分方式 FDMA：在同一时间内不同用户使用不同频带。
- 时分方式 TDMA：在同一频带内不同用户使用不同时隙。
- 码分方式 CDMA：所有用户使用同一频带在同一时间传送信号，它利用不同用户信号地址码波形之间的正交性或准正交性来实现信号分割。

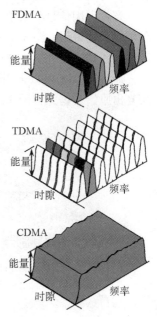

图 3-2-2 多址接入方式

3.2.3 CDMA 系统的实现

CDMA 是一种先进的、有广阔发展前景的多址接入方式。目前，它已成为世界许多国家研究开发的热点。

码分多址使用一组正交（或准正交）的伪随机噪声（PN）序列，通过相关处理来实现多个用户共享空间传输的频率资源和同时入网接续的功能。

1. CDMA 扩频通信原理

扩频通信系统有三种实现方式：直接序列扩频（DSSS）、跳频扩频（FHSS）和跳时扩频（THSS）。

CDMA 采用直接序列扩频通信技术，如图 3-2-3 所示。

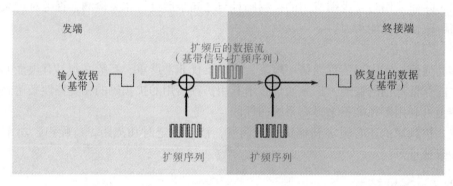

图 3-2-3 CDMA 扩频通信原理

在发端，有用信号经扩频处理后，频谱被展宽；在终接端，利用伪码的相关性作解扩处理后，有用信号频谱被恢复成窄带谱。

宽带无用信号与本地伪码不相关，因此不能解扩，仍为宽带谱；窄带无用信号被本地伪码扩展为宽带谱。由于无用的干扰信号为宽带谱，而有用信号为窄带谱，我们可以用一个窄带滤波器排除带外的干扰电平，于是窄带内的信噪比就大大提高了。

通常 CDMA 可以采用连续多个扩频序列进行扩频，然后以相反的顺序进行频谱压缩，恢复出原始数据，如图 3-2-4 所示。

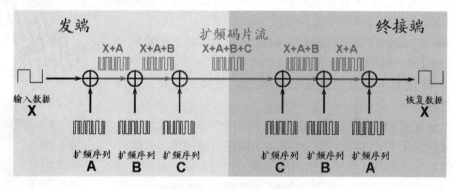

图 3-2-4 多次连续扩频

2. CDMA 扩频码的选择

扩频码需要有区分度，也就是所谓的正交。合适的扩频码应该具备以下特性：

① 互相关特性。

用自身的扩频码可以解扩出信号，而其他的扩频码不可以解扩出信号。

② 自相关特性。

自身的时延不影响解扩出信号。

③ 容易产生。

④ 具有随机性。

⑤ 具有尽可能长的周期以对抗干扰。

目前，CDMA 使用的扩频码有 Walsh 码、PN 码（m 序列及 M 序列）。

1）Walsh 码

Walsh 码是正交扩频码，根据 Walsh 函数集而产生。Walsh 函数是一类取值于 1 与 -1 的二元正交函数系。它有多种等价定义方法，最常用的是 Handmard 编号法，IS - 95 中的 Walsh 函数就是这类定义方法。

Walsh 函数集是完备的非正弦型正交函数集，常用作用户的地址码。

在 IS - 95 标准中，给出了 $r=6$，$n=2^6=64$ 位 64×64 的 Walsh 函数具体构造表。

2^N 阶的 Walsh 函数可以采用以下递推公式进行区分：

$$H_1 = 0 \qquad H_2 = \begin{Bmatrix}00\\01\end{Bmatrix} \qquad H_4 = \begin{Bmatrix}0000\\0101\\0011\\0110\end{Bmatrix} \qquad H_{2N} = \begin{Bmatrix}H_N H_N \\ H_N \bar{H}_N\end{Bmatrix}$$

其中，N 为 2 的幂，$\bar{H}_N$ 表示对 H_N 取反。

Walsh 函数集的特点是正交和归一化。正交是同阶两个不同的 Walsh 函数相乘，在指定的区间上积分，其结果为 0；归一化是两个相同的 Walsh 函数相乘，在指定的区间上积分，其平均值为 +1。

生成 Walsh 序列有多种方法，通常是利用 Handmard 矩阵来产生 Walsh 序列。利用 Handmard 矩阵产生 Walsh 序列的过程是迭代的方法。

不同步时，Walsh 函数自相关性与互相关性均不理想，并随同步误差值增大，恶化十分明显。

2）m 序列

由于 Walsh 码数量少，不具备随机信号的特性，因此在需要大量扩频码的情况下，需要使用伪随机序列（PN 码）。PN 码具有类似噪声序列的性质，是一种貌似随机但实际上有规律的周期性二进制序列。最常用的 PN 码是 m 序列。

m 序列是最长线性移位寄存器序列的简称。顾名思义，m 序列是由多级移位寄存器或其他延迟元件通过线性反馈产生的长码序列。

m 序列发生器的结构为 n 级移位寄存器，有以下两个等价的构造方法。

（1）简单式码序列发生器（SSRG）。

其输入由移位寄存器中若干级的输出经模 2 加后得到，相当于反馈输入，这些反馈输入中至少包括最后一级的输出。

用多项式来表达反馈输入,称为 m 序列的生成多项式。

$$f(x) = C_0 + C_1x^1 + C_2x^2 + \cdots + C_{n-1}x^{n-1} + C_nx^n$$

$f(x)$ 代表反馈输入,x^n 代表第 n 级的输出,$C_0 \sim C_n$ 代表反馈。注意公式中的加法为模 2 加,m 序列发生器要求 C_0 和 C_n 必须为 1。

(2) 模块式码序列发生器(MSRG)。

每级的输出都可能与最后级的输出模 2 加后,作为下一级的输入。这种 m 序列发生器结构称为模块式码序列发生器。

SSRG 和 MSRG 在实际应用中有些差别:

(1) SSRG 因多个输出级的模 2 加是串联的,所以时延大,工作速度低。

(2) 而 MSRG 模 2 加的动作是同时并行的,所以时延小,工作速度高。

CDMA(IS-95)中就是利用了 MSRG 来生成 m 序列。

m 序列的正交性不如 Walsh 码,这体现在同一级数 m 序列的互相关特性上。m 序列的互相关性大于 0,这也是使用 Walsh 码而不直接使用 m 序列的重要原因。

m 序列的自相关性很强,当级数很大的时候,不同相位的 m 序列可以看成是正交的。

m 序列的周期为 $2^r - 1$,r 表示移位寄存器级数。

m 序列的数量与级数有关:

当 $r = 15$ 时,称为 PN 短码。

当 $r = 42$ 时,称为 PN 长码。

在 CDMA 系统中使用的 m 序列有两种:

(1) PN 短码:码长为 2^{15};

(2) PN 长码:码长为 $2^{42} - 1$。

3)三种码的比较

下面对 CDMA 系统中的三种码进行比较说明。

(1) PN 短码:用于前反向信道正交调制。在前向信道,不同的基站使用不同的短码用于标识不同的基站。短码长度为 2^{15}。

(2) PN 长码:是由一个 42 位的移位寄存器产生的伪随机码和一个 42 位的长码掩码通过模 2 加输出得到的。每种信道的长码掩码是不同的,长码掩码是通过 42 位移位寄存器产生的,长度为 $2^{42} - 1$。在 CDMA 系统中,长码在前向链路用于扰码,在反向链路用于扩频。

(3) Walsh 码:利用其正交特性,用于 CDMA 系统的前向扩频。

表 3-2-1 列出了 IS-95 系统中三种码的比较,表 3-2-2 列出了 CDMA2000 系统中三种码的比较。

表 3-2-1 IS-95 系统中三种码的比较

码序列	长度	应用位置	应用目的	码速率/(chip·s^{-1})	主要特性
PN 长码	$2^{42}-1$	反向接入信道;反向业务信道	直接序列扩频及标识移动台用户(信道)	1.2288 M	具有尖锐的二值自相关特性
		前向寻呼信道;前向业务信道	用于数据扰码	19.2 k	

续表

码序列	长度	应用位置	应用目的	码速率/(chip·s^{-1})	主要特性
PN 短码	2^{15}	所有反向信道	正交扩频,利于调制	1.2288 M	平衡性
		所有正向信道	正交扩频,利于调制并且用于标识基站		
Walsh 码	64	所有反向信道	正交调制	307.2 k	正交性
		所有正向信道	正交扩频,并且用于标识各前向信道	1.2288 M	

表 3-2-2 CDMA2000 系统中三种码的比较

码序列	长度	应用位置	应用目的	主要特性
m 序列（最大周期线性移位寄存器序列）	$2^{42}-1$	反向接入信道;反向业务信道	直接序列扩频及标识移动台用户（信道）	具有尖锐的二值自相关特性
		前向寻呼信道;前向业务信道	用于数据扰码	
PN 短码	2^{15}	所有反向信道	正交扩频,利于调制	平衡性
		所有正向信道	正交扩频,利于调制并且用于标识基站	
Walsh 码	64	前向基本信道;前向导频、寻呼、同步信道	正交扩频	正交性
	4/8/16/32	前向补充信道	正交扩频	
	128	QPCH	正交扩频	
	16	反向基本信道	正交扩频	
	32	反向导频信道	正交扩频	
	2 或 4	反向补充信道	正交扩频	

在实际应用中可以将 Walsh 码与 PN 码各自的优点进行互补,即利用复合码特性来克服各自的缺点。

3.2.4 语音编码技术

长期以来,在通信网的发展中,解决信息传输效率是一个关键问题,极其重要。目前科研人员已通过两个途径研究这一课题:

(1) 研究新的调制方法与技术,提高信道传输信息的比特率。其指标是每赫兹带宽所传送的比特数。

(2) 压缩信源编码的比特率。例如,标准 PCM 编码,对 3.4 kHz 频带信号需用 64 kbit/s 编码比特率传送,而压缩这一比特率显然可以提高信道传送的话路数。

语音编码属于信源编码,目前语音编码技术通常分为三类:波形编码、参量编码和混合编码。

那么,什么样的语音编码技术适用于移动通信呢?这主要取决于移动信道的条件。由于频率资源十分有限,所以要求编码信号的速率较低;由于移动信道的传播条件恶劣,因而编码算法应有较好的抗误码能力。另外,从用户的角度出发,还应有较好的语音质量和较短的时延。

归纳起来,移动通信对数字语音编码的要求如下:

(1) 速率较低,纯编码速率应低于 16 kbit/s。
(2) 在一定编码速率下音质应尽可能高。
(3) 编码时延应较短,控制在几十毫秒以内。
(4) 在强噪声环境中,算法应具有较好的抗误码性能,以保持较好的语音质量。
(5) 算法复杂程度适中,易于大规模集成。

由于蜂窝系统在世界范围内的迅速发展,现在的 CDMA 蜂窝系统容量是以前其他蜂窝移动通信系统容量的 4~5 倍,而且服务质量、覆盖范围都较以前系统好。

为了适应这种发展趋势,CDMA 系统采用了一种非常有效的语音编码技术:Qualcomm 码激励线性预测(QCELP)编码。

它是北美第二代数字移动电话的语音编码标准(IS-95),其语音编码算法是美国 Qualcomm 通信公司的专利。这种算法不仅可工作于 4 kbit/s、4.8 kbit/s、8 kbit/s、9.6 kbit/s 等固定速率上,而且可变速地工作于 800 bit/s~9 600 bit/s。该技术能够降低平均数据速率,平均速率的降低可使 CDMA 系统容量增加到 2 倍左右。

QCELP 的算法被认为是目前为止效率最高的。它的主要特点之一是使用适当的门限值来决定所需速率。门限值随背景噪声电平变化而变化,这样就抑制了背景噪声,使得即使在喧闹的环境中,也能得到良好的语音质量,CDMA 8 kbit/s 的语音近似 GSM 13 kbit/s 的语音。

3.2.5 信道编码技术

移动通信系统由于信道的特殊性,为了达到一定的比特误码率(BER)指标,对信道编码要求很高,主要是差错控制编码,也称为纠错编码。差错控制编码的方法有:循环冗余校验、卷积、块交织、Turbo 码和扰码。

不同的系统中采用了不同的差错控制编码:

- PHS 采用了循环冗余校验和扰码。

- GSM 采用了卷积、块交织。
- CDMAOne 采用了循环冗余校验、卷积、块交织和扰码。
- CDMA2000 采用了循环冗余校验、卷积、块交织、Turbo 码和扰码。

1. 移动通信信道的特点

移动信道是最复杂的通信信道,因为无线信号在传播时会受到各种各样的干扰。

除了有线信道中的干扰外,在无线信号的传播途中会有各种各样的障碍物使信号产生多径效应、阴影效应、散射和衍射,使信号产生衰落,导致信号受到地形的影响。

此外天气的变化也会使无线信号产生慢衰落。当移动台处于高速移动的状态时情况会更糟,信号还会产生多普勒频移效应。

所有的这些因素又会因为移动台的移动而变化,因此移动通信信道具有以下特点。

1) 多径传播

由多径传播引起的多径干扰,是指无线电波因传输路径的不同引起到达时间的不同而导致接收端码元的相互干扰。它可使所传输的数据信号幅度衰落,可能引起波形展宽,因而数据传输速率会受到限制。

移动信道中多径的产生主要是因为庞大建筑物对信号的反射造成的。从移动台的角度看,就是相同的信号以不同的时间和方向到达移动台,如图 3-2-5 所示。

多径信号不但显著地分散了信号的能量,使移动台接收到的信号能量仅是发射信号能量的一部分,并且因为多径信号到达移动台所传输的路径不同和到达时间的不同,而造成相位的不同。这样多径信号之间就会产生相互抵消的效应,造成极其严重的衰落现象,使信号的信噪比严重下降,影响接收效果。

另外,如果是宽带通信,信号的频谱较宽,还会发生频率选择性衰落。这主要是因为针对不同的多径情况,不同频率产生的衰落深度也不同,造成有的频率分量完全被多径抵消掉,如图 3-2-6 所示。

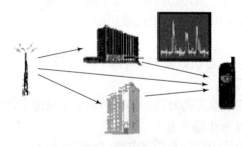

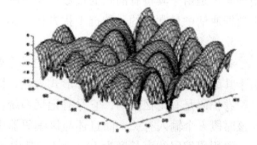

图 3-2-5　无线信号多径传播示意图　　　图 3-2-6　真实的频率选择性瑞利衰落信道

图 3-2-6 中纵轴是增益(单位是分贝),横轴分别为频率和时间。

从图 3-2-6 中我们可以看到许多"深谷",它们就是发生严重衰落的地方。所谓瑞利衰落是指信号的电场强度的概率密度函数服从瑞利概率分布的多径衰落。另一个对瑞利衰落的主要贡献者则是多普勒频率效应。

在移动通信中,多径是不可避免的,尽管它严重干扰通信,但人们也可以对其加以利用。比如当移动台移动到大型建筑物后面,进入信号阴影区的时候,无线信号只能通过反射信号到达移动台,人们可借以这种反射波和/或绕射波来保证语音的连续性。在 GSM 和 CD-

MA移动通信中针对多径传输的技术措施分别是时域均衡和分集接收。

2）多普勒频移

在生活中我们常会遇到这样的情形，当一辆警车迎面急驶而来时我们会觉得警笛的声音越来越刺耳尖利，而当其远离驶去时又变得缓和起来。这就是多普勒频移造成的频率变化。

多普勒频移是指多径效应不仅可使发射信号的振幅发生变化，而且可使发射信号的频率结构发生变化，造成相位起伏不定，它导致数据信号的错误接收。

多普勒频移量可用下式计算：

多普勒频移 =（移动速度/波长）×cos（入射波与运动方向的夹角）

当人们持手机在低速运动状态下打电话时，多普勒频移可以忽略不计，但当人们坐在高速行驶的汽车上打电话时，就不得不考虑多普勒频移的影响了。

3）信号阴影与传输损耗

衰落指在接收端信号的振幅总是呈现出忽大忽小的随机变化的现象。依据持续时间长短，衰落一般有快慢之分。

当移动台进入建筑物阴影时因为大部分信号能量被建筑物阻挡，所以也会发生衰落，移动台仅能接收到从其他物体反射来的信号或绕射来的信号。但这种衰落相对多径引起的衰落来说变化速度要慢得多，所以称之为慢衰落，它不像快衰落那样难以对付。

快衰落大部分是由于多径传播引起，它使得信号严重失真。

慢衰落是由不同类型的大气折射或行进过程中地形等其他障碍物的影响而产生的。

随着频率的增加，信号电平随时间变化的分布曲线逐渐接近瑞利分布，因此可用瑞利分布作为快衰落的最坏情况估计。

2. 循环冗余校验

循环冗余校验（CRC）利用循环码，不仅可以用于检查和纠正独立的随机错误，而且也可以用于检查和纠正突发错误。在硬件方面，循环码很容易用带反馈的移位寄存器实现，循环码正是由于其特有的码的代数结构清晰、性能较好、编译码简单和易于实现等优点，成为数据通信中最常用的一种抗干扰方式。实际应用中CRC往往用于检错。

3. 卷积编码

卷积编码技术能有效地克服随机的单个数据错误。卷积码是1955年由Elias最早提出，由于其编码方法可以用卷积运算形式表达，因此而得名。

卷积码是有记忆编码，它是有记忆系统。对于任意给定的时段，其编码的n个输出不仅与该时段k个输入有关，而且还与该编码器中存储的m个输入有关。

卷积码编码约束长度为$l = m + 1$，其中m为编码器中寄存器的字节数（记忆长度）。

卷积编码需要选择编码约束长度和码速率。约束长度应尽可能大，以便获得良好的性能。然而随着编码约束长度的增加，解码的复杂性也增加了。现代的超大规模集成电路已经可以获得约束长度为9的卷积码。码速率取决于信道的相干时间和交织长度。

4. 块交织技术

块交织技术的目的是尽可能纠正连串突发数据错误，使得在接收端解交织后落入每个接收字里的差错个数不大于纠错码能纠正的个数。

在陆地移动通信的变参信道上，比特差错经常是成串发生的。这是由于持续较长的深衰落谷点会影响到相继一串的比特。然而，信道编码仅在检测和校正有限个差错和不太长的差错串时才有效。

为了解决这一问题，希望能找到把一条消息中的相继比特分散开的方法，即一条消息中的相继比特以非相继方式（分散）被发送。这样，在传输过程中即使发生了成串差错，解交织后恢复成一条相继比特串的消息时，差错也就变成单个或几个，这种方法就是交织技术。

解交织后的含有随机差错的接收字通过纠错译码，纠正差错并恢复成原消息。

无线信道可能会产生突发的差错。因为交织可以将这些突发差错随机化，所以卷积码对于防止随机差错很有效。交织方案可以是块交织或卷积交织。在蜂窝系统中一般采用块交织。

交织带来的性能改进，取决于信道的分集级别和信道的平均衰落间隔。交织长度由业务的时延需求来确定。语音业务需要的时延比数据业务短。因此，需要将交织长度与不同的业务相匹配。

5. Turbo 码

Turbo 码是 1993 年提出的一种新型信道编码方案，是近年来纠错编码领域的重要突破。

Turbo 码使用相对简单的 RSC（递归系统卷积）码和交织器进行编码，使用迭代和解交织的方法进行译码。Turbo 码能得到接近理论极限的纠错性能，具有很强的抗衰落、抗干扰能力。因此，Turbo 码被确定为第三代移动通信系统的核心系统之一。

但由于 Turbo 码的译码复杂度大、译码时延大等原因，比较适合时延要求不高的数据业务，在语音业务和对译码时延要求比较苛刻的数据业务中仍使用卷积码。

1）Turbo 码编码器

Turbo 码编码器由两个成员编码器（RSC_1、RSC_2）、一个 Turbo 交织器及删除器构成，如图 3 - 2 - 7 所示。

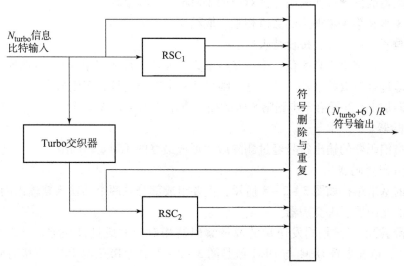

图 3 - 2 - 7 Turbo 码编码器

(1) 成员编码器。

每个 RSC 有两路校验位输出。RSC 的生成多项式是 $G = [1, 15/13, 17/13]$。所设计的编码率 R 可以是 1/2、1/3 或 1/4。Turbo 编码器一次输入 N_{turbo} 比特，包括信息数据、帧校验（CRC）和两个保留比特，输出 $(N_{turbo} + 6)/R$ 个符号，其中最末尾的 $6/R$ 个比特是尾比特的系统位及校验位。尾比特用于使编码器状态回零。

每次编码时，图3-2-7中上方的RSC_1首先编码。开始编码之前，RSC_1的各寄存器状态被初始化为0。然后在第1至第N_{turbo}个时钟周期内，开关接上方。输入数据在逐比特送入RSC_1的同时还被写入Turbo交织器。在第N_{turbo}个以后的3个时钟周期内，开关接下方，这3个周期用来产生尾比特以使RSC_1的状态回零。

RSC_2的工作方式同RSC_1完全相同，只不过RSC_2的输入来自Turbo交织器，并且必须要等到Turbo交织器写满后才能开始工作。Turbo交织器是一个存储区域，输入的信息数据按正常顺序写入此存储区，输出时以预先设计好的一种特殊顺序读出。

最后，两个RSC的输出，包括尾比特对应的输出经过删除复用后形成编好的Turbo码。CDMA2000中Turbo码的两个RSC在编码结束时都回到0状态，但尾比特不参与交织，这一点与C. Berrou发表的"经典"Turbo码有所不同。

（2）交织器。

Turbo交织器对输入的数据、帧质量指示比特（CRC）和保留比特进行交织，其功能是把一帧的输入比特顺序写入，再按预先定义的地址顺序把整帧数据读出。

记交织器的大小为N_{turbo}，输入地址编号定义为$0 \sim N_{turbo}-1$。确定交织器就是要确定出N_{turbo}个输出时的地址编号。例如，如果$N_{turbo}=5$，那么输入的地址是[01234]，现在需要确定一组5个输出地址，比如[10423]。CDMA2000中Turbo交织器数据读出地址的产生过程叙述如下：

①确定交织器参数n。n是满足$N_{turbo} \leq 2^{n+5}$的最小整数。

②构造一个$n+5$比特的计数器并将其初始化为0。

③取出此计数器的高n位，加1，再取结果的低n位。

④用计数器的低5位作索引查到对应的Turbo交织器参数。

⑤把第3步和第4步得到的数值相乘，取结果的低n位。

⑥取计数器的低5位，按比特求反。

⑦以第6步的结果为高5位，第5步结果为低n位，形成一个$n+5$位地址。

⑧若此地址是有效的（小于N_{turbo}），则得到一个输出地址，否则放弃。

⑨计数器加1，重复第3步到第8步的操作直至得到所有N_{turbo}个交织器输出地址。

（3）删除器。

两个成员编码器的输出符号经过删除后才形成最终的Turbo码码组。

2）Turbo码译码器

译码器的基本结构如图3-2-8所示，主要组成部分是两个软输入软输出的译码器、同编码器相关的交织器、去交织器。

Turbo译码器的关键是同发送端的成员编码器相对应的成员译码器，即图3-2-8的DEC_1和DEC_2。单独来看DEC_1与DEC_2就是图3-2-7中的RSC_1与RSC_2直接对应的译码器，不过此成员译码器必须能输出软信息并能利用先验信息输入。从图3-2-8中可见，成员译码器有3个输入，除了一般译码器都有的系统位、校验位输入外，还有一个先验信息输入。

译码过程如下：

（1）把对应于第一个成员编码器（RSC_1）的系统位和校验位的软判决信息送给第一个译码单元（DEC_1）进行译码。

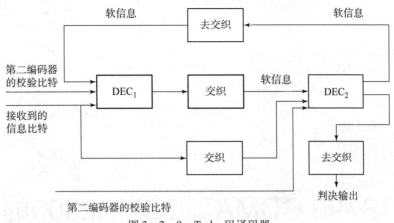

图 3-2-8 Turbo 码译码器

DEC_1 输出的软信息可以分解为内信息和外信息两部分，其中的外信息对 DEC_2 来说是先验信息，但次序上需要经过交织处理才能和 DEC_2 的系统位对应上。

（2）第二个成员译码器开始译码。

RSC_2 的系统位因为同 RSC_1 重复所以被发送端删除，译码时可以把 RSC_1 的系统位交织后送给 DEC_2 作为它的系统位输入。DEC_1 输出的外信息作为 DEC_2 的先验信息输入。

第二个译码单元 DEC_2 译码结束后也输出软信息，从中分离出外信息后可将此外信息反馈到第一个译码单元进行下一轮的译码。各轮译码之间的信息连接就是通过外信息达到的。

（3）译码过程可以多次反复进行，最后在迭代了一定次数后，通过对软信息作过零判决便得到最终的译码输出。

思考与练习题

1. 简述移动通信发展史。
2. 简述 CDMA 标准的演进过程。
3. 简述扩频通信原理。
4. 简述码分多址的特点。
5. 简述 CDMA 系统中三种扩频码的区别。
6. 简述 CDMA 系统中使用的语音编码和信道编码技术。

第4章 IS-95 CDMA到CDMA2000的发展及应用

通过对本章的学习,你能基本掌握 IS-95 系统前反向信道的种类、功能以及编码、调制过程。

4.1　IS-95 CDMA

4.1.1　IS-95 系统概述

美国电信工业协会(TIA)于 1993 年公布了代号为 IS-95 等一系列窄带 CDMA 蜂窝通信系统的标准。IS-95 标准的全称是"双模式宽带扩频蜂窝系统的移动台——基站兼容标准"。

4.1.2　IS-95 系统空中接口参数

由于 IS-95 系统最早要求与模拟通信系统 AMPS 兼容,因此频点编号继承了 AMPS 的频点编号,频率描述比较复杂。频点编号 N 与载频之间 f(单位为 MHz)的关系如下:

$$f_{上行} = 825 + 0.03 \times N$$
$$f_{下行} = 870 + 0.03 \times N$$

与 GSM 系统相比,CDMA 系统使用的频点数量少得多。当然,CDMA 系统每个频点占用了 1.25 MHz 的带宽,远超过 GSM 一个频点的带宽。

IS-95 系统空中接口参数见表 4-1-1。

表 4-1-1 IS-95 系统空中接口参数

项目	指标
下行频段	870~880 MHz
上行频段	825~835 MHz
上、下行间隔	45 MHz
波长	约 36 cm
频点宽度	1 230 kHz
多址方式	CDMA
工作方式	FDD
调制方式	QPSK
语音编码	CELP
语音编码速率	8 kbit/s
传输速率	1.228 8 Mbit/s
比特时长	0.8 μs
终端最大发射功率	200 mW~1 W

4.1.3 IS-95 系统信道

1. 前向信道

前向信道（基站到移动台），提供了基站到各移动台之间的通信。

1）信道种类及功能

前向信道由以下逻辑信道构成：

（1）导频信道。导频信道用来传送供移动台识别基站并引导移动台入网的导频信号。

（2）同步信道。同步信道用来传送基站提供给移动台的时间和帧同步信号。

（3）寻呼信道。寻呼信道用来传送基站向移动台发送的系统消息和寻呼消息。

（4）前向业务信道。前向业务信道用来传送基站向移动台发送的用户信息和信令信息，在每个前向业务信道中包含有向移动台传送的业务数据和功率控制的信息。

这些逻辑信道的特点如表 4-1-2 所示。

2）信道帧结构

前向信道上的导频信道只提供参考频率供移动台相干解调，数据全部为 0，不需要帧结构。其余几个信道的结构描述如下。

（1）同步信道。

同步信道的比特率是 1 200 bit/s，帧长为 26.67 ms。

表 4-1-2 IS-95 系统前向信道

信道	数量	速率/(bit·s^{-1})	功能
导频信道	1	1 200	广播基站的频率和相位信息，帮助终端相干解调
同步信道	1	1 200	广播基站的同步信息及系统参数
寻呼信道	1~7	9 600/4 800	广播基站的寻呼终端信息、系统参数和传送基站的指令
前向业务信道	1~55	9 600/4 800 2 400/1 200	传送语音和数据业务

一个同步信道超帧（80 ms）由三个同步信道帧组成，在同步信道上以同步信道超帧为单位发送消息。

超帧开始的时间与基站导频 PN 序列开始的时间对齐。

（2）寻呼信道。

寻呼信道传送 9 600 bit/s 或 4 800 bit/s 固定数据速率的信息，不支持 2 400 bit/s 或 1 200 bit/s 数据速率。在一个给定系统中所有寻呼信道发送数据速率相同。

寻呼信道帧长为 20 ms。寻呼信道使用的导频序列偏置与同一前向 CDMA 信道的导频信道上使用的相同。交织块与寻呼信道帧的开始应与用于前向 CDMA 信道扩频的导频 PN 序列的开始对齐。

（3）前向业务信道。

基站在前向业务信道上以 9 600 bit/s、4 800 bit/s、2 400 bit/s 和 1 200 bit/s 可变数据速率发送信息。业务信道采用可变数据速率，不同的速率对应的发射功率不同，速率越高，发射功率越大。这样就很好理解采用可变数据速率的目的在于在没有语音活动期间降低数据速率，以降低此业务信道对其他用户的干扰。

前向业务信道帧长为 20 ms，数据速率的选择是按帧（即 20 ms）进行的。虽然数据速率是按帧改变的，但调制符号速率保持固定，即 19 200 个符号/秒，这是通过码元重复实现的。

3）信道编码、调制

在 IS-95 系统中各前向信道的编码过程不同，下面分别介绍。

（1）导频信道。

导频信道的编码过程在前向信道中是最简单的，如图 4-1-1 所示。

由于导频信道的信息全是 0，因此不需要卷积和交织。导频信道使用 W_0 扩频，扩频后进行调制。Walsh 码的码率为 1.228 8 Mchip/s。

（2）同步信道。

同步信道的编码过程如图 4-1-2 所示。

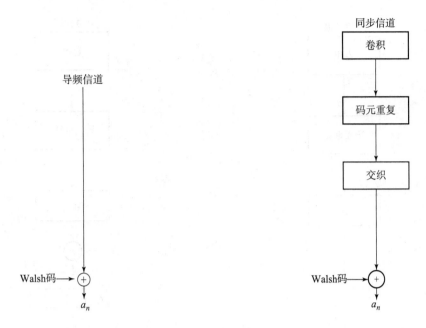

图 4-1-1 IS-95 导频信道的编码过程　　　　图 4-1-2 IS-95 同步信道的编码过程

- 卷积：对同步信道上传送的信息进行 1/2 卷积（约束长度为 9），变成 2 400 bit/s。
- 码元重复（即每个符号连续发两次）：码元重复后变成 4 800 bit/s 的信号。
- 交织处理：交织处理采用列存取的方法，矩阵为 16 行 8 列，包含 128 个比特数据，相当于 26.67 ms 的数据量。
- 扩频：同步信道使用 W_{32} 扩频，扩频后进行调制。

（3）寻呼信道。

寻呼信道的编码过程如图 4-1-3 所示。

- 卷积：对信号进行 1/2 卷积（约束长度为 9），变成 9 600 bit/s 或 19 200 bit/s 的信号。
- 码元重复：如果原来是 4 800 bit/s 的信号，还要再由码元重复变成 19 200 bit/s 的信号，但原来的 9 600 bit/s 信号就不需要码元重复了。
- 交织处理：交织处理的矩阵为 24 行 16 列，包含 384 个比特数据，相当于 20 ms 的数据量。
- 扰码：扰码所用的 PN 码有 42 位。
- 扩频：寻呼信道使用 $W_1 \sim W_7$ 扩频，扩频后进行调制。

（4）前向业务信道。

前向业务信道的编码过程如图 4-1-4 所示。

- 卷积：对前向业务信道的数据进行 1/2 卷积（约束长度为 9）。
- 码元重复：与寻呼信道类似，原来 9 600 bit/s 的信号不用重复，4 800 bit/s 的信号重复 1 次，2 400 bit/s 的信号重复 3 次，1 200 bit/s 的信号重复 7 次，最后变成 19 200 bit/s 的信号。

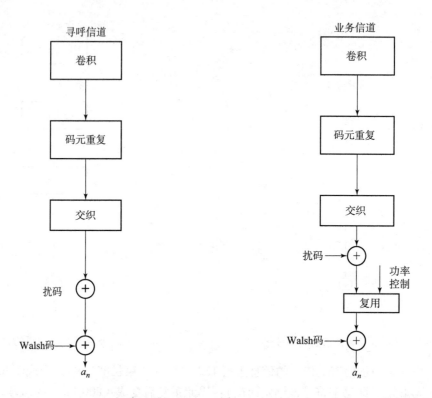

图 4-1-3　IS-95 寻呼信道的编码过程　　图 4-1-4　IS-95 前向业务信道的编码过程

● 交织处理：交织处理的矩阵为 24 行 16 列，包含 384 个比特数据，相当于 20 ms 的数据量。

● 扰码：扰码的方法与寻呼信道的扰码方法相同，但长码掩码格式有区别。前向业务信道中还包含了功率控制比特，速率为 800 bit/s。"0"指示终端增加输出功率，"1"指示终端减小输出功率。

● 扩频：前向业务信道使用 $W_8 \sim W_{31}$ 以及 $W_{33} \sim W_{63}$ 扩频，最多可以有 55 个前向业务信道，实际上由于系统自干扰的缘故，达不到这么多业务信道数。

前向信道的各个信道采用相同的调制方式，如图 4-1-5 所示。

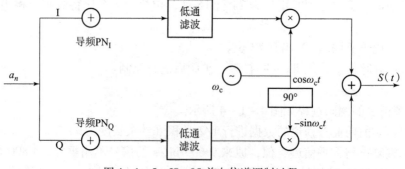

图 4-1-5　IS-95 前向信道调制过程

首先 I、Q 路输入信号是相同的，其次 I、Q 路输入信号在基带滤波前还要与 PN 码做模 2 加，也就是扰码。I、Q 路输入信号使用的 PN 码生成多项式是有差别的，如下式：

$$f_I(x) = 1 + x^5 + x^7 + x^8 + x^9 + x^{13} + x^{15}$$
$$f_Q(x) = 1 + x^3 + x^4 + x^5 + x^6 + x^{10} + x^{11} + x^{12} + x^{15}$$

前向业务信道的调制参数如表 4-1-3 所示。

表 4-1-3 IS-95 系统前向业务信道的调制参数

速率 /(kbit·s⁻¹)	PN 子码速率 /(Mchip·s⁻¹)	卷积编码码率	码元重复后出现次数	调制码元速率 /(s·s⁻¹)	每调制码元的子码数	每比特的子码数
9 600	1.228 8	1:2		19 200	4	128
4 800	1.228 8	1:2		19 200	4	256
2 400	1.228 8	1:2		19 200	4	512
1 200	1.228 8	1:2		19 200	4	1 024

各个信道的解码过程是编码过程的逆过程，具体解码过程这里就不加以介绍了。不过我们应该知道，解码过程需要一定的步骤，即解调、短码解扩、长码解扩。

2. 反向信道

反向信道（移动台到基站）提供了移动台到基站之间的通信。

1) 信道种类及功能

反向信道由以下逻辑信道构成：

(1) 接入信道。移动台使用接入信道来发起同基站的通信，以及响应基站发来的寻呼信道消息。它是一种随机接入信道，每个寻呼信道能同时支持 32 个接入信道。

(2) 反向业务信道。反向业务信道用于在呼叫期间移动台向基站发送用户信息和信令信息。

2) 信道帧结构

(1) 接入信道。每个接入信道帧包含 96 bit。每个接入信道帧由 88 个信息比特和 8 个编码尾比特组成。

接入信道前缀包含一个 96 个全 0 的帧，以 4 800 bit/s 的速率发射。发射接入信道前缀是为了帮助基站捕获接入信道。

(2) 反向业务信道。移动台在反向业务信道上以可变速率 9 600 bit/s、4 800 bit/s、2 400 bit/s 和 1 200 bit/s 发送数据信息。

反向业务信道帧的长度为 20 ms。速率集内数据率的选择以一帧为基础。

移动台支持带时间偏置的业务信道帧。时间偏置量由寻呼信道的信道指配消息中的 FRAME_OFFSET 参数定义。当系统时间是 20 ms 的整数倍时，开始零偏置的反向业务信道帧。滞后帧在比零偏置业务信道帧晚 1.25 × FRAME_OFFSET ms 时开始。反向业务信道交织块与反向业务信道帧时间一致。

3) 信道编码、调制

(1) 接入信道。接入信道的编码过程如图 4-1-6 所示。

- 卷积：接入信道的信息首先经过 1/3 卷积（约束长度为 9），变成 14 400 bit/s 的信号。
- 码元重复。码元重复后变成 28 800 bit/s 的信号。
- 交织。交织处理采用列存取的方法，矩阵为 32 行 18 列，包含 576 个比特数据，相当于 20 ms 的数据量。
- 正交调制。正交调制后信号速率从 28 800 bit/s 提高到 307.2 kbit/s。接入信道扩频时利用了 PN 长码。

（2）反向业务信道。反向业务信道的编码过程如图 4-1-7 所示。

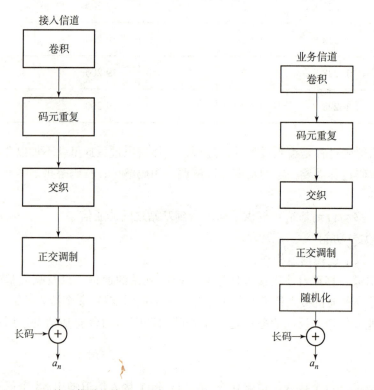

图 4-1-6　IS-95 接入信道的编码过程　　图 4-1-7　IS-95 反向业务信道的编码过程

- 卷积：反向业务信道的信息首先经过 1/3 卷积（约束长度为 9）。
- 码元重复：与前向业务信道相似，9 600 bit/s 的信号不用重复，4 800 bit/s 的信号重复 1 次，2 400 bit/s 的信号重复 3 次，1 200 bit/s 的信号重复 7 次。
- 交织：交织处理采用列存取的方法，矩阵为 32 行 18 列，包含 576 个比特数据，相当于 20 ms 的数据量。
- 正交调制：正交调制与接入信道方法相同。反向业务信道扩频时利用了 PN 长码，长码的产生过程与寻呼信道的长码的产生过程相同。
- 随机化：数据随机化保证了每个经过码元重复的码仍然只被传送一次。数据随机化通过门控实现。

反向信道的各个信道采用相同的调制方式，调制过程如图 4-1-8 所示。

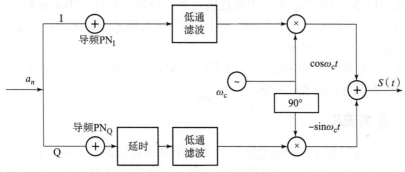

图 4-1-8　IS-95 反向信道调制过程

调制方式与前向信道的调制方式有一些差别：

首先，Q 路信号上引入了半个码片（410 ms）的延迟，因此变成了 OQPSK 调制方式，这样做的好处是避免了 180°的突变，也就是信号过零点。

其次，I、Q 路信号在基带滤波前还要与 PN 码做二进制加，使用的 PN 码是零偏置导频 PN 序列。

反向业务信道的调制参数如表 4-1-4 所示。

表 4-1-4　IS-95 系统反向业务信道的调制参数

速率/ (kbit·s^{-1})	PN 子码速率 /(Mchip·s^{-1})	卷积编码 码率	传输占 空比/%	码元速率 /(s·s^{-1})	每调制码元 的子码数	调制码 元速率 /(s·s^{-1})	Walsh 子码速率/ (kchip·s^{-1})
9 600	1.228 8	1:3	100	28 800	6	4 800	370.20
4 800	1.228 8	1:3	50	28 800	64	4 800	370.20
2 400	1.228 8	1:3	25	28 800	6	4 800	370.20
1 200	1.228 8	1:3	12.5	28 800	64	4 800	370.20

3. 反向信道与前向信道的比较

与前向信道相似，反向信道中也采用 PN 码扩频调制，此 PN 码的长度也与前向信道中的相同。然而，在这里使用了一个固定的相位差。移动台发送的数字信号也进行卷积编码、码组交织、Walsh 码 64 进制正交调制、长码扩频和四相 PN 扩频调制。但是与前向信道相比有下面一些主要的不同之处：

（1）发送的数字信息使用码率为 1/3、约束长度为 9 的卷积编码，因此编码后的符号速率是 28.8 kbit/s。

（2）卷积编码的信息以 20 ms 间隔进行交织，信号完成交织编码后将 6 个二进制符号形成一组，用它来选择 64 个不同 Walsh 正交函数之一作为发射信号。很明显这里的 Walsh 函数应用不同于前向信道，在前向信道上 Walsh 函数是由分配给移动台的信道来确定的，而在反向信道上 Walsh 函数则是由发送的信息来确定的，也就是说反向信道上函数是用来做 64 阶正交调制的。调制后的符号速率变为 307.2 kchip/s，码片速率则为 1.228 8 Mchip/s。

(3) 在反向信道上 PN 长码不是用来扰码而是直接用来扩频,用来区别不同的移动台。由于这个 PN 长码每一个可能的相位偏差都对应于一个有效地址,因而可以提供一个非常大的地址空间并且具有较高的保密性。

(4) 当用 PN 短码进行四相调制时,对任一移动台而言都统一使用零偏置 PN 码。这是因为在反向信道上不需标识基站身份。

4.1.4 业务流程

IS-95 只支持语音业务,语音业务中包含几个典型的流程:主叫、被叫、挂机、登记和切换。下面介绍主叫、被叫、挂机及登记流程。切换流程请参见 5.1.4 节"软切换"的内容。

1. 主叫流程

主叫流程如图 4-1-9 所示。

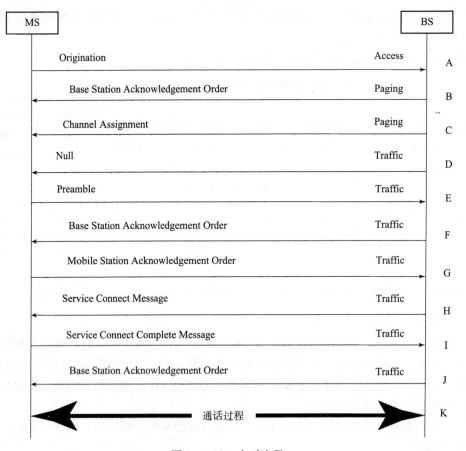

图 4-1-9 主叫流程

A:终端通过接入信道向基站发送 Origination 消息,并且等待基站的确认消息。

B:基站收到起呼消息后,通过寻呼信道向终端发送 Base Station Acknowledgement Order 消息,表明鉴权已经通过。

C:基站为终端分配一个空闲的业务信道,通过寻呼信道向终端发送 Channel Assignment

消息，通知终端为其分配专用业务信道。

D：同时，基站通过此专用业务信道向终端发送空白消息 Null。

E：终端收到信道指配消息后，转到基站为其分配的专用业务信道，监听前向业务信道的质量。如果能监听到连续两个好帧，表明此业务信道可用，终端就通过此业务信道向基站发送 Preamble 消息。

F：基站收到终端发来的前导帧后，通过业务信道向终端发送 Base Station Acknowledgement Order 消息。

G：终端收到该指令后，通过业务信道向基站发送 Mobile Station Acknowledgement Order 消息，业务信道建立完毕。

H：基站通过业务信道向终端发送 Service Connect Message 消息，开始进行业务协商。

I：终端接受后，通过业务信道向基站发送 Service Connect Complete Message 消息，业务协商过程结束。

J：基站通过业务信道向终端发送 Base Station Acknowledgement Order 消息。

K：终端和基站可以正常通话。

2. 被叫流程

被叫过程比主叫过程复杂，被叫流程如图 4-1-10 所示。

A：如果终端处于开机并且允许接收呼叫，在被叫时，会收到基站通过寻呼信道广播的 General Page Message 消息。

B：终端收到通用寻呼消息后，通过接入信道向基站发送 Page Response Message 消息。

C~J：步骤同主叫流程的步骤 B~I。

K：基站通过前向业务信道向终端发送 Alert With Information Message 消息，要求终端振铃。

L~M：终端收到振铃消息并振铃后，通过反向业务信道向基站发送 Mobile Station Acknowledgement Order 消息，表明终端已经振铃。

N：终端振铃后一段时间，用户摘机。终端通过反向业务信道向基站发送 Connect Order 消息，告知用户已经摘机。

O：基站收到该指令后，通过业务信道向终端发送 Base Station Acknowledgement Order 消息。

P：终端和基站可以进行通话。

3. 挂机流程

挂机是通话释放的过程，包括两种情况：终端先挂机和终端后挂机。

（1）终端先挂机流程，如图 4-1-11 所示。

A：终端和基站处于通话过程。

B：终端决定结束通话，先行挂机，通过反向业务信道向基站发送 Release Order 消息。

C：基站收到释放指令后，通过前向业务信道向终端发送 Release Order，挂机过程结束。同样是 Release Order，参数不同。

（2）终端后挂机流程，如图 4-1-12 所示。

A：终端和基站处于通话过程。

B：基站决定结束通话，先行挂机，通过前向业务信道向终端发送 Release Order 消息。

C：终端收到释放指令后，通过反向业务信道向基站发送 Release Order 消息，挂机过程结束。

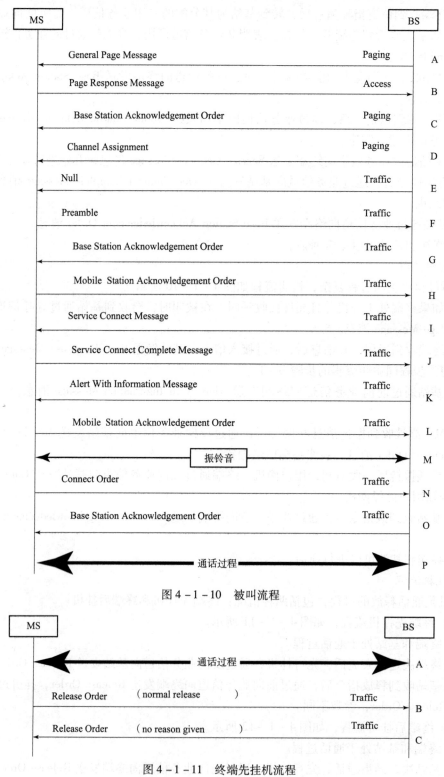

图 4-1-10 被叫流程

图 4-1-11 终端先挂机流程

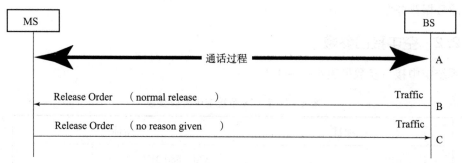

图 4-1-12　终端后挂机流程

4. 登记流程

登记流程如图 4-1-13 所示。

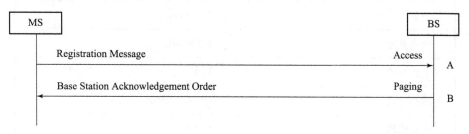

图 4-1-13　登记流程

A：终端通过接入信道向基站发送登记消息（Registration Message）。

B：基站收到登记消息后，在寻呼信道上反馈基站确认指令，表明终端鉴权已经通过，登记成功。

4.2　CDMA2000 1x 系统原理

通过对本章的学习，你能基本掌握 CDMA2000 1x 的前反向信道结构、功能以及编码、调制过程。

4.2.1　系统概述

CDMA2000 是国际电信联盟（ITU）规定的第三代移动通信无线传输技术之一。按照使用的带宽来区分，CDMA2000 可以分为 1x 系统和 3x 系统。其中 1x 系统使用 1.25 MHz 的带宽，所以其提供的数据业务速率最高只能达到 307 kbit/s。从这个角度来说，CDMA2000 1x 系统也可以认为是第 2.5 代系统。

CDMA2000 3x 与 CDMA2000 1x 的主要区别在于 CDMA2000 3x 应用了多路载波技术，通过采用三载波使带宽提高。

一个完整的 1x 系统由三个部分组成：网络子系统 NSS、基站子系统 BSS 和移动台 MS。

1x 系统可支持 307 kbit/s 的数据传输，网络部分引入分组交换，支持移动 IP 业务。IP 业务是在现有 IS-95 系统上发展出来的一种新的承载业务，目的是为 CDMA 用户提供分组

IP 形式的数据业务。

4.2.2 空中接口参数

1x 系统空中接口参数见表 4-2-1。

表 4-2-1 1x 系统空中接口参数

项目	指标
下行频段	870~880 MHz
上行频段	825~835 MHz
上、下行间隔	45 MHz
波长	约 36 cm
频点宽度	1 230 kHz
工作方式	FDD
调制方式	QPSK、HPSK
语音编码	CELP
语音编码速率	8 kbit/s
传输速率	1.228 8 Mbit/s
比特时长	0.8 μs

4.2.3 信道功能及分类

1. 前向信道

前向信道（基站到移动台），提供了基站到各移动台之间的通信。

1) 信道种类及功能

前向信道由以下逻辑信道构成：

（1）前向导频信道 F_PICH。功能等同于 IS-95 中的导频信道，基站通过此信道发送导频信号供移动台识别基站并引导移动台入网。

（2）前向同步信道 F-SYNCH。功能等同于 IS-95 中的同步信道，用于为移动台提供系统时间和帧同步信息。基站通过此信道向移动台发送同步信息以建立移动台与系统的定时和同步。

（3）前向寻呼信道 F-PCH。功能等同于 IS-95 中的寻呼信道，基站通过此信道向移动台发送有关寻呼、指令以及业务信道指配信息。

（4）前向快速寻呼信道 F-QPCH。基站通过此信道快速指示移动台在哪一个时隙上接收 F-PCH 或 F-CCCH 上的控制消息。移动台不用长时间监视 F-PCH 或 F-CCCH 时隙，所以可以较大幅度地节省移动台电能。

(5) 前向广播控制信道 F – BCCH。基站通过此信道发送系统消息给移动台。

(6) 前向公共指配信道 F – CACH。F – CACH 通常与 F – CPCCH（前向公共功率控制信道）、R – EACH（反向增强接入信道）、R – CCCH（反向公共控制信道）配合使用。当基站解调出一个 R – EACH Header 后，通过 F – CACH 指示移动台在哪一个 R – CCCH 信道上发送接入消息，接收哪个 F – CPCCH 子信道的功率控制比特。

(7) 前向公共功率控制信道 F – CPCCH。当移动台在 R – CCCH 上发送数据时，基站通过此信道向移动台发送反向功率控制比特。

(8) 前向公共控制信道 F – CCCH。当移动台还没有建立业务信道时，基站和移动台之间通过此信道发送一些控制消息和突发的短数据。

(9) 前向专用控制信道 F – DCCH。当移动台处于业务信道状态时，基站通过此信道向移动台发送一些消息或低速的分组数据业务、电路数据业务。

(10) 前向基本业务信道 F – FCH。当移动台进入到业务信道状态后，此信道用于承载前向信道上的信令、语音、低速的分组数据业务、电路数据业务或辅助业务。

(11) 前向补充信道 F – SCH。当移动台进入到业务信道状态后，此信道用于承载前向信道上的高速分组数据业务。

(12) 补充码分信道 F – SCCH。用于数据传输。

(13) 前向功率控制子信道 F – PCSCH。在前向业务信道上连续发射，用于反向功率控制。

2）信道帧结构

F_PICH、F – SYNCH、F – PCH、F – SCCH、F – PCSCH 和 IS – 95 的信道结构相同。其他信道的帧结构描述如下。

(1) F – QPCH。基站使用 F – QPCH 传送快速寻呼信息。F – QPCH 上传送的信息以时隙为单位，称为 F – QPCH 时隙。F – QPCH 时隙速率为 4 800 bit/s 或 9 600 bit/s，时隙长 80 ms。基站最多可以提供三个 F – QPCH。

F – QPCH 时隙开始时间与零偏置导频 PN 序列开始的时间对齐。

(2) F – CACH。基站使用 F – CACH 传送与接入过程相关的信令。F – CACH 上传送的信息以帧为单位，称为 F – CACH 帧。

F – CACH 帧速率为 9 600 bit/s，帧长 5 ms。

F – CACH 帧的结构由 32 bit 的帧信息、8 bit 的帧质量指示（CRC）和 8 bit 的加尾比特组成。

32 bit	8 bit	8 bit
帧信息	CRC	加尾比特

帧质量指示 CRC 是根据帧信息计算出来的，帧质量指示的计算公式为：

$$g(x) = x^8 + x^7 + x^4 + x^3 + x + 1$$

F – CACH 帧开始时间与零偏置导频 PN 序列开始的时间对齐。

(3) F – BCCH。基站使用 F – BCCH 传送系统信息。F – BCCH 上传送的信息以帧为单位，称为 F – BCCH 帧。F – BCCH 帧包含 768 bit 的内容，对应 40 ms 的时长。F – BCCH 的

帧组合为时隙，分为 40 ms、80 ms 和 160 ms 三种时隙，分别包含 1 个、2 个和 4 个帧。F-BCCH 时隙开始于系统时间以 4 s 为单位的整数倍的时刻。

每个时隙中各个帧的内容都相同，这也就意味着 160 ms 时隙中 4 个帧的内容都是一样的。根据这点可以计算出 40 ms、80 ms 和 160 ms 三种时隙的波特率分别是 19 200 bit/s、9 600 bit/s 和 4 800 bit/s。

F-BCCH 帧的结构由 744 bit 的帧信息、16 bit 的帧质量指示（CRC）和 8 bit 的加尾比特组成。

744 bit	16 bit	8 bit
帧信息	CRC	加尾比特

帧质量指示 CRC 是根据 744 bit 的帧信息计算出来的，其计算公式为：

$$g(x) = x^{16} + x^{15} + x^{14} + x^{11} + x^6 + x^5 + x^2 + x + 1$$

（4）F-CCCH。基站使用 F-CCCH 传送与接入过程相关的信令，F-CCCH 上传送的信息以帧为单位，称为 F-CCCH 帧。F-CCCH 帧的结构由帧信息、帧质量指示（CRC）和 8 bit 的加尾比特组成。

F-CCCH 帧有 9 600 bit/s、19 200 bit/s 或 38 400 bit/s 多种速率，帧长也不相同，因此帧信息和帧质量指示长度也不相同。

例如，9 600 bit/s 的 F-CCCH 帧帧长为 20 ms，包含 192 bit 内容，其中帧信息 172 bit，帧质量指示 12 bit。

172 bit	12 bit	8 bit
帧信息	CRC	加尾比特

帧质量指示 CRC 是根据信息计算出来的，其中 12 bit 帧质量指示的计算公式为：

$$g(x) = x^{12} + x^{11} + x^{10} + x^9 + x^8 + x^4 + x + 1$$

F-CCCH 帧开始时间与零偏置导频 PN 序列开始的时间对齐。

（5）F-DCCH。基站使用 F-DCCH 传送与业务过程相关的信令。F-DCCH 上传送的信息以帧为单位，称为 F-DCCH 帧。F-DCCH 帧的结构由帧信息、帧质量指示（CRC）和 8 bit 的加尾比特组成。

F-DCCH 帧为 9 600 bit/s，帧长 5 ms 或 20 ms，因此帧信息和帧质量指示长度也不相同。

例如，9 600 bit/s 的 F-DCCH 帧帧长为 5 ms，包含 48 bit 内容，其中帧信息 24 bit，帧质量指示 16 bit。

24 bit	16 bit	8 bit
帧信息	CRC	加尾比特

帧质量指示 CRC 是根据帧信息计算出来的，其中 16 bit 帧质量指示的计算公式为：

$$g(x) = x^{16} + x^{15} + x^{14} + x^{11} + x^6 + x^5 + x^2 + x + 1$$

F–DCCH 帧与 IS–95 的业务信道帧类似，开始于 FRAME_OFFSET 对应的时间。F–DCCH 可以不连续发送。

（6）F–FCH。基站使用 F–FCH 传送语音、低速数据或信令。F–FCH 上传送的信息以帧为单位，称为 F–FCH 帧。F–FCH 帧的结构由帧信息、帧质量指示（CRC）和 8 bit 的加尾比特组成。

RC3 下 F–FCH 帧有 9 600 bit/s、4 800 bit/s、2 700 bit/s 和 1 500 bit/s 等多种速率（RC1 稍有区别），一般帧长为 20 ms，9 600 bit/s 还可以使用 5 ms。

例如，9 600 bit/s 的 F–FCH 帧，包含 48 bit 内容，其中帧信息 24 bit，帧质量指示 16 bit，加尾比特 8 bit。

24 bit	16 bit	8 bit
帧信息	CRC	加尾比特

帧质量指示 CRC 是根据帧信息计算出来的，其中 16 bit 帧质量指示的计算公式为：

$$g(x) = x^{16} + x^{15} + x^{14} + x^{11} + x^6 + x^5 + x^2 + x + 1$$

F–FCH 帧与 IS–95 的业务信道帧类似，开始于 FRAME_OFFSET 对应的时间。

（7）F–SCH。F–SCH 只在 RC3 下使用，终端利用 F–SCH 传送数据。F–SCH 上传送的信息以帧为单位，称为 F–SCH 帧。F–SCH 帧的结构由帧信息、帧质量指示（CRC）和 8 bit 的加尾比特组成。

F–SCH 帧有 153 600 bit/s、76 800 bit/s、38 400 bit/s、19 200 bit/s、9 600 bit/s、4 800 bit/s、2 700 bit/s、2 400 bit/s、1 500 bit/s、1 350 bit/s 以及 1 200 bit/s 等多种速率，一般帧长为 20 ms、40 ms 或 80 ms，这样帧信息和帧质量指示长度也不相同。

例如，38 400 bit/s 的 F–SCH 帧帧长为 40 ms，包含 1 536 bit 内容，其中帧信息 1 512 bit，帧质量指示 16 bit。

1 512 bit	16 bit	8 bit
帧信息	CRC	加尾比特

帧质量指示 CRC 是根据帧信息计算出来的，其中 16 bit 质量指示的计算公式为：

$$g(x) = x^{16} + x^{15} + x^{14} + x^{11} + x^6 + x^5 + x^2 + x + 1$$

F–SCH 帧开始于 FRAME_OFFSET 和 REV_SCH_FRAME_OFFSET$[i]_s$ 参数决定的时间，其中 $i=1$ 或 2，代表第一或第二补充业务信道。

3）信道编码、调制

1x 系统空中接口逻辑信道的编码过程各有不同。前向信道中，导频信道、同步信道、寻呼信道和 RC1 下的业务信道仍然采用 IS–95 的信道编码方式。其他逻辑信道的编码过程如图 4–2–1 所示。

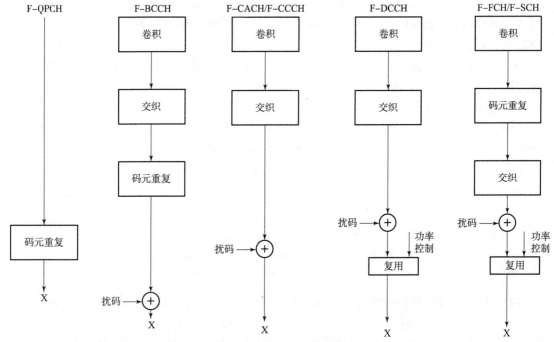

图 4-2-1　1x 系统前向信道的编码过程

（1）F-QPCH。F-QPCH 信道编码过程比较简单，没有卷积和交织，码元重复变成 28 800 bit/s 的信号，再进行扩频。第一个 F-QPCH 信道使用 W_{80}^{128} 扩频，如果有第二个 F-QPCH 信道，将使用 W_{48}^{128}；如果还有第三个 F-QPCH 信道，将使用 W_{112}^{128}。Walsh 码的比特速率为 1.228 8 Mbit/s，以下信道均相同，就不再说明。

（2）F-BCCH。F-BCCH 的编码过程如图 4-2-1 所示。

①卷积。F-BCCH 信道上传送的信息经过 1/2 卷积（约束长度为 9），变成 4 800 bit/s、9 600 bit/s 或 1 920 bit/s 的信号。

②交织。交织处理的方法从 IS-95 的"列存行取"改为"顺序写入数组"，按特定公式计算的顺序读出。交织处理的数据单位为 1 536 bit。

③码元重复。码元重复后变成 38 400 bit/s 的信号。

④扰码。扰码的方法与寻呼信道的扰码方法相同。

F-BCCH 采用的长码掩码格式如下：

41　　　　　　　　　29 28　　　　　24 23　　　21 20　　　　　　　8　　　　　　　　　　　0
1100011001101　　　01100　　　　BCN　　　000000000000　　　PILOT-PN

其中 BCN 代表 F-BCCH 的信道号，系统最多可支持 8 个 F-BCCH 信道。

F-BCCH 只能使用 128 阶的 Walsh 码。

（3）F-CACH。F-CACH 的编码过程如图 4-2-1 所示。

①卷积。F-CACH 信道上传送的信息经过 1/2 卷积（约束长度为 9），变成 19 200 bit/s 的信号。

②交织。交织处理的数据单位为 96 bit，交织处理的方法从 IS-95 的"列存行取"改为"顺序写入数组"，按特定公式计算的顺序读出。

③扰码。扰码的方法与 IS-95 寻呼信道的扰码方法相同。

F-CACH 采用长码掩码格式如下：

41	29 28	24 23	21 20	9	0
1100011001101	01100	CACN	000000000000	PILOT-PN	

其中 CACN 代表 F-CACH 的信道号，系统最多可支持 7 个 F-CACH 信道。

F-CACH 只能使用 128 阶的 Walsh 码。

(4) F-CCCH。F-CCCH 的编码过程如图 4-2-1 所示。

①卷积。F-CCCH 信道上传送的信息首先经过 1/4 卷积（约束长度为 9）。

②交织。由于 F-CCCH 的信息有 9 600 bit/s、19 200 bit/s 或 38 400 bit/s 多种速率，帧长也不相同，因此交织处理的数据单位各有不同。例如帧长为 20 ms 的 9 600 bit/s 的 F-CCCH 帧，交织处理的数据单位为 384 bit。

③扰码。扰码的方法与寻呼信道的扰码方法相同。

F-CCCH 采用的长码掩码格式如下：

41	29 28	24 23	21 20	9 8	0
1100011001101	01100	000	000000000000	000000000	

F-CCCH 只能使用 128 阶的 Walsh 码。

(5) F-DCCH。F-DCCH 的编码过程如图 4-2-1 所示。

①卷积。F-DCCH 帧首先经过 1/4 卷积（约束长度为 9），变成 38 400 bit/s 的信号。

②交织。交织处理的数据单位根据不同的帧长而不同，有 192 bit 或 768 bit。

③扰码。扰码的方法与 IS-95 前向业务信道的扰码方法相同。

F-DCCH 扩频时采用的长码掩码格式如下，与 IS-95 中反向业务信道用的长码掩码相同。

41	32 31	0
1100011000	重排的 ESN	

与 IS-95 前向业务信道类似，F-DCCH 中包含了功率控制比特。F-DCCH 只能使用 128 阶的 Walsh 码。

(6) F-FCH。F-FCH 的编码过程如图 4-2-1 所示。

①F-FCH 帧首先经过 1/4 卷积（约束长度为 9）。

②码元重复。为交织前做准备，将不同速率统一成一个速率。

③交织处理。交织处理的数据单位根据不同的帧长而不同。

④扰码。扰码的方法与 IS-95 前向业务信道的扰码方法相同，长码掩码格式与 F-

DCCH 相同。

与 IS-95 前向业务信道类似，F-FCH 帧中包含了功率控制比特。

（7）F-SCH。F-SCH 的编码过程如图 4-2-1 所示。

①F-SCH 帧首先经过 1/4 卷积（约束长度为 9）或者 Turbo 编码（帧内容至少 360 bit）。

②码元重复。为交织前做准备，将不同速率统一成一个速率。

③交织处理。交织处理的数据单位根据不同的帧长而不同。

④扰码。扰码的方法与 IS-95 前向业务信道的扰码方法相同，长码掩码格式与 F-DCCH 相同。

与 IS-95 前向业务信道类似，F-SCH 帧中包含了功率控制比特。

前向信道的各个信道采用相同的调制方式，调制过程如图 4-2-2 所示。

2. 反向信道

反向信道（移动台到基站），提供了各移动台到基站的通信。

图 4-2-2　1x 系统前向信道的调制过程

1）信道种类及功能

反向信道包括：

（1）反向导频信道 R_PICH。用于辅助基站检测移动台所发射的数据。

（2）反向接入信道 R-ACH。功能与 IS-95 中的反向接入信道相同。

（3）反向公共控制信道 R-CCCH。当移动台还没有建立业务信道时，移动台通过此信道向基站发送一些控制消息和突发的短数据。

（4）反向增强接入信道 R-EACH。当移动台还未建立业务信道时，移动台通过此信道向基站发送控制消息，提高移动台的接入能力。

（5）反向专用控制信道 R-DCCH。当移动台处于业务信道状态时，移动台通过此信道向基站发送一些消息或低速的分组数据业务、电路数据业务。

（6）反向基本信道 R-FCH。当移动台进入到业务信道状态后，此信道用于承载反向信道上的信令、语音、低速的分组数据业务、电路数据业务或辅助业务。

（7）反向补充信道 R-SCH。当移动台进入到业务信道状态后，此信道用于承载反向信道上的高速分组数据业务。

（8）反向补充码分信道 R-SCCH。此信道用于在通话中向基站发送用户消息。

（9）反向功率控制子信道 R-PCSCH。反向功率控制子信道是反向导频信道的子信道，包括反向主功率控制子信道和反向辅助控制子信道，用于前向功率控制。

2）信道帧结构

（1）R-CCCH。移动台使用 R-CCCH 传送与接入过程相关的信令。R-CCCH 上传的信息以帧为单位，称为 R-CCCH 帧。R-CCCH 帧的结构由帧信息、帧质量指示（CRC）和 8 bit 的加尾比特组成。

R-CCCH 帧有 9 600 bit/s、19 200 bit/s 或 38 400 bit/s 多种速率，帧长也不相同，因此帧信息和帧质量指示长度也不相同。

例如，9 600 bit/s 的 R-CCCH 帧帧长为 20 ms，包含 192 bit 内容，其中帧信息 172 bit，

帧质量指示 12 bit。

172 bit	12 bit	8 bit
帧信息	CRC	加尾比特

帧质量指示 CRC 是根据帧信息计算出来的，其中 12 bit 帧质量指示的计算公式为：
$$g(x) = x^{12} + x^{11} + x^{10} + x^9 + x^8 + x^4 + x + 1$$

R-CCCH 帧开始于系统时间以 1.25 ms 为单位的整数倍时刻。

（2）R-EACH。移动台使用 R-EACH 传送与接入过程相关的信令。R-EACH 上传送的信息以帧为单位，称为 EACH 帧。R-EACH 帧的结构由帧信息、帧质量指示（CRC）和 8 bit 的加尾比特组成。

R-EACH 帧有 9 600 bit/s、19 200 bit/s 或 38 400 bit/s 多种速率，帧长也不相同，因此帧信息和帧质量指示长度也不相同。

例如，9 600 bit/s 的 R-EACH 帧帧长为 5 ms，包含 48 bit 内容，其中帧信息 32 bit，帧质量指示 8 bit。

32 bit	8 bit	8 bit
帧信息	CRC	加尾比特

帧质量指示 CRC 是根据帧信息计算出来的，其中 8 bit 帧质量指示的计算公式为：
$$g(x) = x^8 + x^7 + x^4 + x^3 + x + 1$$

R-EACH 帧开始于系统时间以 1.25 ms 为单位的整数倍时刻。

（3）R-DCCH。移动台使用 R-DCCH 传送与业务过程相关的信令。R-DCCH 上传送的信息以帧为单位，称为 R-DCCH 帧。R-DCCH 帧的结构由帧信息、帧质量指示（CRC）和 8 bit 的加尾比特组成。

R-DCCH 帧速率为 9 600 bit/s，帧长 5 ms 或 20 ms，因此帧信息和帧质量指示长度也不相同。

例如，9 600 bit/s 的 R-DCCH 帧帧长为 5 ms，包含 48 bit 内容，其中帧信息 24 bit，帧质量指示 16 bit。

24 bit	16 bit	8 bit
帧信息	CRC	加尾比特

帧质量指示 CRC 是根据帧信息计算出来的，其中 16 bit 帧质量指示的计算公式为：
$$g(x) = x^{16} + x^{15} + x^{14} + x^{11} + x^6 + x^5 + x^2 + x + 1$$

R-DCCH 帧与 IS-95 的业务信道帧类似，开始于 FRAME_OFFSET 对应的时间。R-DCCH 可以不连续发送。

（4）R-FCH。移动台使用 R-FCH 传送语音、低速数据或信令。R-FCH 上传送的信息以帧为单位，称为 R-FCH 帧。R-FCH 帧的结构由帧信息、帧质量指示（CRC）和 8 bit

的加尾比特组成。

RC3 下 R-FCH 帧有 9 600 bit/s、4 800 bit/s、2 700 bit/s 和 1 500 bit/s 等多种速率,一般帧长为 20 ms,速率为 9 600 bit/s 的 R-FCH 帧还可以使用 5 ms 的帧长,这样帧信息和帧质量指示长度也不相同。

例如,9 600 bit/s 的 R-FCH 帧帧长为 5 ms,包含 48 bit 内容,其中帧信息 24 bit,帧质量指示 16 bit,加尾比特 8 bit。

24 bit	16 bit	8 bit
帧信息	CRC	加尾比特

帧质量指示 CRC 是根据帧信息计算出来的,其中 16 bit 帧质量指示的计算公式为:
$$g(x) = x^{16} + x^{15} + x^{14} + x^{11} + x^6 + x^5 + x^2 + x + 1$$

R-FCH 帧与 IS-95 的业务信道帧类似,开始于 FRAME_OFFSET 对应的时间。

(5) R-SCH。R-SCH 只在 RC3 下使用,移动台利用 R-SCH 传送高速数据。R-SCH 上传送的信息以帧为单位,称为 R-SCH 帧。R-SCH 的结构由帧信息、帧质量指示(CRC)和 8 bit 的加尾比特组成。

R-SCH 帧有 307 200 bit/s、153 600 bit/s、76 800 bit/s、38 400 bit/s、19 200 bit/s、9 600 bit/s、4 800 bit/s、2 700 bit/s、2 400 bit/s、1 500 bit/s、1 350 bit/s 等多种速率,一般帧长为 20 ms、40 ms 或 80 ms,这样帧信息和帧质量指示长度也不相同。

例如,38 400 bit/s 的 R-SCH 帧帧长为 40 ms,包含 1 536 bit 内容,其中帧信息 1 512 bit,帧质量指示 16 bit,加尾比特 8 bit。

1 512 bit	16 bit	8 bit
帧信息	CRC	加尾比特

3)信道编码、调制

反向信道中,接入信道和 RC1 下的业务信道仍然采用 IS-95 的信道编码方式,这里就不再重复。其他信道的编码过程如图 4-2-3 所示,都会经历卷积、码元重复和交织过程,最后进行扩频。与 IS-95 有重大区别的是,移动台和基站一样采用 Walsh 码区分不同信道,因此取消了正交调制的过程。

(1) R-CCCH。图 4-2-3 描述了 R-CCCH 信道编码过程。

①卷积。R-CCCH 帧首先经过 1/4 卷积(约束长度为 9)。

②码元重复。由于 R-CCCH 帧长不相同,码元重复后统一为 38 400 bit/s 的速率。

③交织。交织处理的数据单位根据不同的帧长而不

R-EACH/R-CCCH/R-DCCH/R-FCH/R-SCH

图 4-2-3 1x 反向信道的编码过程

同，例如帧长为 20 ms 的 9 600 bit/s 的 R – CCCH 帧，交织处理的数据单位为 3 072 bit。

R – CCCH 扩频时采用的长码掩码格式如下：

41	33 32	28 27	25 24	9 8	0
110001110	RCCCN	FCCCN	BASE – ID	PILOT – PN	

其中，RCCCN 代表反向公共控制信道号；FCCCN 代表前向公共控制信道号；BASE – ID 代表基站编号；PILOT – PN 代表导频 PN 序列偏置系数。反向公共控制信道与前向公共控制信道对应，一个前向公共控制信道最多可以支持 32 个反向公共控制信道。

(2) R – EACH。图 4 – 2 – 3 描述了 R – EACH 的信道编码过程。

①卷积。R – EACH 帧首先经过 1/4 卷积（约束长度为 9）。

②码元重复。由于 R – EACH 帧长不相同，码元重复后统一为 38 400 bit/s 的速率。

③交织。交织处理的数据单位根据不同的帧长而不同，例如帧长为 20 ms 的 9 600 bit/s 的 R – EACH 帧，交织处理的数据单位为 3 072 bit。

R – EACH 扩频时采用的长码掩码格式如下：

41	33 32	28 27	25 24	9 8	0
110001101	EACN	FCCCN	BASE – ID	PILOT – PN	

其中，EACN 代表 R – EACH 的信道号；FCCCN 代表前向公共控制信道号；BASE – ID 代表基站编号；PILOT – PN 代表导频 PN 序列偏置系数。

(3) R – DCCH。图 4 – 2 – 3 描述了 R – DCCH 的信道编码过程。

①卷积。R – DCCH 帧首先经过 1/4 卷积（约束长度为 9）。

②码元重复。码元重复后速率为 768 000 bit/s。

③交织。交织处理的数据单位根据不同的帧长而不同，帧长为 5 ms 的 R – DCCH 帧，交织处理的数据单位为 384 bit；帧长为 20 ms 的 R – DCCH 帧，交织处理的数据单位为 1 536 bit。

R – DCCH 扩频时采用的长码掩码格式如下，与 IS – 95 中反向业务信道用的长码掩码相同。

41	32 31	0
1100011000	重排的 ESN	

(4) R – FCH。图 4 – 2 – 3 描述了 R – FCH 的信道编码过程。

①卷积。R – FCH 上传送的信息首先经过 1/4 卷积（约束长度为 9）或 Turbo 编码。

②码元重复。为交织前做准备，将不同速率统一成一个速率。

③交织。交织处理的数据单位根据不同的帧长而不同。

R – FCH 扩频时采用的长码掩码格式如下，与 IS – 95 中反向业务信道用的长码掩码格式相同。

41		32 31	0
	1100011000		重排的 ESN

(5) R‑SCH。图 4‑2‑3 描述了 R‑SCH 的信道编码过程。

①卷积。R‑SCH 上传送的信息首先经过 1/4 卷积（约束长度为 9）或 Turbo 编码。

②码元重复。为交织前做准备，将不同速率统一成一个速率。

③交织处理。交织处理的数据单位根据不同的帧长而不同。

1x 系统采用 HPSK 调制方式。HPSK 调制方式是包括 BIT/SK 调制和 QPSK 调制的混合调试方式。

在系统中采用混合移相键控（HPSK）具有如下优点：
- 降低移动台发射的反向信道波形的峰均比（也就是峰值因子）。
- 降低移动台的功率放大器的性能要求，使其更简单，成本降低，并能更有效地利用电池功率。
- 降低 CDMA 信号边缘的带外辐射 4 dB。

4.2.4 技术特点

1x 系统向后兼容 IS‑95 系统，但与 IS‑95 系统相比，1x 系统具有一些新的实质性的技术特点。

1. 无线部分

（1）多种信道带宽。前向链路上支持多载波（MC）和直扩（DS）两种方式；反向链路仅支持直扩方式。当采用多载波方式时，能支持多种射频带宽，即射频带宽可为 $N \times 1.25$ MHz，其中 $N = 1$、3、5、9 或 12。

（2）前向发送分集。CDMA2000 1x 发射分集是将数据一分为二，用不同的 Walsh 码分别进行扩频，再分别由各自的天线发射。

（3）快速前向功率控制。CDMA2000 1x 采用快速前向功率控制，由终端根据测量前向业务信道的强度，向基站发出调整基站发射功率的指令。

（4）使用 Turbo 码。CDMA2000 1x 采用 Turbo 码对信道进行编码，提高了纠错能力。

（5）引入反向导频信道，反向链路相干解调。CDMA2000 1x 提供反向导频信道，从而使反向信道也可以做到相干解调，提高反向容量。

（6）灵活的帧长。CDMA2000 1x 的信道支持 5 ms、10 ms、20 ms、40 ms、80 ms 和 160 ms 多种帧长。

在增加了这些新特点的同时，1x 系统保持了与 IS‑95 系统的向后兼容性。其基带系统采用无线配置（Radio Configuration，RC）以实现兼容，不同的无线配置表示不同的编码、交织和纠错等基带处理方式：

（1）RC1 和 RC2 与 IS‑95 系统完全相同，其余的无线配置（即 RC2 以上）为 1x 系统新增加的内容。

（2）在呼叫建立过程中由相应的业务协商程序确定 RC 方式的使用。

（3）对于语音业务，IS‑95 移动台可工作在 1x 系统的载波中，1x 系统的移动台也可工作中于IS-95的载波中。

2. 网络部分

（1）增强的 A1 接口——支持并发业务，支持紧急呼叫。

（2）引入用户区域——为用户在不同地理区域提供不同的服务。

（3）A10/A11 接口——支持分组数据。

（4）PCF 和 PDSN 之间的安全联盟——支持安全可靠的传输。

（5）支持 Mobile IP——支持分组数据的宏移动（PDSN/FA 之间）。

（6）提供了三角定位功能。

4.2.5 业务流程

CDMA2000 1x 业务流程包括：语音业务流程、登记流程、数据业务流程、切换流程和电路型数据业务流程。

各种不同流程由 CDMA 网络中的 MS、BSS 等各相关部分通过消息交互，共同协作完成。本节重点描述语音业务流程和数据业务流程。

1. 语音业务流程

语音业务的典型流程包括：

- 移动台起呼。
- 移动台被呼。
- 移动台发起的释放。
- BSS 发起的释放。
- MSC 发起的释放。

1）移动台起呼

移动台起呼的流程如图 4-2-4 所示。

A：MS 在空中接口的接入信道上向 BSS 发送 Origination Message 消息，并要求 BSS 应答。

B：BSS 收到 Origination Message 消息后向移动台发送 BS Ack Order 消息。

C：BSS 构造 CM Service Request 消息，封装后发送给 MSC。对于需要电路交换的呼叫，BSS 可以在该消息中推荐所需地面电路，并请求 MSC 分配该电路。

D：MSC 向 BSS 发送 Assignment Request 消息，请求分配无线资源；如果 MSC 能够支持 BSS 在 CM Service Request 消息中推荐的地面电路，那么 MSC 将在 Assignment Request 消息中指配该地面电路；否则指配其他地面电路。

E：BSS 为移动台分配业务信道后，在寻呼信道上发送 Channel Assignment Message/Extended Channel Assignment Message 消息，开始建立无线业务信道。

F：移动台在指定的反向业务信道上发送 Traffic Channel preamble（TCH Preamble）消息。

G：BSS 捕获反向业务信道后，在前向业务信道上发送 BS Ack Order 消息，并要求移动台应答。

H：移动台在反向业务信道上发送 MS Ack Order 消息，应答 BSS 的 BS Ack Order。

I：BSS 向移动台发送 Service Connect Message/Service Option Response Order 消息，以指定用于呼叫的业务配置。

J：移动台收到 Service Connect Message 消息后，移动台开始根据指定的业务配置处理业务，并以 Service Connect Completion Message 消息作为响应。

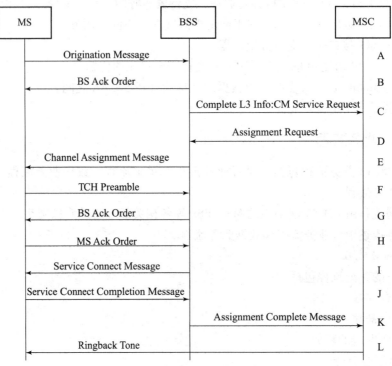

图 4-2-4 移动台起呼

K：无线业务信道和地面电路均成功连接后，BSS 向 MSC 发送 Assignment Complete Message 消息，并认为该呼叫进入通话状态。

L：在带内提供呼叫进程音的情况下，回铃音将通过话音电路向移动台发送。

2）移动台被呼

移动台被呼的流程如图 4-2-5 所示。

A：当被寻呼的 MS 在 MSC 的服务区内时，MSC 向 BSS 发送 Paging Request 消息，启动寻呼 MS 的呼叫建立过程。

B：BSS 在寻呼信道上发送带 MS 识别码的 General Page Message 消息。

C：MS 识别出寻呼信道上包含它识别码的寻呼请求后，在接入信道上向 BSS 回送 Page Response Message 消息。

D：BSS 利用从 MS 收到的信息组成一个 Paging Response 消息，封装后发送到 MSC。BSS 可以在该消息中推荐所需的地面电路，并请求 MSC 分配该电路。

E：BSS 收到 Paging Response 消息后向移动台发送 BS Ack Order。

F~M：请参照移动台起呼流程的 D~K 步骤。

N：BSS 发送带特定信息的 Alert with Info 消息给 MS，指示 MS 振铃。

O：MS 收到 Alert with Info 消息后，向 BSS 发送 MS Ack Order 消息。

P：当 MS 应答这次呼叫时（摘机），MS 向 BSS 发送带层 2 证实请求的 Connect Order 消息。

Q：收到 Connect Order 消息后，BSS 在前向业务信道上向 MS 回应 BS Ack Order 消息。

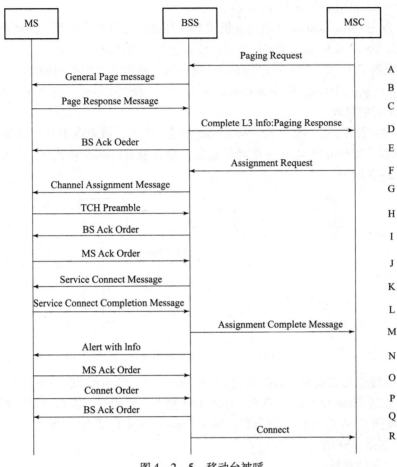

图 4-2-5 移动台被呼

R：BSS 发送 Connect 消息通知 MSC 移动台已经应答该呼叫。此时认为该呼叫进入通话状态。

3）移动台发起的释放

MS 在发起网络接入以后，如果因为业务需求（如用户挂机），可以主动发起释放，其流程如图 4-2-6 所示。

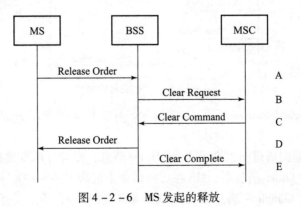

图 4-2-6 MS 发起的释放

A：移动台在反向信道上发送 Release Order 消息发起呼叫释放操作。

B：BSS 向 MSC 发送 Clear Request 消息。

C：MSC 发送 Clear Command 消息，指示 BSS 释放相关的专用资源（如地面电路资源）。

D：BSS 向 MS 发送 Release Order 消息，然后释放无线资源。

E：BSS 收到 MSC 发送的 Clear Command 消息后，释放所分配的地面电路资源，并回应 Clear Complete 消息；MSC 收到 Clear Complete 消息后，释放低层的传输连接（SCCP 连接）。

4）BSS 发起的释放

由于 MS 没有被激活，MS 与 BSS 间无线链路连接失败，或者由于 BSS 设备损坏等原因，造成呼叫失败时，BSS 可向 MSC 发送释放请求消息，触发呼叫释放流程。BSS 发起的释放流程如图 4-2-7 所示。

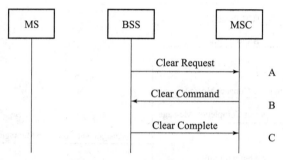

图 4-2-7　BSS 发起的释放

A：当无线链路失败或 MS 未激活等情况出现时，BSS 向 MSC 发送 Clear Request 消息。

B：MSC 发送 Clear Command 消息，指示 BSS 释放相关的专用资源（如地面电路资源）。

C：BSS 收到 Clear Command 消息后，回应 Clear Complete 消息；MSC 收到该消息后，释放低层的传输连接（SCCP 连接）。

5）MSC 发起的释放

MSC 发起的释放，其流程如图 4-2-8 所示。

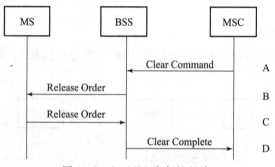

图 4-2-8　MSC 发起的释放

A：MSC 发送 Clear Command 消息，指示 BSS 释放相关的专用资源，并发起 Um 接口的呼叫释放程序。

B：BSS 通过在前向信道上发送 Release Order 消息，发起呼叫释放操作。

C：收到 Release Order 消息后，MS 在反向信道上回应 Release Order 消息。

D：BSS 将 Clear Complete 消息发往 MSC，MSC 收到该消息后，释放低层的传输连接

（SCCP 连接）。

2. 数据业务流程

在 CDMA2000 1x 数据业务流程中，无线数据用户存在以下三种状态：

- 激活态（ACTIVE）：手机和基站之间存在空中业务信道，两边可以发送数据，A1、A8、A10 连接保持。
- 休眠状态（Dormant）：手机和基站之间不存在空中业务信道，但是两者之间存在 PPP 连接，A1、A8 连接释放，A10 连接保持。
- 空闲状态（NULL）：手机和基站不存在空中业务信道和 PPP 连接，A1、A8、A10 连接释放。

1）移动台起呼

移动台的数据业务起呼流程如图 4-2-9 所示。

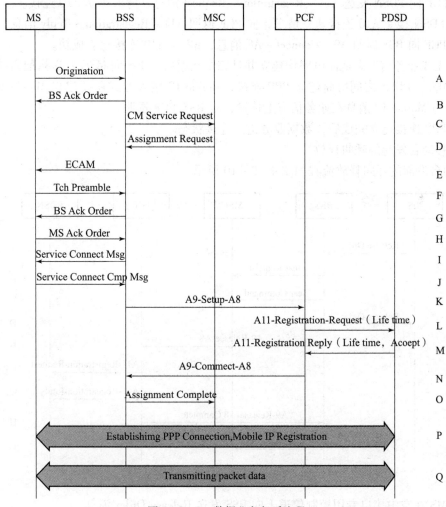

图 4-2-9　数据业务起呼流程

A：MS 在空中接口的接入信道上向 BSS 发送起呼消息。

B：BSS 收到起呼消息后向 MS 发送基站证实指令。

C：BSS 构造一个 CM 业务请求消息发送给 MSC。

D：MSC 向 BSS 发送指配请求消息以请求 BSS 分配无线资源。

E：BSS 将在空中接口的寻呼信道上发送信道指配消息。

F：MS 开始在分配的反向业务信道上发送前导信号。

G：获取反向业务信道后 BSS 将在前向业务信道上向 MS 发送证实指令。

H：MS 收到基站证实指令后发送移动台证实指令，并且在反向业务信道上传送空的业务帧。

I：BSS 向 MS 发送业务连接消息/业务选择响应消息，以指定用于呼叫的业务配置，MS 开始根据指定的业务配置处理业务。

J：收到业务连接消息后 MS 响应一条业务连接完成消息。

K：BSS 向 PCF 发送 A9‑Setup‑A8 消息，请求建立 A8 连接。

L：PCF 向 PDSN 发送 A11‑Registration‑Request 消息，请求建立 A10 连接。

M：PDSN 接受 A10 连接建立请求，向 PCF 返回 A11‑Registration‑Reply 消息。

N：PCF 向 BSS 返回 A9‑Connect‑A8 消息，A8 与 A10 连接建立成功。

O：无线业务信道和地面电路均建立并且完全互通后，BSS 向 MSC 发送指配完成消息。

P：MS 与 PDSN 之间协商建立 PPP 连接，Mobile IP 接入方式还要建立 Mobile IP 连接，PPP 消息与 Mobile IP 消息在业务信道上传输，对 BSS/PCF 透明。

Q：PPP 连接建立完成后，数据业务进入连接状态。

2）移动台发起的呼叫释放

移动台发起的呼叫释放流程如图 4‑2‑10 所示。

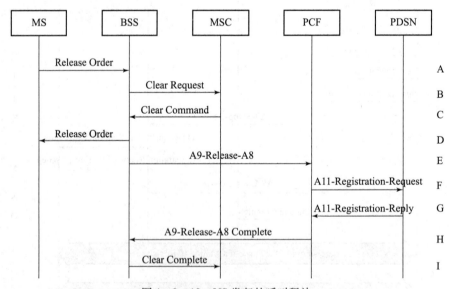

图 4‑2‑10 MS 发起的呼叫释放

A：MS 在空中接口专用控制信道上向 BSS 发送 Release Order 消息。

B：BSS 收到该消息后，向 MSC 发送 Clear Request 消息。

C：MSC 在释放网络侧资源的同时，向 BSS 发送 Clear Command 消息。

D：BSS 收到该消息后，向 MS 发送 Release Order 消息。

E：BSS 向 PCF 发送 A9 - Release - A8 消息，请求释放 A8 连接。

F：PCF 通过 A11 - Registration - Request 消息向 PDSN 发送一个激活停止结算记录。

G：PDSN 返回 A11 - Registration - Reply 消息。

H：PCF 用 A9 - Release - A8 Complete 消息确认 A8 连接释放，连接释放完成。

I：BSS 向 MSC 发送 Clear Complete 消息，表明释放完成。

3）PDSN 内 PCF 之间的 Dormant 切换

PDSN 内 PCF 之间的 Dormant 切换流程如图 4 - 2 - 11 所示。

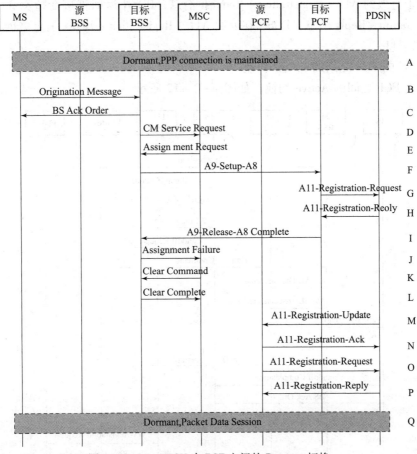

图 4 - 2 - 11 PDSN 内 PCF 之间的 Dormant 切换

A：分组数据业务连接处于 Dormant 状态。

B：MS 在空中接口的接入信道上向目标 BSS 发送起呼消息。

C：目标 BSS 收到起呼消息后向 MS 发送基站证实指令。

D：目标 BSS 构造一个 CM 业务请求消息发送给 MSC。

E：MSC 向目标 BSS 发送指配请求消息以请求 BS 分配无线资源。

F：目标 BSS 向目标 PCF 发送 A9 - Setup - A8（DRS = 0）消息。

G：目标 PCF 向 PDSN 发送 A11 - Registration - Request 消息建立 A10 连接。

H：PDSN 用 A11 - Registration - Reply 消息响应。

I：目标 PCF 向目标 BSS 发送 A9 - Release - A8 Complete 消息。

J：目标 BSS 向 MSC 发送 Assignment Failure 消息，原因值为"Packet Call Going Dormant"。

K：MSC 向目标 BSS 发送 Clear Command 消息，原因值为"Do Not Notify Mobile"。

L：目标 BSS 向 MSC 返回 Clear Complete 消息。

M：PDSN 向源 PCF 发送 A11 - Registration - Update 消息请求释放旧的 A10 连接。

N：源 PCF 用 A11 - Registration - Ack 消息确认 A10 连接释放请求。

O：源 PCF 发送 A11 - Registration - Reply（Lifetime = 0）消息释放 A10 连接。

P：对于有效的 A11 - Registration - Request 消息，PDSN 返回带接受指示和生存期值的 A11 - Registration - Reply 消息。PDSN 在返回 A11 - Registration - Reply 消息之前，会保存与计费相关的信息。

4）PDSN 内 PCF 之间的 Active 切换

PDSN 内 PCF 之间的 Active 切换，如图 4 - 2 - 12 所示。

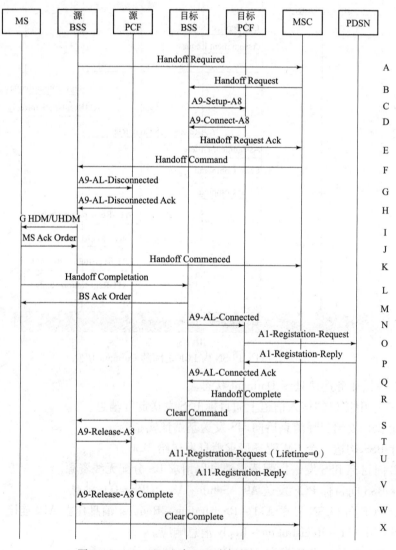

图 4 - 2 - 12　PDSN 内 PCF 之间的 Active 切换

A：根据 MS 的报告，目标小区的信号强度已经超过网络指定的阈值，源 BSS 要求进行至目标小区的硬切换，源 BSS 向 MSC 发送带小区列表的切换请求消息。

B：由于切换申请消息中已指示切换为硬切换，因此 MSC 向目标 BSS 发送切换请求消息。

C：目标 BSS 向目标 PCF 发送 A9 – Setup – A8 消息，建立 A8 连接。

D：目标 PCF 向目标 BSS 返回 A9 – Connect – A8 消息。

E：目标 BSS 向 MSC 发送切换请求证实消息。

F：MSC 准备从源 BSS 至目标 BSS 切换并向源 BSS 发送切换命令。

G：源 BSS 向源 PCF 发送 A9 – AL – Disconnected 消息，源 PCF 停止向源 BSS 发送数据。

H：源 PCF 向源 BSS 返回 A9 – AL – Disconnected Ack 消息。

I：源 BSS 在空中接口上向 MS 发送扩展或通用切换指令消息，如果 MS 允许返回源 BSS，那么源 BSS 也开启定时器 Twaitho。

J：MS 向源 BSS 发送移动台证实指令，作为扩展切换指令消息或通用切换指令消息的响应。

K：源 BSS 向 MSC 发送切换开始消息，通知 MS 已经被命令切换至目标 BSS 信道。

L：MS 向目标 BSS 发送切换完成消息。

M：目标 BSS 向 MS 发送基站证实指令。

N：目标 BSS 向目标 PCF 发送 A9 – AL – Connected 消息。

O：目标 PCF 向 PDSN 发送 A11 – Registration – Request 消息，请求建立 A10 连接。

P：PDSN 接受 A10 连接建立请求，向目标 PCF 返回 A11 – Registration – Reply 消息。

Q：目标 PCF 向目标 BSS 返回 A9 – AL – Connected Ack 消息。

R：目标 BSS 向 MSC 发送切换完成消息，通知 MS 已经成功完成了硬切换。

S：MSC 向源 BSS 发送清除命令消息，清除所有资源。

T：源 BSS 向源 PCF 发送 A9 – Release – A8 消息，释放源 BSS 与源 PCF 之间的 A8 连接。

U：源 PCF 向 PDSN 发送 A11 – Registration – Request（Lifetime = 0）消息，释放旧的 A10 连接。

V：PDSN 接受 A10 连接释放请求，向源 PCF 返回 A11 – Registration – Reply 消息。

W：源 PCF 向源 BSS 返回 A9 – Release – A8 Complete 消息。

X：源 BSS 向 MSC 发送清除完成消息，通知 MSC 清除处理已经完成。

思考与练习题

1. 简述 IS – 95 系统的前反向信道的种类和功能。
2. 简述 IS – 95 系统的前反向信道的编码、调制过程。
3. 比较 IS – 95 系统的前反向信道。
4. IS – 95 系统中呼叫流程有哪些？简述终端被叫的流程。
5. 简述 1x 系统的前反向信道的种类和功能。
6. 简述 1x 系统的前反向信道的编码、调制过程。
7. 简述 1x 系统的技术特点。
8. 简述 1x 系统的移动台起呼的语音业务流程和数据业务流程的不同之处。

第 5 章

CDMA关键技术及优点

5.1 关键技术

本节介绍 CDMA 的关键技术，包括功率控制、分集技术和软切换。此外还介绍在 3G 中使用的其他关键技术。

5.1.1 功率控制

在 CDMA 系统中，功率控制被认为是所有关键技术的核心。功率控制作为对 CDMA 系统功率资源（含手机和基站）的分配，如果不能很好解决，则 CDMA 系统的优点就无法体现，高容量、高质量的 CDMA 系统也不可能实现。

可以通过图 5-1-1 所示来简单说明一下功率控制过程。

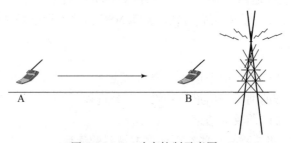

图 5-1-1 功率控制示意图

如果小区中的所有用户均以相同功率发射，则靠近基站的移动台到达基站的信号强；远离基站的移动台到达基站的信号弱，导致强信号掩盖弱信号。这就是移动通信中的"远近效应"问题。

CDMA 是一个自干扰系统，所有用户共同使用同一频率，所以"远近效应"问题更加突出。

CDMA 系统中某个用户信号的功率较强，对该用户的信号被正确接收是有利的，但会增加对共享频带内其他用户的干扰，甚至淹没有用信号，结果使其他用户通信质量劣化，导致系统容量下降。为了克服远近效应，必须根据通信距离的不同，实时地调整发射机所需的功率，这就是"功率控制"。

CDMA 的功率控制包括反向功率控制、前向功率控制和小区呼吸功率控制。

1. 反向功率控制

CDMA 系统的容量主要受限于系统内移动台的相互干扰，所以如果每个移动台的信号到达基站时都达到所需的最小信噪比，系统容量将会达到最大值。

在实际系统中，由于移动台的移动性，使移动台信号的传播环境随时变化，致使每时每刻到达基站时所经历的传播路径、信号强度、时延、相移都随机变化，接收信号的功率在期望值附近起伏变化。因此，在 CDMA 系统的反向链路中引入了功率控制。

反向功率控制通过调整移动台发射机功率，使信号到达基站接收机的功率相同，且刚刚达到信噪比要求的门限值，同时满足通信质量要求。各移动台不论在基站覆盖区的什么位置和经过何种传播环境，都能保证每个移动台信号到达基站接收机时具有相同的功率。

反向功率控制包括三部分：反向开环功率控制、反向闭环功率控制和反向外环功率控制。

1）反向开环功率控制。

CDMA 系统的每一个移动台都一直在计算从基站到移动台的路径损耗。当移动台接收到从基站来的信号很强时，表明要么离基站很近，要么有一个特别好的传播路径，这时移动台可降低它的发送功率，而基站依然可以正常接收；相反，当移动台接收到的信号很弱时，它就增加发送功率，以抵消衰耗，这就是反向开环功率控制。

反向开环功率控制简单、直接，不需在移动台和基站之间交换控制信息，同时控制速度快并节省开销。

但 CDMA 系统中，前向和反向传输使用的频率不同（IS – 95 规定的频差为 45 MHz），频差远远超过信道的相干带宽。因而不能认为前向信道上衰落特性等于反向信道上衰落特性，这是反向开环功率控制的局限之处。反向开环功率控制由反向开环功率控制算法来完成，主要利用移动台前向接收功率和反向发射功率之和为一常数来进行控制。具体实现中，涉及开环响应时间控制、开环功率估计校正因子等主要技术设计。

2）反向闭环功率控制

反向闭环功率控制，也叫反向内环功率控制，即由基站检测来自移动台的信号强度或信噪比，根据测得结果与预定的标准值相比较，形成功率调整指令，通过前向功率控制子信道通知移动台调整其发射功率。

当移动台工作在非门限模式下，基站通过前向功率控制子信道以 800 bit/s （反向导频信道门限 = 1）的速率发送一个功控比特给移动台。

当移动台工作在门限模式下，基站通过前向功率控制子信道以 400 bit/s （反向导频信道门限 = 1/2）或 200 bit/s （反向导频信道门限 = 1/4）的速率发送功控比特给移动台。

3）反向外环功率控制

在反向闭环功率控制中，信噪比门限不是恒定的，而是处于动态地调整中。这个动态调整的过程就是反向外环功率控制。

在反向外环功率控制中，基站统计接收反向信道的误帧率 FER。

如果误帧率 FER 高于误帧率门限值，说明反向信道衰落较大，于是通过上调信噪比门限来提高移动台的发射功率。

反之，如果误帧率 FER 低于误帧率门限值，则通过下调信噪比门限来降低移动台的发射功率。

根据 FER 的统计测量来调整闭环功率控制中的信噪比门限的过程是由反向外环功率控制算法来完成的。算法分为三个状态：变速率运行态、全速率运行态、删除运行态。这三种状态全面反映了移动台的实际工作情况，不同状态下进行不同的功率门限调整。

考虑 9 600 bit/s 速率下要尽可能保证语音帧质量，因此在全速率运行态加入了 1% 的 FER 门限等多种判断。

反向外环功率控制算法涉及步长调整、状态迁移、偶然出错判定、软切换、FER 统计控制等主要技术。

在实际系统中，反向功率控制是由上述三种功率控制共同完成的。即首先对移动台发射功率作开环估计，然后由闭环功率控制和外环功率控制对开环估计作进一步修正，力图做到精确的功率控制。

2. 前向功率控制

在前向链路：
- 当移动台向小区边缘移动时，移动台受到邻区基站的干扰会明显增加；
- 当移动台向基站方向移动时，移动台受到本区的多径干扰会增加。

这两种干扰将影响信号的接收，使通信质量下降，甚至无法建链。因此，在 CDMA 系统的前向链路中引入了功率控制。

前向功率控制通过在各个前向业务信道上合理地分配功率来确保各个用户的通信质量，使前向业务信道的发射功率在满足移动台解调最小需求信噪比的情况下尽可能小，以减少对邻区业务信道的干扰，使前向链路的用户容量最大。

在理想的单小区模型中，前向功率控制并不是必要的。在考虑小区间干扰和热噪声的情况下，前向功率控制就成为不可缺少的一项关键技术，因为它可以应付前向链路在通信过程中出现的以下异常情况：

- 当某个移动台与所属基站的距离和该移动台与同它邻近的一个或多个基站的距离相近时，该移动台受到邻近基站的干扰会明显增加，而且这些干扰的变化规律独立于该移动台所属基站的信号强度。此时，就要求该移动台所属的基站将发给它的信号功率提高几个分贝以维持通信。

- 当某个移动台所处位置正好是几个强多径干扰的汇集处时，对信号的干扰将超过可容忍的限度。此时，也必须要求该移动台所属的基站将发给它的信号功率提高。

- 当某个移动台所处位置具有良好的信号传输特性时，信号的传输损耗下降，在保持一定通信质量的条件下，该移动台所属的基站就可以降低发给它的信号功率。由于基站的总发射功率有限，这样就可以增加前向链路容量，也可以减少对小区内和小区外其他用户的干扰。

与反向功率控制相类似，前向功率控制也采用前向闭环功率控制和前向外环功率控制方式。在 1x 系统中，还引入了前向快速功率控制概念。

1）前向闭环功率控制

闭环功率控制把前向业务信道接收信号的 E_b/N_t（E_b 是平均比特能量；N_t 指的是总的噪声，包括白噪声、来自其他小区的干扰）与相应的外环功率控制设置值相比较，来判定在反向功率控制子信道上发送给基站的功率控制比特的值。

2）前向外环功率控制

前向外环功率控制实现点在移动台，基站需要做的工作就是把外环控制的门限值在寻呼消息中发给移动台，其中包括 FCH 和 SCH 的外环上下限和初始门限。

外环功率控制根据指配的前向业务信道要达到的目标误帧率（FER）所需的 E_b/N_t 来估算门限设置值。该设置值或者通过闭环间接通知基站进行功率控制，或者在前向业务信道没有闭环的情况下通过消息通知基站根据设置值的差异来控制发射功率水平。

3）前向快速功率控制

在前向外环功率控制"使能"的情况下，前向外环功率控制和前向闭环功率控制共同起作用，达到前向快速功率控制的目标。其原理图如图 5 - 1 - 2 所示。

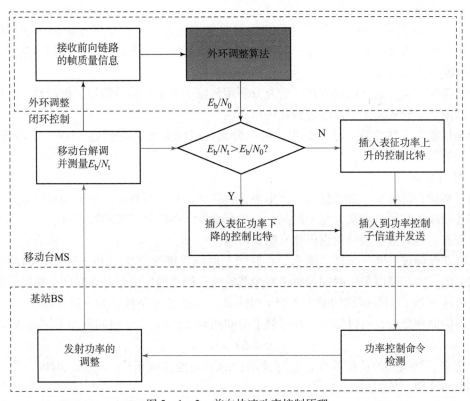

图 5 - 1 - 2　前向快速功率控制原理

前向快速功率控制虽然发生作用的点是在基站侧，但是进行功率控制的外环参数和功率控制比特都是移动台检测前向链路的信号质量得出输出结果，并把最后的结果通过反向导频信道上的功率控制子信道传给基站。

在 RC3～RC6 的反向信道中增加了反向导频信道,前向快速功率控制的基石也在这里;因为实现前向快速功率控制的功控比特是由反向导频上的反向功控子信道发送给基站的。

3. 小区呼吸功率控制

小区呼吸是 CDMA 系统的一个很重要的功能,它主要用于调节系统中各小区的负载。

前向链路边界是指两个基站之间的一个物理位置,当移动台处于该位置时,其接收机无论接收哪个基站的信号都有相同的性能;反向链路切换边界是指移动台处于该位置,两个基站的接收机相对于该移动台有相同的性能。

基站小区呼吸控制是为了保持前向链路切换边界与反向链路切换边界"重合",以使系统容量达到最大,并避免切换发生问题。

小区呼吸算法是根据基站反向接收功率与前向导频发射功率之和为一常数的事实来进行控制的。具体手段是通过调整导频信号功率占基站总发射功率的比例,达到控制小区覆盖面积的目的。

小区呼吸算法涉及初始状态调整、反向链路监视、前向导频功率增益调整等具体技术。

5.1.2 分集接收

在频带较窄的调制系统中,如果采用模拟的 FM 调制的第一代蜂窝电话系统,多径的存在导致严重的衰落。

在 CDMA 调制系统中,不同的路径可以各自独立接收,从而显著地降低多径衰落的严重性。但多径衰落并没有完全消除,因为有时仍会出现解调器无法独立处理的多路径,这种情况导致某些衰落现象。

分集接收是减少衰落的好方法。它充分利用传输中的多径信号能量,把时域、空域、频域中分散的能量收集起来,以改善传输的可靠性。

分集接收有三种类型:时间分集、频率分集、空间分集,它们在 CDMA 中都有应用。下面分别进行介绍。

1. 时间分集

由于移动台的运动,接收信号会产生多普勒频移,在多径环境,这种频移形成多普勒频展。多普勒频展的倒数定义为相干时间,信号衰落发生在传输波形的特定时间上,称为时间选择性衰落。它对数字信号的误码性有明显影响。

若对其振幅进行顺序采样,那么,在时间上间隔足够远(大于相干时间)的两个样点是不相关的,因此可以采用时间分集来减少其影响。即将给定的信号在时间上相隔一定的间隔重复传输 N 次,只要时间间隔大于相干时间就可以得到 N 条独立的分集支路。

从通信原理分析,可以知道,在时域上时间间隔 Δt 应该大于时间域相关区间 ΔT,即

$$\Delta t \geqslant \Delta T = 1/B$$

其中 B 为多普勒频移的扩散区间,它与移动台的运动速度成正比。可见,时间分集对处于静止状态的移动台是无用的。

时间分集与空间分集相比,其优点是减少了接收天线数目,缺点是要占用更多的时隙资源,从而降低了传输效率。

2. 频率分集

该技术是将待发送的信息,分别调制在不同的载波上发送到信道。由于衰落具有频率选

择性,当两个频率间隔大于相关带宽,它们受到的衰落是不相关的。也就是只要载波之间的间隔足够大,即载波间隔 Δf 大于频率相关带宽,即

$$\Delta f \geqslant \Delta F = 1/L$$

其中 L 为接收信号时延功率谱的带宽。市区与郊区的相关带宽一般分别为 50 kHz 和 250 kHz 左右,而 CDMA 系统的信号带宽为 1.23 MHz,所以可以实现频率分集。

例如,在城市中,800~900 MHz 频段,典型的时延扩散值为 5 μs,这时有

$$\Delta f \geqslant \Delta F = 1/L = 1/(5 \ \mu s) = 200 \text{ kHz}$$

即要求频率分集的载波间隔要大于 200 kHz。

频率分集与空间分集相比,其优点是少了接收天线与相应设备数目;缺点是占用更多的频谱资源,并且在发送端有可能需要采用多部发射机。

3. 空间分集

在基站间隔一定距离设定几副天线,独立地接收、发射信号,可以保证每个信号之间的衰落独立,采用选择性合并技术从中选出信号的一个输出,减少衰落的影响。这是利用不同地点(空间)收到的信号衰落的独立性,实现抗衰落。

空间分集的基本结构为:发射端一副天线发送,接收端 N 部天线接收。

接收天线之间的距离为 d,根据通信原理,d 即为相关区间 ΔR,它应该满足

$$d = \Delta R \geqslant \lambda/\varphi$$

其中,λ 为波长,φ 为天线扩散角。在城市中,扩散角度一般为 $\varphi = 20°$,则有

$$d \geqslant 360°/20° \times 1/(2\pi) \times \lambda = 9\lambda/\pi \approx 2.86\lambda$$

分集天线数 N 越大,分集效果越好。但是不分集差异与分集差异较大,称为质变。分集增益正比于分集的数量 N,其改善是有限的,且改善程度随分集数量 N 的增加而逐步减少,称为量变。工程上要在性能与复杂性方面做一个折中,一般取 $N = 2 \sim 4$。

空间分集还有两类变化形式:

(1) 极化分集。它利用在同一地点两个极化方向相互正交的天线发出的信号,可以呈现出不相关的衰落特性,以获得分集效果。即在收发端天线上安装水平与垂直极化天线,就可以把得到的两路衰落特性不相关的信号进行极化分集。其优点是:结构紧凑、节省空间;缺点是:由于发射功率要分配到两副天线上,因此有 3 dB 损失。

(2) 角度分集。它利用地形、地貌和建筑物等接收环境的不同,到达接收端的不同路径信号不相关的特性,以获得分集效果。这样在接收端可采用方向性天线,分别指向不同的方向。而每个方向性天线接收到的多径信号是不相关的。

空间分集中,由于接收端有 N 副天线,若 N 副天线尺寸、增益相同,则空间分集除了可获得抗衰落的分集增益以外,还可以获得每副天线 3 dB 的设备增益。

5.1.3 RAKE 接收机

如图 5-1-3 所示,RAKE 接收机的基本原理是利用了空间分集技术。发射机发出的扩频信号,在传输过程中受到不同建筑物、山冈等各种障碍物的反射和折射,到达接收机时每个波束具有不同的延迟,形成多径信号。如果不同路径信号的延迟超过一个伪码的码片时延,则在接收端可将不同的波束区别开来。将这些不同波束分别经过不同的延迟线,对齐以及合并在一起,则可达到变害为利,把原来是干扰的信号变成有用信号组合在一起。

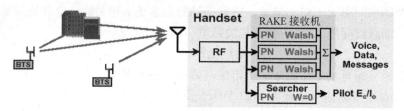

图 5-1-3　RAKE 接收机原理示意图

5.1.4　软切换

软切换是 CDMA 移动通信系统所特有的。其基本原理如下：当移动台处于同一个 BSC 控制下的相邻 BTS 之间区域时，移动台在维持与源 BTS 无线连接的同时，又与目标 BTS 建立无线连接，之后再释放与源 BTS 的无线连接。发生在同一个 BSC 控制下的同一个 BTS 间的不同扇区间的软切换又称为更软切换。

软切换有以下几种切换方式：

- 同一 BTS 内不同扇区相同载频之间的切换，也就是通常说的更软切换（Softer Handoff）。
- 同一 BSC 内不同 BTS 之间相同载频的切换。
- 同一 MSC 内，不同 BSC 之间相同载频的切换。

所谓软切换就是当移动台需要跟一个新的基站通信时，并不先中断与原基站的联系。

软切换只能在相同频率的 CDMA 信道间进行。它在两个基站覆盖区的交界处起到了业务信道的分集作用，这样可大大减少由于切换造成的掉话。因为据以往对模拟系统 TDMA 的测试统计，无线信道上 90% 的掉话是在切换过程中发生的。实现软切换以后，切换引起掉话的概率大大降低，保证了通信的可靠性。

软切换示意图如图 5-1-4 所示。

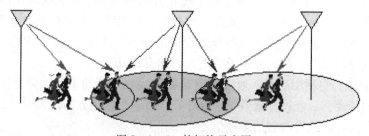

图 5-1-4　软切换示意图

在讲述软切换的流程之前，先介绍几个概念：导频集、搜索窗及切换参数等。

1. 导频集

与待机切换类似，切换中也有导频集的概念，终端将所有需要检测的导频信号根据导频 PN 序列的偏置归为以下 4 类：

（1）有效集：当前前向业务信道对应的导频集合。

（2）候选集：不在有效集中，但终端检测到其强度足以供业务正常使用的导频集合。

（3）邻区集：由基站的邻区列表消息所指定的导频的集合。

（4）剩余集：未列入以上三种集合的所有导频的集合。

在搜索导频时，终端按照有效集以及候选集、邻区集和剩余集的顺序测量导频信号的强度。假设有效集以及候选集中有 PN1、PN2 和 PN3，邻区集中有 PN11、PN12、PN13 和 PN14，剩余集中有 PN′、……，则终端测量导频信号的顺序如下：

PN1、PN2、PN3、PN11；
PN1、PN2、PN3、PN12；
PN1、PN2、PN3、PN13；
PN1、PN2、PN3、PN14、PN′；
PN1、PN2、PN3、PN11；
PN1、PN2、PN3、PN12、……

可见剩余集中的导频被搜索的机会远远小于有效集以及候选集中的导频。

2. 搜索窗

除了导频的搜索次数外，搜索范围也是搜索导频时需要考虑的因素。终端在与基站通信时存在时延。如图 5-1-5 所示，终端与基站 1 有 t_1 的信号延时，与基站 2 有 t_2 的信号延时。

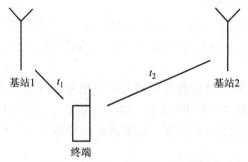

图 5-1-5　基站之间的延时差别

假定终端与基站 1 同步，如果终端与基站 1 的距离小于与基站 2 的距离，必然 $t_1 < t_2$。对终端而言，基站 2 的导频信号会比终端参考时间滞后 $t_2 - t_1$ 出现；而如果终端与基站 1 的距离大于与基站 2 的距离，必然 $t_1 > t_2$，对终端而言，基站 2 的导频信号会比终端参考时间提前 $t_1 - t_2$ 出现。

因此在检测导频强度时，终端必须在一个范围内搜索才不会漏掉各个集合中的导频信号。终端使用了搜索窗口来捕获导频，也就是对于某个导频序列偏置，终端会提前和滞后一段码片时间来搜索导频。

如图 5-1-6 所示，终端将以自身的短码相位为中心，在提前于和滞后于搜索窗口尺寸一半的短码范围内进行导频信号的搜索。

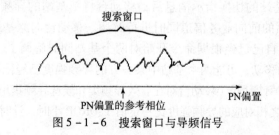

图 5-1-6　搜索窗口与导频信号

搜索窗口的尺寸越大，搜索的速度就越慢；但是搜索窗口的尺寸过小，会导致延时差别大的导频不能被搜索到。对于每种导频集，基站定义了各自的搜索窗口的尺寸供终端使用。

- SRCH_WIN_A：有效集和候选集导频信号搜索窗口的尺寸。
- SRCH_WIN_N：邻区集导频信号搜索窗口的尺寸。
- SRCH_WIN_R：剩余集导频信号搜索窗口的尺寸。

SRCH_WIN_A 尺寸应该根据预测的传播环境进行设定，该尺寸要足够大，大到能捕获目标基站的所有导频信号的多径部分，同时又应该足够小，从而使搜索窗的性能最佳化。

SRCH_WIN_N 尺寸通常设得比 SRCH_WIN_A 尺寸大，其大小可参照当前基站和邻区基站的物理距离来设定，一般要超过最大信号延时的 2 倍。

SRCH_WIN_R 尺寸一般设得和 SRCH_WIN_N 一样大。如果不需要使用剩余集，可以把 SRCH_WIN_R 设得很小。

3. 切换参数

（1）T_ADD：基站将此值设置为移动台对导频信号监测的门限。当移动台发现邻区集或剩余集中某个基站的导频信号强度超过 T_ADD 时，移动台发送一个导频强度测量消息（PSMM），并将该导频转向候选集。

（2）T_DROP：基站将此值设置为移动台对导频信号下降监测的门限。当移动台发现有效集或候选集中的某个基站的导频信号强度小于 T_DROP 时，就启动该基站对应的切换去掉计时器。

（3）T_TDROP：基站将此值设置为移动台导频信号下降监测定时器的预置定时值。如果有效集中的导频强度降到 T_DROP 以下，移动台启动 T_TDROP 计时器；如果计时器超时，这个导频将从有效集退回到邻区集。如果超时前导频强度又回到 T_DROP 以上，则计时器自动被删除。

（4）T_COMP：基站将此值设置为有效集与候选集导频信号强度的比较门限。当移动台发现候选集中某个基站的导频信号的强度超过了当前有效集中基站导频信号的强度 T_COMP×0.5 dB 时，就向基站发送导频强度测量消息（PSMM），并开始切换。

移动台进行软切换的流程如图 5-1-7 所示。软切换流程详细说明如下：

（1）在进行软切换时，移动台首先搜索所有的导频信号，并测量它们的强度。当该导频强度大于一个特定值 T_ADD 时，移动台认为此导频的强度已经足够大，能够对其进行正确解调，但尚未与该导频对应的基站相联系时，它就向原基站发送一条导频强度测量消息（PSMM），以通知原基站这种情况，并且将导频集纳入候选集。

（2）原基站将移动报告送往移动交换中心，移动交换中心让新的基站安排一个前向业务信道给移动台，并且原基站发送一条切换指示消息（HDM）指示移动台开始切换。

（3）当收到来自基站的切换指示消息后，移动台将新基站的导频从候选集纳入有效集，开始对新基站和原基站的前向业务信道同时进行解调。移动台向原基站发送一条切换完成消息（HCM），通知基站自己已经根据命令开始对两个基站同时解调了。

（4）随着移动台的移动，可能两个基站中某一方的导频强度已经低于某一特定值 T_DROP，这时移动台启动切换去掉计时器（移动台对在有效导频集和候选导频集里的每一个导频都有一个切换去掉计时器，当与之相对应的导频强度比特定值 T_DROP 小时，计时器启动）。

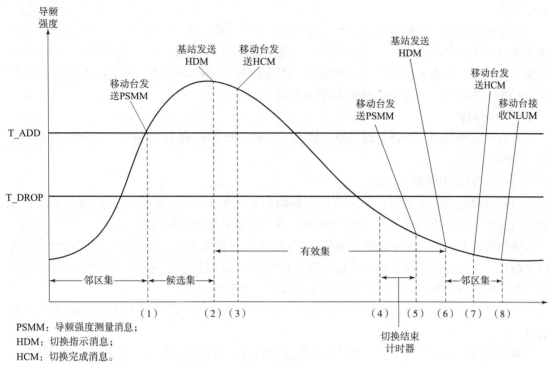

图 5-1-7 IS-95 软切换流程图

（5）当该切换去掉计时器 T_TDROP 期满时（在此期间，其导频强度应始终低于 T_DROP），移动台向基站发送导频强度测量消息（PSMM）。

（6）基站接收到导频强度测量消息后，将此信息送至 MSC（移动交换中心），MSC 再返回相应切换指示消息（HDM）给基站，基站发切换指示消息给移动台。

（7）移动台将切换去掉计时器到期的导频从有效集移到邻区集。此时移动台只与目前有效导频集内的导频所代表的基站保持通信，同时会发一条切换完成消息（HCM）告诉基站，表示切换已经完成。

（8）移动台接收一个不包括导频的 NLUM。导频进入剩余集。

4. 更软切换

更软切换是由基站完成的，并不通知 MSC。对于同一移动台，不同扇区天线的接收信号对基站来说就相当于不同的多径分量，并被合成一个语音帧送至选择器（Selector），作为此基站的语音帧。而软切换是由 MSC 完成的，将来自不同基站的信号都送至选择器，由选择器选择最好的一路，再进行语音编解码。

由于更软切换的流程包含在上面的软切换流程里面，这里就不再进一步分析。

上面主要介绍了切换的类型以及软切换实现过程和更软切换的概念，在实现系统运行时，这些切换是组合出现的，可能同时既有软切换，又有更软切换和硬切换。

例如，一个移动台处于一个基站的两个扇区和另一个基站交界的区域内，这时将发生软切换和更软切换。若处于三个基站交界处，又会发生三方软切换。

两种软切换都是基于具有相同载频的各方容量有余的条件下，若其中某一相邻基站的相同载频已经达到满负荷，MSC 就会让基站指示移动台切换到相邻基站的另一载频上，这就是硬切换。

在三方切换时，只要另两方中有一方的容量有余，都优先进行软切换。也就是说，只有在无法进行软切换时才考虑使用硬切换。当然，若相邻基站恰巧处于不同 MSC，这时即使是同一载频，在目前也只能是进行硬切换，因为此时要更换声码器。如果以后 BSC 间使用了 IPI 接口和 ATM，才能实现 MSC 间的软切换。

5. 空闲切换

另外需要提到的一个概念就是空闲切换。在 IS-95 系统和 1x 系统中，空闲切换的时机及工作原理不同。

1）IS-95A 中的空闲切换

当移动台在空闲状态下，从一个小区移动到另一个小区时，必须切换到新的寻呼信道上，当新的导频比当前服务导频高 3 dB 时，移动台自动进行空闲切换。

导频信道通过相对于零偏置导频信号 PN 序列的偏置来识别。导频信号偏置可分成几组用于描述其状态，这些状态与导频信号搜索有关。在空闲状态下，存在三种导频集合：有效集、邻区集和剩余集。每个导频信号偏置仅属于一组中的一个。

移动台在空闲状态下监视寻呼信道时，它在当前 CDMA 频率指配中搜索最强的导频信号。

如果移动台确定邻区集或剩余集的导频强度远大于有效集的导频，那么进行空闲切换。

移动台在完成空闲切换时，将工作在非分时隙模式，直到移动台在新的寻呼信道上收到至少一条有效的消息。在收到消息后，移动台可以恢复分时隙模式操作。

在完成空闲切换之后，移动台将放弃所有在原寻呼信道上收到的未处理的消息。

2）CDMA2000 1x 中的空闲切换

CDMA2000 1x 系统使用 E_c 门限值和 E_c/I_o 门限值控制 MS 的空闲切换。当 MS 发现比当前使用导频强的导频时，MS 并不一定完成一个空闲切换，而是要求同时满足当前使用导频的 $E_c < E_c$ 门限值才完成一个空闲切换。同样，当 MS 发现比当前使用导频强的导频时，MS 并不一定完成一个空闲切换，而是要求同时满足当前使用导频的 $E_c/I_o < E_c/I_o$ 门限值才完成一个空闲切换。

也就是说只有当 $E_c < E_c$ 门限值和 $E_c/I_o < E_c/I_o$ 门限值时才进行空闲切换。

在 IS-95A 中，接入过程中不允许有空闲切换，在 IS-95B 及 CDMA2000 中，接入过程可以有空闲切换。

5.2 CDMA 系统的优点

与 FDMA 和 TDMA 相比，CDMA 具有许多独特的优点。其中一部分是扩频通信系统所固有的，另一部分则是由软切换和功率控制等技术所带来的。

CDMA 系统由扩频、多址接入、蜂窝组网和频率复用等几种技术结合而成，含有频域、时域和码域三维信号处理的一种协作，因此与其他系统相比有非常大的优势。具体可以从以下一些方面体现出来。

1. 独特频率复用

如图 5-2-1 所示。在 CDMA 系统中，所有小区的频率是相同的，所以其频率复用系数是 1。在 GSM 系统中，由于小区有频率干扰的问题，所以至少相邻小区的频率不同，所以频率复用系数为 1/3。

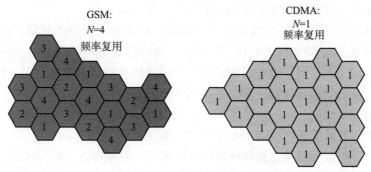

图 5-2-1　CDMA 和 GSM 系统中的频率复用

表 5-2-1 对 GSM 和 CDMA 在频率使用上面做了一个比较。

表 5-2-1　GSM 和 CDMA 在频率使用方面的比较

参数	CDMA	GSM
载频带宽	1.25 MHz	0.20 MHz
载频数	3	251
频率复用	1/1	3/9
有效载频	3/1 = 3	25/3 = 8.3
语音呼叫/载频	25 至 40 +	7.252
语音呼叫/小区	75 至 120 +	7.25 × 8.3 = 60.2
扇区/小区	3	3
语音呼叫/扇区	75 至 120 +	60.2/3 = 20.0
Erlang/扇区 3	64 至 107E	13.2

2. 覆盖范围广

覆盖半径是标准 GSM 的 2 倍。这是由于 CDMA 采用的是码分技术，其抗衰减的能力较 GSM 强，从而覆盖半径大。例如当覆盖 1 000 km^2 时，GSM 需要 200 个基站，而 CDMA 只需 50 个基站。在相同覆盖条件下，由于基站数量大为减少，投资将明显减小。

3. 容量大

CDMA 网络是一个自干扰系统，用户使用的频率相同，依靠信道编码来区分用户。一个用户的信号是其他用户的干扰源。同样，其他用户的信号也是本用户的干扰源。用户增加不会出现打不了电话的现象，只会使网上其他用户质量稍有降低。网络容量取决于忍受的干扰限度。

在系统中采取了功率控制技术,从而系统的功率很小。CDMA的功率控制技术可使传输信号所携带的能量被控制在为保持良好通话质量所需的最低水平上。较小的功率意味着更少的能量损耗,从而具有更小的干扰,使得有更大的通话容量。如果每个基站可以提供更大的通话容量就意味着只需部署较少的基站便能完成一定的话务量。

由于CDMA系统采用了扩频通信技术,CDMA系统能以较少的频谱资源和电力资源提供较大的系统容量。与GSM网络相比,CDMA网络的容量要大4~6倍,有利于减少成本。

在通话者不说话时,可变速语音编码器可减少通话进程对信道的占用,使得信道可以被更有效地利用,从而间接地提高了整个系统的通话容量。

4. 语音质量好

CDMA系统的通话质量好于AMPS或TDMA系统。

CDMA系统声码器可以动态地调整数据传输速率,并根据适当的门限值选择不同的电平级发射。同时门限值根据背景噪声的改变而变化,这样即使在背景噪声较大的情况下,也可以得到较好的通话质量。

TDMA的信道结构最多只能支持4 kbit的语音编码器,它不能支持8 kbit以上的语音编码器。CDMA系统采用高质量的语音编码器——QCELP语音编码,大大抑制了B(带宽)噪声,加上系统优越的通信质量,使得语音更清晰。具有语音清晰、背景噪声小等优势,其性能明显优于其他无线移动通信系统,语音质量可以与有线电话媲美。

当用户在不同的蜂窝站点之间移动时,TDMA采用一种硬切换的方式,用户可以明显地感觉到通话的间断。在用户密集、基站密集的城市中,这种间断就尤为明显。因为在这样的地区每分钟会发生2~4次切换的情形。CDMA系统由于运用了独特的软切换技术,当用户从一个基站转向另一个基站时,用户不会中断与原来基站之间的通信,直至切换到新的基站上。即在切换时用户同时与两个基站联络,增强了小区边缘的信号强度,防止通话变轻或质量恶化,大大降低了掉话的可能性,保证了长时间在移动中的通话质量。软切换可以使通话者从相邻的3~5个蜂窝站点接收到信号,在将收到的信号合并后不仅可以消除移交时通话间断的情况,还可以全面提高信号的质量(通过始终从收到的3~5个信号中选择最好的信号)。

CDMA系统采用宽带载频传输及先进的功率控制技术,克服了信号路径衰落,避免了信号时有时无现象。同时还使用了强纠错信道编码,使得用户在时速高达200 km的汽车上一样能够稳定通话。

5. 保密性好

扩频通信技术是世界上最新的一种无线通信技术,其特性之一就是语音保密性能好。再加上CDMA系统完善的鉴权保密技术,足以保证用户的利益不受到侵犯,用户在通信过程中不易被盗听。

通过宽带频谱传输的信号是很难被侦测到的,就像在一个嘈杂的房间里人们很难听到某人轻微的叹息一样。使用其他技术,信号的能量都被集中在一个狭窄的波段里,这使在其中传输的信号很容易被他人侦测到。

即使偶然的偷听者也很难窃听到CDMA的通话内容,因为和模拟系统不同,一个简单的无线电接收器无法从某个频段全部的射频信号中分离出某路数字通话。

CDMA 采用了伪随机码（PN）作为地址码，加上独特的扰码方式，在防止串话、盗用等方面具有其他网络不可比拟的优点，进一步保证了 CDMA 网通信的保密性。

6. 用户满意度高

由于 CDMA 技术的独特性，对用户来讲，CDMA 具有很多优点，能够给用户提供更高满意度的服务。这可以从以下方面来看：

- 掉话率低，语音质量好。
- 更高的数据传输速率。
- 更多的多媒体服务。
- 手机发射功率低，待机时间更长，手机辐射更小，具有"绿色手机"的美称。

GSM 手机平均发射功率是 125 mW，最大发射功率是 2 W；而 CDMA 手机的平均发射功率是 2 mW，最大发射功率是 200 mW。

7. 经济性

当在比较 CDMA 与其他技术如 AMPS 与 GSM 经济性时，必须仔细地将 CDMA 的一些优点，如细胞涵盖范围与细胞容量，纳入成本因素中。

CDMA 的一个优点是节省能源，CDMA 比 GSM 节省了 2~4 dB 的功率。该值考虑到了发射功率、发射机作用周期（Duty Cycle）与调变、编码等因素。

CDMA 系统的最大路径衰减比 GSM 多出 6~10 dB，所以 CDMA 系统只需较少的基站即可提供与 GSM 系统相同的通话质量。所以，在相同的覆盖条件时，覆盖相同区域，CDMA 只需要较少的基站，大大地节约了运营商的投资成本。

一般来讲，当 CDMA 刚开始提供服务时，由于用户少，相应的基站数目也少，但是由于 CDMA 系统承受路径衰减能力较 GSM 强，所以能提供较大的涵盖区以满足用户的需求。当用户数量增加时，因为 CDMA 系统有很大的系统容量，以基站数目而言，CDMA 系统需要的基站数量少，成本也较低。这对于运营商刚开始运作时，从节约成本上考虑，这一点是非常重要的。

另外还有非常重要的一点就是 CDMA 的兼容性。首先，IS-95 系统可以平滑升级到 1x 系统。不用更改任何硬件，只需升级软件就可以实现升级。其次就是 IS-95 系统可以和 1x 系统共存，具有向后兼容的特点。

思考与练习题

1. 简述 CDMA 的功率控制技术。
2. 软切换有几种？简述其切换流程。
3. 简述 RAKE 接收机的原理。
4. 简述 CDMA 系统的优点。
5. 简述 3G 的主要关键技术有哪些。

第三部分　WCDMA 核心网原理及关键技术

第 6 章

WCDMA网络结构

6.1 WCDMA 网络的演进

WCDMA 网络的规范是按 R99—R4—R5 阶段演进的，演进过程中，核心网基本网络逻辑上的划分没有变化，都分为电路域和分组域，只是到 R5 版本增加了多媒体子系统（IMS）。网元实体的变化主要体现为，R99 的 MSC 到 R4 阶段逻辑上分为 MGW 和 MSC Server，同时增加了传输信令网关（T‐SGW）和漫游信令网关（R‐SGW），到 R5 阶段在 R4 的基础上增加了 IMS。同时，R4 和 R5 阶段增加了相应的接口。

各版本发展的情况：

- R99：标准已完成，已商用。
  功能冻结：1999.12；商用版本：2001.6。
  基于 2.5 G 网络结构，电路域基于传统的 TDM。
- R4：标准已完成，已商用。
  功能冻结：2001.3。
  采用软交换技术，控制与承载（TDM/ATM/IP）分离。
  引入 TD‐SCDMA。
- R5：标准已完成。
  功能冻结：2002.6。
  引入多媒体域（IMS）和无线新技术 HSDPA。

6.1.1 UMTS 系统网络结构

对于 UMTS 网络子系统的划分，从网元功能上将 UMTS 系统分为无线网络子系统和核心网子系统两部分，结构图如图 6-1-1 所示。

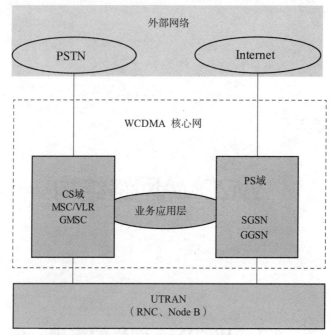

图 6-1-1　UMTS 系统网络结构图

UMTS 网络结构是基于 R99 的，UE、UTRAN 和 CN 构成了完整的 UMTS 网络（UE 在图中未体现），从规范的角度来看，CN 侧网元实体沿用了 GSM/GPRS 的定义，这样可以实现网络的平滑过渡；而无线侧 UTRAN 则基于 WCDMA 技术的 R99 定义，其变化是革命性的。

此外，UMTS 网络的规范是按 R99—R4—R5 阶段演进的，上图是基于 R99 系列规范描述的网络结构，在 R4/R5 阶段的规范制定中，核心网网元的定义接口发生了变化。

6.1.2　UMTS R99 网络基本构成

1. UMTS R99 网络的基本构成

核心网分为电路域（CS）和分组域（PS），电路域基于 GSM Phase2+ 的电路核心网的基础上演进而来，网络单元包括移动业务交换中心（MSC）、访问位置寄存器（VLR）、网关移动业务交换中心（GMSC），分组域基于 GPRS 核心网的基础上演进而来，网络单元包括业务 GPRS 支持节点（SGSN）、网关 GPRS 支持节点（GGSN），归属位置寄存器（HLR）、鉴权中心（AUC）和设备标识寄存器（EIR）为电路域和分组域共用网元。从整个 CN 子系统来看，UMTS R99 核心网与 GSM、GPRS 的核心网之间的差别主要体现在 Iu 接口与 A 接口的差别、CAMEL 的差别以及业务上的差别等。

无线接入网络的网络单元包括无线网络控制中心（RNC）和 WCDMA 的收发信基站（Node B）两部分。无线网络子系统与 GSM、GPRS 相比发生了革命性的变化。

此外核心网 PS 域通过 Gi、Gp 接口接入其他 PLMN 网络或 PDN 网络，CS 域通过 PSTN 接入固定网络或其他 PLMN。

UMTS R99 网络的基本构成如图 6-1-2 所示。

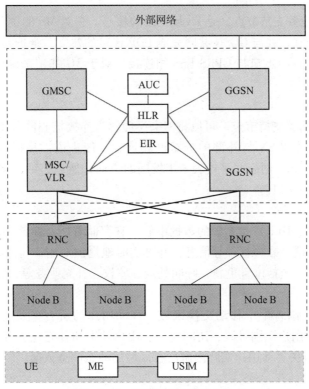

图 6-1-2　UMTS 网络的基本构成

1）核心网子系统（CN）网元实体

（1）MSC。

移动交换中心（MSC）是 CS 域网络的核心，它提供交换功能、负责完成移动用户寻呼接入、信道分配、呼叫接续、话务量控制、计费、基站管理等功能，并提供面向系统其他功能实体和面向固定网（PSTN、ISDN、PDN）的接口功能。作为网络的核心，MSC 与其他网络单元协同工作，完成移动用户位置登记、越区切换和自动漫游、合法性检验及信道转接等功能。

MSC 从 VLR、HLR/AUC 数据库获取处理移动用户的位置登记和呼叫请求所需的数据。反之，MSC 也根据其最新获取的信息请求更新数据库的部分内容。

（2）VLR。

访问位置寄存器（VLR）是服务于其控制区域内的移动用户的，它存储着进入其控制区域内已登记的移动用户的相关信息，为已登记的移动用户提供建立呼叫接续的必要条件。VLR 从该移动用户的归属位置寄存器（HLR）获取并存储必要的数据。一旦移动用户离开该 VLR 的控制区域，则重新在另一个 VLR 登记，原 VLR 将取消临时记录的移动用户数据。因此，VLR 可看作一个动态用户数据库。

（3）GMSC。

网关 MSC（GMSC）是用于连接核心网 CS 域与外部的 PSTN 的实体。通过 GMSC，可以完成 CS 域与 PSTN 的互通。它的主要功能是为 PSTN 与 CS 域的互联提供物理连接，并且在固定用户呼叫移动用户时具有向 HLR 要漫游号码的功能。

(4) SGSN。

SGSN 是 GPRS 业务支持节点，是 PS 域网络的核心。它对 MS 的位置进行跟踪，完成安全鉴权功能与接入控制，并与 GGSN 共同完成 PDP 连接的建立、维护与删除工作。对于 2G 基站来说，SGSN 是通过 Gb 口与 GPRS BSS 相连接，对于 3G 基站来说，SGSN 是通过 Iu 接口与 3G RNS 相连接。

(5) GGSN。

GGSN 是 GPRS 网关支持节点。可以将 GGSN 理解为连接核心网分组域与外部网络的网关。核心网 PS 域通过 GGSN 与外部的分组网相连，一般来说，是指 X.25 网络或 Internet (TCP/IP) 网，由于 X.25 网络并不代表未来发展的方向，所以，绝大多数核心网分组域只提供与 Internet 网络的接口。

(6) HLR。

归属位置寄存器（HLR）是系统的数据中心，它存储着所有在该 HLR 签约的移动用户的位置信息、业务数据、账户管理等信息，并可实时地提供对用户位置信息的查询和修改，及实现各类业务操作，包括位置更新、呼叫处理、鉴权、补充业务等，完成移动通信网中用户移动性管理。

一个 HLR 能够控制若干个移动交换区域，移动用户的所有重要的静态数据都存储在 HLR 中，这包括移动用户识别号码、访问能力、用户类别和补充业务等数据；另外 HLR 还存储且为 MSC 提供有关移动用户实际漫游所在区域的动态信息数据。

(7) AUC。

鉴权中心（AUC）用于系统的安全性管理，AUC 存储着鉴权信息和加密密钥，用来防止无权用户接入系统和保证通过无线接口的移动用户通信的安全。

(8) EIR。

移动设备识别寄存器（EIR）存储着移动设备的国际移动设备识别码（IMEI），通过核查白色清单、黑色清单或灰色清单这三种表格，在表格中分别列出准许使用的、出现故障需监视的、失窃不准使用的移动设备的 IMEI 号码，使得运营部门对于不管是失窃还是由于技术故障或误操作而危及网络正常运行的 UE 设备，都能采取及时的防范措施，以确保网络内所使用的移动设备的唯一性和安全性。

2）无线网络子系统（RNS）网元实体

RNS（无线网络子系统）一方面通过无线接口（Uu）直接与移动台相接，负责无线信号的发送接收和无线资源管理。另一方面，RNS 与 MSC、SGSN 相连，实现移动用户之间或移动用户与固定网用户之间的通信连接，传送系统信号和用户信息等。RNS 子系统包括 RNC 和 Node B 两部分。

(1) RNC。

RNC 是 RNS 的控制部分，主要负责各种接口的管理，承担无线资源和无线参数的管理。它主要与 MSC 和 SGSN 以 Iu 口相连，UE 和 UTRAN 之间的协议在此终结。

UE 移动台是用户设备，它可以为车载型、便携型和手持型。物理设备与移动用户可以是完全独立的，与用户有关的全部信息都存储在智能卡 SIM 中，该卡可在任何移动台上使用。在 2G 的 MS 中，MS 由 ME 与 SIM 卡组成；在 3G 的 UE 中，UE 由 ME、SIM 以及 USIM 组成。其中，ME 是一个裸的终端，通过它可以完成与基站子系统之间空中接口的交互，

SIM 存储的是 2G 用户的签约数据，USIM 是 3G 用户的签约数据。3G 通过多模 UE，可以使 UE 在 3G 与 2G 网络之间漫游与切换。

UTRAN 是 UMTS 的无线接入网，它是由两个或两个以上的 RNS 组成的无线接入网。

（2）Node B。

Node B 属于 RNS 的无线部分，由 RNC 控制，服务于某个小区的无线收发信设备，完成空中接口与物理层相关的处理（信道编码、交织、速率匹配、扩频等），同时它还完成一些内环功率控制等无线资源管理功能。

2. UMTS R99 网络结构

1）基于 R99 的基本网络结构

R99 是 3GPP 关于第三代网络标准化的第一阶段版本，R99 的协议标准化已于 2001 年 6 月冻结，以后修改在 R4 版本中进行。R99 的基本配置结构如图 6-1-3 所示，为了确保运营商的投资利益，R99 的网络结构设计中充分考虑了 2G/3G 的兼容性问题，以支持现网向 3G 的平滑过渡，因此基本网络结构核心网部分没有变化，为了支持 3G 业务，有些网元增加了相应的接口协议，对原有的接口协议也做了不同程度的改进。

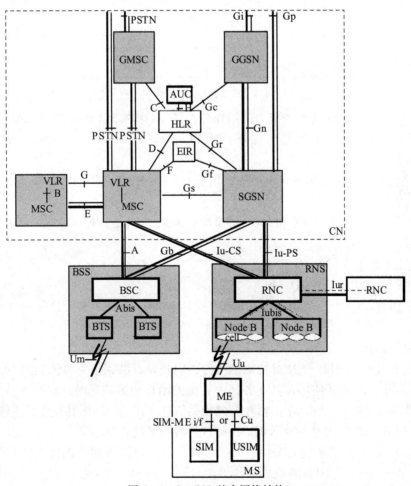

图 6-1-3 R99 基本网络结构

下面具体介绍 UMTS R99 核心网内部的接口。

UMTS R99 网络与 GSM 和 GPRS 网络结构相比，接口以及协议具有一定的继承性，同时由于 WCDMA 技术的采用，空中接口和无线接口发生了革命性的变化。下面仅介绍核心网涉及的主要接口。

（1）电路域接口。

核心网内部的电路域接口，是核心网内部为完成电路交换功能在各个功能实体之间的接口，主要有 B、C、D、E、F、G、H、J 和 K 接口；其中 B、H 接口为内部接口，C、D、E、F、G、K 接口采用基于 No.7 信令方式的 MAP 协议，J 接口采用基于 No.7 信令方式的 CAP 协议。

基于 No.7 信令的接口协议结构如图 6-1-4 所示。

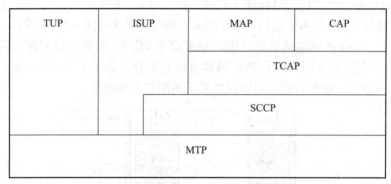

图 6-1-4　基于 No.7 信令的接口协议结构

- TCAP 协议：TCAP（事务能力应用部分，同 TC）在 SCCP 与 MAP/CAP 之间，属于 OSI 中的应用层协议，TCAP 又包含成分子层（Component sublayer）和事务子层（Transaction sub layer）。

- MAP 协议：MAP（移动应用部分）用于 C、D、E、F、G、J、K 等接口，定义了与电路无关的消息。

- TUP 和 ISUP 协议：TUP 和 ISUP 协议用于 MSC 之间及 MSC 与 PSTN 间的电路管理和呼叫接续处理。

TUP 相关规范有 Q.720～Q.729。

ISUP 相关规范有 Q.760～Q.769。

- CAP 协议：CAP（CAMEL 应用部分）用于 MSC 与 GSM SCF 之间的移动智能业务处理。

（2）接口说明。

B 接口：B 接口是 VLR 与 MSC 之间的接口，VLR 是漫游到相关 MSC 区域的用户位置和管理数据库。当 MSC 需要使用在其业务区中驻留的用户相关数据时，MSC 需从 VLR 查询。当移动台做位置更新时，MSC 请求 VLR 存储相关信息。在用户激活补充业务或修改数据时，MSC（通过 VLR）请求 HLR 存储数据。B 接口是内部接口。

C 接口：C 接口是 HLR 与 GMSC 之间的接口，当固定网无法查询移动用户位置，以建立呼叫时，GMSC 必须向 HLR 查询被叫的漫游号码。当 SMS GMSC 转发短消息时，需要向 HLR 查询被叫所在的 MSC 号码。

D 接口：HLR 与 VLR 之间的接口。该接口用来交换用户位置信息及处理信息。为支持移动用户在整个服务区内发起或接收呼叫，HLR 和 VLR 需要进行数据交换。VLR 通知 HLR 用户位置信息并在呼叫时提供用户漫游号码。HLR 向 VLR 发送所需的用户业务数据。交换数据通常发生在用户请求特殊业务、用户或网络上改变用户数据时，该接口为标准协议接口。

E 接口：MSC 之间的接口。当移动台在呼叫过程中从一个 MSC 漫游到另一个 MSC 时，为了继续通信，MSC 会做切换处理，这时 MSC 之间必须交换数据。当短消息从 MS 发送到 SC，该接口用来在用户 MSC 和短消息网关 MSC 之间传递消息，该接口为标准协议接口。

F 接口：MSC 与 EIR 之间的接口。该接口用来在 MSC 和 EIR 之间交换数据，目的是验证移动台 IMEI 的状态，该接口为标准协议接口。

G 接口：VLR 之间的接口，当 MS 从一个 VLR 漫游到另一个 VLR 时，该接口从旧 VLR 传递 IMSI 和鉴权参数到新 VLR，该接口为标准协议接口。

H 接口：HLR 和 AUC 之间的接口。当 HLR 从 MS 接受鉴权请求时，如果 HLR 没有这些信息，将向 AUC 请求这些数据。此接口为内部接口。

（3）分组域接口。

①Gn/Gp 接口。

Gn/Gp 接口为 SGSN 和 GGSN 之间的接口，其中 Gn 接口为同一 PLMN 内的 SGSN 和 GGSN 之间的接口，Gp 接口为不同 PLMN 间 SGSN 和 GGSN 之间的接口。Gn/Gp 接口协议栈相同，如图 6-1-5 所示。其中控制面采用 GTP-C 协议，用户面采用 GTP-U 协议，控制面和用户面的底层协议栈相同。

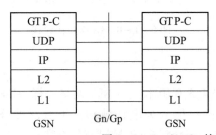
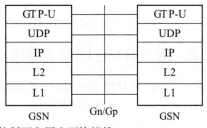

图 6-1-5 Gn/Gp 接口的控制面和用户面协议栈

L1/L2：底层传输网络相关的协议，底层传输网络可以是 ATM、以太网、DDN、ISDN、帧中继等各种传输网络。

UDP/IP：用于骨干网内的路由选择。

GTP-U 协议：用于对所有用户数据进行封装并进行隧道传输。

GTP-C 协议：负责传送路径管理、隧道管理、移动性管理和位置管理等相关信令消息，用于对传送用户数据的隧道进行控制。

②Gr、Gf、Gd 接口。

Gr 接口为 SGSN 和 HLR 之间的接口，Gf 接口为 SGSN 和 EIR 之间的接口，Gd 接口为 SGSN 与 SMS-GMSC/SMS-IWMSC 之间接口，它们的协议平台如图 6-1-6 所示。

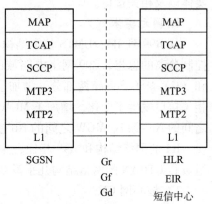

图 6-1-6 Gr/Gf/Gd 接口协议平台

它们之间使用支持 UMTS PS 的 MAP 协议,利用 SS7 进行传送,实现鉴权、登记、移动性管理以及短消息传送等功能。

③Gs 接口。

该接口为 SGSN 和 MSC/VLR 之间的接口,为可选接口,只用于传送信令,协议平台如图 6-1-7 所示。

该接口采用 BSSAP+ 协议实现联合的移动性管理、寻呼等功能,也是利用 SS7 进行传送。

④Gc 接口。

它是 GGSN 与 HLR 之间的接口,使用 MAP 协议,为可选接口,协议平台如图 6-1-8 所示。主要功能是为了完成反向 PDP 连接时,获取 MS 所在的 SGSN 地址,以实现网络启动时的 PDP 上下文激活功能。

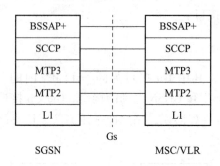

图 6-1-7 Gs 接口协议栈

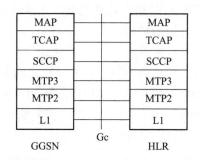

图 6-1-8 Gc 接口协议栈

6.1.3 基于 R4 的 UMTS 网络

本节所介绍的 R4 网络基于 3GPP TS23.002 V4.3.0 版本,与 R99 网络一样,R4 网络基本结构同样分为核心网和无线接入网,在核心网一侧分为电路域和分组域两部分,如图 6-1-9 所示。与 R99 网络相比,主要变化发生在电路域,分组域没有什么变化。

基本网元实体以及接口大部分继承了 R99 网络实体与接口的定义,与 R99 网络定义相同的网络实体从基本功能上来看没有变化,相关协议也是相似的,下面重点介绍变化的网元实体以及相关接口。

1. 网元实体

从 R99 到 R4,UMTS 基本结构在电路域上发生了变化,根据呼叫控制和承载以及承载控制分离的思想,R99 网络电路域的网元实体(G)MSC 在 R4 阶段演化为媒体网关 MGW 和(G)MSC Server 两部分,增加了漫游信令网关 R-SGW 和传输信令网关 T-SGW;同时相关接口发生了变化,增加了 MGW 和 MSC Sever 之间的 Mc 接口、MSC Sever 和 GMSC Sever 之间的 Nc 接口、MGW 之间的 Nb 接口以及 R-SGW 和 HLR 之间的 Mh 接口等。

R4 的网络结构和 R99 相比,主要是核心网电路域的结构发生了很大变化,而核心网分组域和 UTRAN 的网络结构几乎没变。

1)核心网 CN

R4 的核心网主要包括以下网元实体:(G)MSC Server/VLR、CS-MGW、T-SGW、R-SGW、SGSN、GGSN、HLR/AUC、EIR 等。

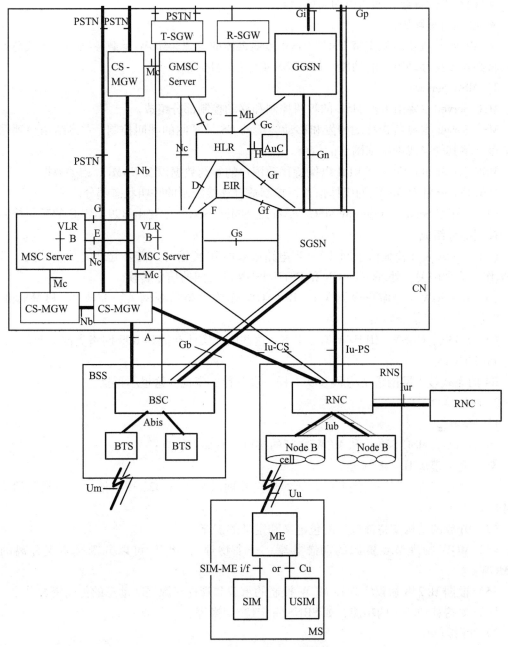

图 6-1-9 R4 基本网络结构

2) 媒体网关 MGW（Media Gateway）

针对一个定义的网络来说，MGW 可以认为是 PSTN/PLMN 传输的终止点，包含断点承载和媒体处理设备（如码转换器、回声抑制单元等）。

MGW 可以终结从一个电路交换网络和分组网络（如 IP 网中的 RTP 流等）的承载信道。在 Iu 接口上，MGW 可以支持媒体转化、承载控制和有效载荷处理。

MGW 支持的功能有：
- 针对实现资源控制与 MSC Sever 和 GMSC Sever 交互；

- 拥有处理资源，如回声抑制单元等；
- 必须有编解码器；
- MGW 将提供必须支持 UMTS/GSM 传输媒体的资源。MGW 承载控制和有效载荷处理能力将必须支持移动特定的功能，如 SRNS 重定位/切换等。

3）MSC Server

MSC Server 主要由 R99 MSC 的呼叫控制和移动控制部分组成。

MSC Server 主要负责移动始发和移动终接的 CS 域呼叫的呼叫控制。它终结用户到网络的信令并将其转换成网络到网络的信令。

MSC Server 也包含一个 VLR 以保持移动用户的签约数据以及 CAMEL 相关数据。

MSC Server 针对 MGW 的媒体信道，控制适合连接控制的呼叫状态部分。

（1）GMSC Server（Gateway MSC Server）：GMSC Server 主要由 R99 GMSC 的呼叫控制和移动控制部分组成。

（2）T-SGW（传输信令网关）：当电路域采用 IP 传输时，需要处理的是 IP 信令。T-SGW 作为信令网关，处理 3G-CN 和 PSTN/ISDN 网之间的信令转换。

（3）R-SGW（漫游信令网关）：R-SGW 作为漫游信令网关，完成 2G PLMN 和 3G PLMN 之间的漫游信令转换。

（4）SGSN、GGSN、HLR/AUC、EIR：这些网元实体功能和 R99 网络类似，变化不大。

4）UTRAN

R4 的无线接入网网络结构和 R99 一样，没有什么变化，这里不再描述。

2. 网络接口

1）Mc 接口

Mc 为（G）MSC Server 和 MGW 之间的接口，有如下特点：

（1）完全遵从 H.248 标准。

（2）存在支持不同呼叫模型的灵活的连接处理以及使 H.323 用户使用不受限制的不同媒体的处理。

（3）开放的结构支持该接口的包定义和定义的扩充。

（4）MGW 物理节点资源的动态共享，一个物理的 MGW 可以分割成多个分离的逻辑 MGW。

（5）根据 H.248 协议实现在 MGW 控制的承载和管理资源之间动态的传输资源共享。

（6）支持移动特定的功能，如 SRNS 重定位/切换等。

2）Nb 接口

Nb 接口为 MGW 之间的接口，该接口上实现承载控制和传输功能。

该接口上的用户数据的传输可以是 RTP/UDP/IP 或 AAL2。

3）Nc 接口

Nc 接口为 MSC Server 和 GMSC Server 之间的接口，在该接口上网络到网络之间的呼叫控制被执行。

该接口可以采用 BICC 协议实现。

3. R4 阶段小结

R4 和 R99 的区别主要在核心网电路域。

- 在 R99 中，电路域的网元包括（G）MSC/VLR；
- 在 R4 中，电路域的网元包括（G）MSC Server、MGW、T-SGW、R-SGW。其中：

（G）MSC Server 和 MGW 都是由（G）MSC/VLR 演变而来，（G）MSC/VLR 的接入、传输与业务处理部分演变为 MGW，（G）MSC/VLR 的信令处理、呼叫控制演变为（G）MSC Server，也就是说在 R4 中，业务流和控制流的处理是互相独立的。

由于 R4 的电路域采用 IP 传输，相应地也增加了 IP 信令网关（T-SGW、R-SGW），由它们完成 R4 核心网和其他网络互通时 IP 信令与其他信令的转换。

6.1.4 基于 R5 的 UMTS 网络

1. 网络结构

R5 阶段的 UMTS 基本网络的结构如图 6-1-10 所示，基本网络的网元实体继承了 R4 的定义，没有变化，不同的是网元功能有所增强。由于增加了 IP 多媒体子系统，基本网络和 IM 多媒体子系统间也增加了相应的接口。

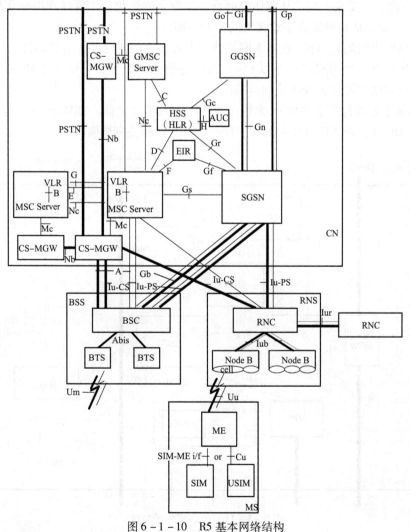

图 6-1-10 R5 基本网络结构

从图 6-1-10 的基本网络图来看，可以看出到 R5 阶段，要求 BSC 提供 Iu-CS 接口和 Iu-PS 接口。这是 R5 网络和 R4 以及 R99 网络的一个主要不同。另外，到 R5 阶段，增加了 HSS 实体替代 HLR，HSS 实体在功能上比 HLR 强，支持 IP 多媒体子系统。

增加的接口：

(1) BSS 和 CN 之间的 Iu-CS 接口。该接口的定义参照 UMTS 的 25.41x 系列规范定制。该接口用于传送 BSS 管理、呼叫处理、移动性管理相关信息，接口功能与 RNS 与 CN 之间的接口 Iu-CS 完全相同。

(2) BSS 和 CN 之间的 Iu-PS 接口。该接口的定义参照 UMTS 的 25.41x 系列规范定制。该接口用于进行包数据传输、传送移动性管理相关信息，接口功能与 RNS 与 CN 之间的接口 Iu-PS 完全相同。

2. 网元实体

当不需要区分 CS 域实体和 IP 多媒体子系统实体时，MGW 的概念用于 R4 CS 域。当需要区分时，CS-MGW 用来定义 CS 域的媒体网关，IM-MGW 用来定义 IP 多媒体网关。

在 R5 阶段，无线接入网络从实体方面看，没有大的变化。主要体现的变化思想是对无线部分进行 IP 化，从而形成真正意义上的全 IP 网络。

核心网络在 R5 阶段，除了在基本网络结构上有如上的变化外，重要的是引入了 IP 多媒体子系统 IMS 实体。即形成了一个以 CSCF 为核心的 IMS 系统，目的将在 IP 网络上完全实现语音、数据和图像等多种媒体流的传输。

IP 多媒体子系统包含了提供 IP 多媒体业务的所有相关实体，如图 6-1-11 所示，IMS 包括 CSCF、BGCF、MGCF、IM-MGW、HSS、MRF 等相关网络实体。

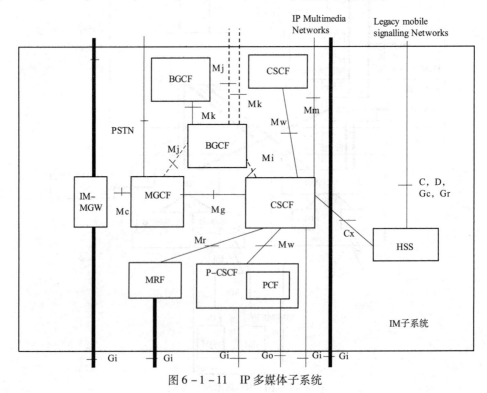

图 6-1-11 IP 多媒体子系统

(1) 呼叫状态控制功能 CSCF（Call State Control Function）：CSCF 可以作为代理 CSCF（P‐CSCF）、服务 CSCF（S‐CSCF）或询问 CSCF（I‐CSCF）使用。P‐CSCF 是 UE 接入 IM 子系统的第一个接触点；S‐CSCF 实际上处理网络会话状态；I‐CSCF 是询问网络的接入点。

(2) 媒体网关控制功能 MGCF（Media Gateway Control Function）：其功能包括 IM‐MGW 内媒体信道的连接控制的呼叫状态的控制部分、与 CSCF 通信、根据路由号码选择 CSCF、在 ISUP 和 IM 子系统呼叫控制协议之间执行协议转换、MGCF 接收到的带外信息可以前转给 CSCF/IM‐MGW 等。

(3) IM‐MGW（IP Multimedia‐Media Gateway Function）：IM‐MGW 可以终结来自电路交换网络的承载信道和来自分组交换网的媒体流。IM‐MGW 可以支持媒体转换、承载控制和有效载荷处理，它可以针对资源控制与 MGCF 交互，可以使用和处理资源（回波补偿设备），可以存在编解码器等。

(4) 多媒体资源功能控制器 MRFC（Multimedia Resource Function Controller）：其功能包括控制 MRFP 内的媒体流资源、来自 AS 和 S‐CSCF 的信息解释和相应的 MRFP 控制、产生 CDR。

(5) 多媒体资源功能处理 MRFP（Multimedia Resource Function Processor）：MRFP 完成 Gi 接口承载控制、通过 MRFC 控制可提供的资源、混合接入媒体流、媒体流资源、媒体流处理等。

(6) BGCF（Breakout Gateway Control Function）：如果 BGCF 选择的中继发生在同一网络，那么 BGCF 选择一个负责与 PSTN 交互的 MGCF。如果中继发生在另外一个网络，BGCF 将前转相关信令给相应网络的一个 BGCF 或一个 MGCF，这由另外一个网络的运营者来配置。BGCF 可以利用从其他协议接收到的信息或利用运营者输入的信息，以选择哪一个网络进行中继。

(7) 归属签约用户服务器 HSS（Home Subscriber Server）：HSS 功能在 HLR 的基础上更加强大、支持更多的接口，可以处理更多的用户信息。HSS 的功能包括 IP 多媒体功能、PS 域必需的 HLR 功能、CS 域必需的 HLR 功能等。

3. 相关接口（参考点）

R5 阶段的网络接口在 R99、R4 基础上增加的重要接口主要是由于引入了 IMS 的概念后，所带来接口上的变化。IP 多媒体子系统提供的相关接口有 Mj、Mk、Mm、Mg、Mc、Mw、Mr、Cx 等。

(1) HSS‐CSCF 参考点（Cx 参考点）：Cx 参考点支持 CSCF 和 HSS 之间的信息传输，请求信息的主要过程如下：

- 服务 CSCF 分配相关过程；
- 从 HSS 到 CSCF 的路由信息恢复相关过程；
- 经由 CSCF 的 UE‐HSS 信息隧道传输相关过程。

(2) CSCF‐UE 参考点（Gm 参考点）：UE 通过该接口与 CSCF 联系。通过该接口实现在 CSCF 登记、呼叫始发与终接、补充业务控制等。Gm 参考点支持 UE 和服务 CSCF 之间的信息传输，包括服务 CSCF 登记相关过程、用户向服务 CSCF 请求业务相关过程、应用/业务的鉴权相关过程、拜访网络中 CSCF 请求 CN 资源的相关过程。

(3) MGCF – IM – MGW 参考点（Mc 参考点）：完全遵从 H.248 标准，制定工作是由 ITU – T G16 工作组完成的，与 IETF MEGACO WG 工作组相关；存在支持不同呼叫模型的灵活连接处理以及使 H.323 用户使用不受限制的不同媒体的处理；开放的结构支持该接口的包定义和定义的扩充；MGW 物理节点资源的动态共享，一个物理的 MGW 可以分割成多个分离的逻辑 MGW；根据 H.248 协议实现在 MGW 控制的承载和管理资源之间动态地传输资源共享；支持移动特定的功能，如 SRNS 重定位/切换等。

(4) MGCF – CSCF 参考点（Mg 参考点）：Mg 参考点基于外部网络定制，如 SIP。

(5) CSCF – 多媒体 IP 网络参考点（Mm 参考点）：这是一个 CSCF 和 IP 网络之间的 IP 接口，该接口用于从另一个 VoIP 呼叫控制服务器或终端接收呼叫请求。

(6) CSCF – MRFC 参考点（Mr 参考点）：该参考点用于 S – CSCF 和 MRFC 的交互，接口协议使用 SIP。

(7) MRFC – MRFP 参考点（Mp 参考点）：通过 Mp 参考点，MRFC 控制 MRF 提供的媒体流资源，该参考点的特征完全遵从 H.248 标准，并是一个开放的接口。

(8) CSCF – CSCF 参考点（Mw 参考点）：询问 CSCF 和服务 CSCF 之间的信息通过该接口。

(9) CSCF – BGCF 参考点（Mi 参考点）：通过该参考点，服务 CSCF 前转会话到 BGCF 以达到与 PSTN 交换的功能。Mi 参考点基于 SIP 协议。

(10) BGCF – MGCF 参考点（Mj 参考点）：该参考点允许 BGCF 前转相关信令到 MGCF 以完成与 PSTN 网络的交互。Mj 参考点基于 SIP 协议。

(11) BGCF – BGCF 参考点（Mk 参考点）：该参考点允许 BGCF 前转相关信令到另外一个 BGCF。Mk 参考点基于 SIP 协议。

4. R5 阶段小结

R5 阶段实际上考虑的是如何在全网上实现 IP，在核心网侧主要的变化是引入了 IMS（IP 多媒体子系统）的概念，而移动多媒体是第三代移动通信一个最主要的特点之一。

6.2 WCDMA 核心网的演进

6.2.1 UMTS R99 向全 IP 的演进

UMTS R99 网络向全 IP 的演进分成两个阶段：R4 和 R5。

R99 网络向 R4 演进时在核心网一侧网络结构发生很大变化，在 UTRAN 一侧网络结构变化不大。由于 R99 的核心网分成两个域：电路域和分组域，分组域本来就是 IP 传输，所以 R4 阶段主要解决的是电路域的 IP 传输问题。基于业务控制和业务实现分离的思想，R99 在向全 IP 演进时，将电路域的网元（G）MSC 分成两个实体：MGW 和（G）MSC Server。MGW 作为媒体接入网关，完成各种业务流的接入、传输和转换；MSC Server 完成业务控制与信令处理，（G）MSC Server 通过 Mc 接口和 MGW 互通，从而实现对各种媒体流的接入、传输及转换的控制。

R5 的网络是一个真正的全 IP 网络，此时无论是核心网还是无线接入网都是基于 IP 传输,各种媒体流都可以采用 IP 传输,在核心网一侧还增加了 IMS(IP 多媒体子系统)等网络实体,由 IMS 完成全 IP 网中的呼叫控制功能等。

6.2.2 各版本分析

3GPP 各个版本与 GSM/GPRS 网络之间的技术发展关系总结于表 6-2-1 中。

表 6-2-1 3GPP 各版本与 GSM/GPRS 网络之间的技术发展关系

系统版本	无线接入网的主要特征	核心网电路域的主要特征	核心网分组域的主要特征
GSM/GPRS	FDD TDMA; 高达 72 kbit/s 到 144 kbit/s 无线数据传输	基于 TDM 的组网	基于 IP,通过 SGSN 和 GGSN 采用 GTP 协议组网
3GPP R99	FDD WCDMA; 高达 144 kbit/s 到 2 Mbit/s 无线数据传输	与 GSM 核心网络基本相同	与 GPRS 核心网络基本相同
3GPP R4	FDD WCDMA 与 3GPP R99 基本相同,仅作细节的增强; 定义了 TD-SCDMA 方式,但 TDD RAN 不对核心网提出额外要求	基于 IP、ATM 或 TDM 承载的、控制与承载相分离的移动软交换网络	与 3GPP R99 核心网络分组域基本相同
3GPP R5	FDD WCDMA 与 3GPP R99 基本相同; 提出了高速下行分组数据接入; 有关要求将进入 3GPP R6 的规范完善	3GPP R5 协议基本不涉及电路域方面的内容; 电路域可以是 R99 的,也可以是 R4 移动软交换的	原分组域增强了 QoS 功能; 在原分组域上叠加 IP 多媒体子系统(IMS); 提供语音、视频和数据相融合的多媒体业务

从表 6-2-1 可见,对于 FDD WCDMA 通信方式来说,3GPP R99 的主要特征集中在 3G 无线接入网,R4 的主要特征集中在 3G 核心网络电路域,R5 的主要特征集中在 3G 核心网络分组域。

在 FDD WCDMA 无线接入网络和 3G 核心网络分组域方面,3GPP R99 与 R4 基本上没有区别。3GPP R99 与 R4 的区别就在于 3G 核心网络电路域是否采用了 IP 承载的移动软交换。

实际上,R99 与 R4 的差别集中体现在 3G 核心网络电路域中基于 TDM 的传统程控交换与移动软交换(可基于 TDM 或 IP 或 ATM 承载)在网络结构上的差别,如图 6-2-1 所示。

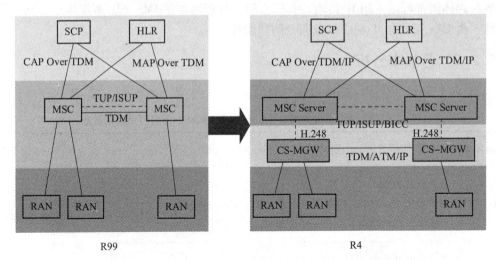

图 6-2-1 R99 与 R4 在核心网络电路域网络结构上的差别

采用 R99 建网，虽然具有 TDM 承载带来的语音质量保证以及 R99 设备、组网技术成熟的主要优势，但在向全 IP 网络演进时仍需建设全新的 IP 设备。采用 R4 组网，核心网电路域由于采用了软交换的思想，实现了控制和承载分离，不仅组网灵活、易于新业务部署，而且节省传输，利于向全 IP 网络过渡。采用 R4 建网，起点更高、更接近未来的网络结构，并且 R4 标准和设备都非常成熟，具备大规模商用网组网能力，同时 R4 IP 网络的运营为 R5 全 IP 网络运营积累经验。鉴于以上的分析，建议核心网电路域建设直接采用 R4 版本，从而为向全 IP 网络的演进、为与固定 NGN 网络的融合打好基础，充分享受到 IP 网络承载所带来的优势。

同时，对于 R4 的组网也有如下的考虑：鉴于电路域采用 IP 承载所带来的 QoS 问题，实行"语音承载采用 IP 网传输，信令网采用 TDM"的传输方式，其中信令网仍然采用 TDM 可以充分保证信令的安全性，而承载语音的 IP 网传输，可以在采用 DIFFSVR 和 INTERSVR 等 QoS 技术的基础上，采用增强带宽的方式来保证语音质量。在向全 IP 网络演进的下一步，在 IP 承载语音的 QoS 问题解决后，再将 TDM 承载的信令网转移到统一的 IP 承载网中，从而向全 IP 的网络迈进。

6.3 WCDMA 与 GSM/GPRS 的比较

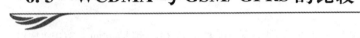

6.3.1 无线接入网和核心网之间的接口比较

1. GSM/GPRS 接口

UMTS R99 规范定义的无线网络和核心网之间的接口有 A 接口、Gb 接口和 Iu 接口，A 接口和 Gb 接口是 BSS 和 CN 之间的接口，继承了 GSM 规范对其的定义；Iu 接口是 RNS 和 CN 之间的接口，该接口是 UMTS R99 定义的接口，和原有的 GSM/GPRS 接口相比发生了革命性的变化。

1) A 接口（见图 6-3-1）

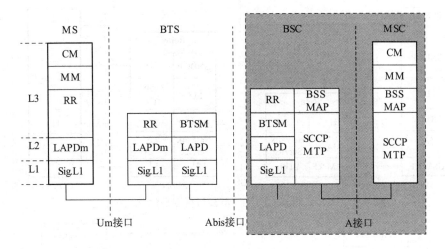

CM：连接管理　　　　　　MM：移动性管理　　　　RR：无线资源管理
BTSM：BTS管理部分　　　 MTP：信息传递部分　　　SCCP：信令连接控制部分
LAPDm：ISDN的Dm数据链路协议　　　BSSMAP：基站子系统移动应用部分

图 6-3-1　A 接口示意图

A 接口继承了 GSM 相关标准协议，用来传送以下信息：
- BSS 管理信息；
- 呼叫处理；
- 移动性管理信息。

A 口协议分四层：物理层、数据链路层、网络层和应用层。

物理层采用 MTP1 协议，相关规范有 Q.702 等；

数据链路层采用 MTP2 协议，相关规范有 Q.703；

网络层采用 MTP3 和 SCCP 协议，MTP3 用信令点（SPC）寻址，SCCP 用全局码（GT）寻址，SCCP 层可以为上一层提供面向连接和非连接业务，相关规范有 Q.704、Q.711 等；

应用层协议包括 BSSAP，BSSAP 又分 BSSMAP（the BSS Management Application Part）和 DTAP（the Direct Transfer Application Part）两个子应用部分，GSM 08.06 中描述了消息是如何分发到这两个子部分的，其中 DTAP 协议用于传递 MS 与 MSC 间的 CC 和 MM 层消息，BSS 对于这类消息不做任何解释，BSSMAP 协议用于在 BSC 与 MSC 间传递所有与呼叫和资源管理相关的、需要解释的消息。

2) Gb 接口

Gb 接口继承了 GPRS 相关协议，从图 6-3-2 和图 6-3-3 可以看出，通过逻辑链路控制协议（LLC）建立 SGSN 与 MS 之间的连接，提供移动性管理和安全管理功能。SGSN 完成 MS 和 SGSN 之间的协议转换，即骨干网使用的 IP 协议转换成 SNDCP 和 LLC 协议，并提供 MS 鉴权和登记功能。它是 GPRS 接口，一般采用帧中继作为 L1 和 L2 接口。

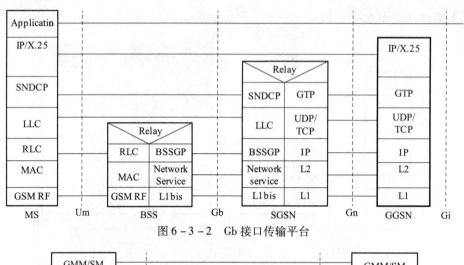

图 6-3-2 Gb 接口传输平台

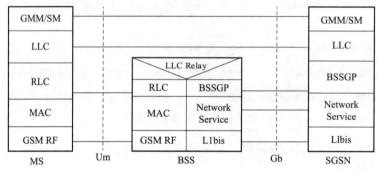

图 6-3-3 Gb 接口信令平台

Gb 接口协议的描述分为信令平台和传输平台，信令平台和传输平台共用 BSSGP 层以下协议，各层协议功能如下：

● L1bis：物理传输层，传输平台与信令平台共有。

● Network Service：网络业务层，该层基于帧中继，用于传送上层的 BSSGP PDU，传输平台与信令平台共有。

● BSSGP：传输平台和信令平台共有，如图 6-3-2 所示，在传输平台上，该协议用于在 BSS 和 SGSN 之间建立一条无连接的链路进行无确认的数据传送；在信令平台上，该协议用于在 BSS 和 SGSN 之间传送与无线相关的 QoS、路由等信息，处理寻呼请求，对数据传输实现流量控制。

● LLC：传输平台协议，在 MS 和 SGSN 之间提供一条高度可靠的加密的逻辑链路用于数据传输。LLC 协议也可同时支持确认和无确认两种模式。LLC 层可支持多种 QoS 延时级别。

● SNDCP：SNDCP 作为网络层与链路层的过渡，将 IP/X.25 用户数据进行分段、压缩等处理后送入 LLC 层进行传输。

● GMM/SM：移动性管理和会话管理相关协议。

3）Iu 接口

（1）Iu 接口概述。

对于任何一个 RNC，它和 CN 之间存在 3 个 Iu 接口：Iu-CS（面向电路交换域）、Iu-

PS（面向分组交换域）、Iu-BC（面向广播域），Iu 的基本结构如图 6-3-4 所示。

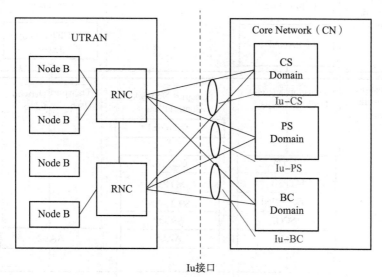

图 6-3-4　Iu 接口的基本结构

对于 CS 域，一个 RNC 至多能连接到一个 CN 接入点上；对于 PS 域，一个 RNC 连接到一个 CN 接入点上；对于 BC 域，一个 RNC 可连接到多个 CN 接入点上。

Iu 接口是一个开放的、标准的接口，可实现多厂商的设备兼容，Iu 接口支持建立、维护和释放无线接入承载的程序，可以完成系统内切换、系统间切换和 SRNS 重定位程序，支持小区广播业务等。Iu 接口功能如下：

① RAB 管理功能。RAB 建立、修改和释放，RAB 特性映射 Iu 传输承载，RAB 特性映射 Uu 承载，RAB 询问、占先和优先级。

② 无线资源管理功能。无线资源的接纳控制，广播信息。

③ 对外部网络的速率适配。

④ Iu 链路管理功能。Iu 信令链路管理、ATM VC 管理、AAL2 建立和释放、AAL5 管理、GTP-U 隧道管理、TCP 管理、缓冲区管理。

⑤ Iu 接口用户平面管理功能。Iu 用户平面帧协议管理、Iu 用户平面帧协议初始化。

⑥ 移动管理功能。位置信息报告、切换和重定位。

⑦ 安全管理功能。数据保密、无线接口加密、密钥管理、用户识别保密、数据完整性、完整性密钥检查。

⑧ 服务和网络接入功能。CN 信令数据、数据量报告、位置报告。

⑨ 协同处理功能。

（2）Iu 接口协议结构。

根据 CN 节点所处的域的不同，Iu 接口协议栈分为面向电路域和面向分组域两种结构，如图 6-3-5 和图 6-3-6 所示，两种结构的协议栈在纵向上都分为控制面和用户面两个平面，在横向上都分为无线网络层和传输网络层两个层次。

在无线网络层，两种协议栈的控制面都是采用 RANAP 协议，用户平面采用的都是 Iu UP 协议。

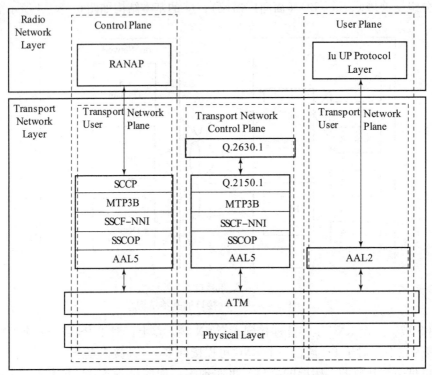

图 6-3-5 面向电路交换域（Iu-CS）接口协议栈

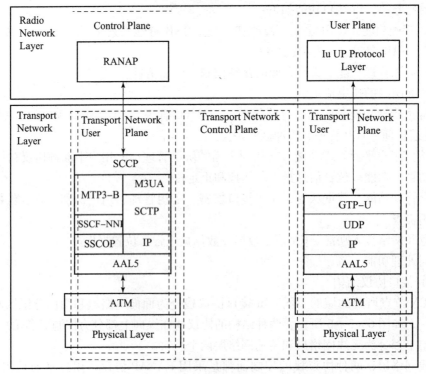

图 6-3-6 面向分组交换域（Iu-PS）接口协议栈

在传输网络层，电路交换域的控制面 ALL5 映射到 ATM 来承载 Q.2630 实现 ALL2 连接的建立与控制，分组交换域由于采用 IP Over ATM 而没有传输网络控制面；对于传输网络层对无线网络层的承载，电路交换域采用的是 AAL2 或 AAL5 映射到 ATM 的形式，分组域采用的 ALL5 承载 IP 的 IP Over ATM 的形式，对于无线网络层控制面的承载也可以采用宽带 7 号信令的方式。

6.3.2 WCDMA 与 GSM 的安全性比较

WCDMA 和 GSM 在安全性方面的最大差别体现在鉴权上。WCDMA 和 GSM 采用不同的鉴权算法和参数，GSM 采用的是鉴权三元组，鉴权参数是 RAND、SRES、Kc；而 WCDMA 采用的是鉴权五元组，鉴权参数是 RAND、XRES、AUTN、CK 和 IK；GSM 实现的是单向鉴权，只能由网络对移动台进行鉴权，而 WCDMA 实现的是双向鉴权；并且 WCDMA 还要在空中接口上对 UE 和网络之间的信令进行完整性保护，保证 UE 和网络之间的信令一致性，这也是 GSM 系统所没有的功能。

1. GSM 鉴权

鉴权是为了保护合法用户，防止假冒合法用户的"入侵"。用户的鉴权需通过系统提供的用户三参数组参与来完成，而用户三参数组是在 AUC 中产生的。每个用户在注册登记时，就被分配一个用户识别码（IMSI）。IMSI 通过 SIM 写卡机写入 SIM 卡中，同时在写卡机中又产生一个对应此 IMSI 的唯一的用户密钥 Ki，它被分别存储在 SIM 卡和 AUC 中。AUC 中还有个伪随机码发生器，为用户产生一个不可预测的伪随机数（RAND）。RAND 和 Ki 经 AUC 的 A8 算法（也叫加密算法）产生一个 Kc，经 A3 算法（鉴权算法）产生一个响应数（SRES）。由 RAND、SRES、Kc 一起组成该用户的一个三参数组，AUC 中每次对每个用户产生若干组三参数组，传送给 HLR，存储在该用户的用户数据库中。

鉴权过程说明：

（1）AUC 收到 HLR 索要鉴权三参数组的请求后，根据用户的 IMSI 号码，在数据表中查找到该用户的 Ki，同时产生若干组随机数 RAND，并计算出相应的响应数 SRES 和 Kc。

（2）将三参数送到 HLR，并存放在 HLR 中。当 VLR 向 HLR 索取时，HLR 一次传送给 VLR 最多 5 组鉴权三参数组。

（3）VLR 发出鉴权操作，传送一个随机数 RAND 给手机。

（4）手机侧根据 Ki 和 RAND，通过同样的 A3 算法得到响应数 SRES。

（5）手机将计算出的响应数 SRES 传送给 VLR。

（6）在 VLR 中，将手机计算出的响应数和 AUC 计算出来的响应数进行比较，如果相同，则说明此用户为合法用户。

鉴权和加密示意图如图 6-3-7 所示。

2. WCDMA 鉴权

鉴权流程有四个作用：

（1）允许网络检验 UE 的标识是否有效。

（2）为 UE 计算 UMTS 加密密钥提供参数。

（3）为 UE 计算 UMTS 完整性密钥提供参数。

（4）允许 UE 鉴权网络。

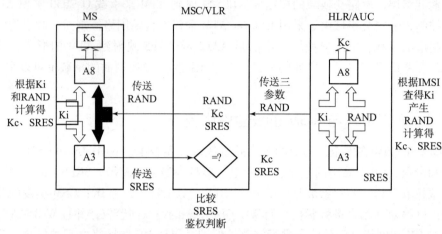

图 6-3-7 鉴权和加密示意图

UMTS 鉴权流程总是由网络发起的,当然 UE 和网络之间必须支持 UMTS 的鉴权算法。但是移动台有权拒绝网络发送的鉴权挑战。

当 UMTS 的鉴权流程被执行后,在移动台和网络之间就建立了 UMTS 的安全性上下文。对于一个成功的 UMTS 鉴权,UMTS 加密密钥、UMTS 完整性密钥就存储在网络和移动台中。

由 UMTS 网络发起的成功的鉴权流程如图 6-3-8 所示。

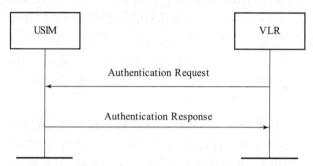

图 6-3-8 由 UMTS 网络发起的成功的鉴权流程

网络在发起鉴权流程之前,如果 VLR 中没有鉴权参数,那么 VLR 将首先发起到 HLR 中取鉴权参数集的流程,直到 HLR 返回鉴权参数的响应后才开始发起鉴权流程。鉴权步骤如下:

(1) 网络向 UE 发起 Authentication Request 鉴权请求消息从而启动鉴权流程,并启动定时器 T3260,其中包含鉴权参数 RAND 和 AUTN。

(2) 只要移动台和网络之间存在 RRC 连接,那么移动台立即响应网络的鉴权请求。当 UE 收到鉴权请求后,解释该消息的具体内容,并将鉴权参数传递给 USIM。

(3) USIM 首先计算 XMAC 值,然后和网络 MAC 比较,对网络进行鉴权。若两者一致,说明网络合法,则发送 Authentication Response 消息给网络,否则发送 Authentication Failure 消息。

(4) 同时,USIM 计算 RES,并将其发送给网络,由网络比较鉴权响应中的 RES 和 VLR 数据库中存储的鉴权参数中的 XRES 是否一致,从而完成网络对 UE 的鉴权,若两者一致,说明鉴权成功,则可以继续后面的流程,若不一致,则鉴权失败,并发起异常终止流程,同时释放 UE 和网络之间的信令连接,包括无线资源、网络资源。

(5) CK 和 IK 则用于加密和完整性保护;当成功鉴权后,USIM 将保存新的加密密钥和完整性密钥等参数,并覆盖原有的鉴权参数。同时 USIM 返回鉴权响应给 UE,由 UE 转发给网络。在 UMTS 中,鉴权挑战的结果是 USIM 卡将 RES 传递给 ME;在 GSM 中,鉴权挑战的结果是 SIM 卡将 SRES 传递给 ME。

在 USIM 卡中的用户鉴权示意图如图 6-3-9 所示。

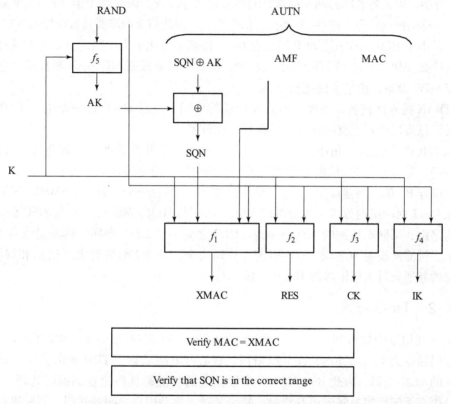

图 6-3-9 在 USIM 卡中的用户鉴权示意图

6.4 WCDMA 核心网的关键技术

6.4.1 R4 核心网组网

整体网络结构分为两个层面:语音 IP 承载层和信令 TDM 承载层。根据语音和信令承载层的建设方式,R4 核心网电路域分为全 IP R4 组网和混合 IP R4 组网。全 IP R4 组网即语音承载采用 IP 传输,信令网也采用 IP 传输,混合 IP R4 组网即语音承载采用 IP 传输,信令网采用 TDM 传输。

语音 IP 承载层:全网电路域的语音承载采用 IP 骨干网传输。各 MGW 之间采用 IP 连接，通过城域 IP 网接入省级汇接路由器，再接入大区的骨干路由器；各本地网内的 MGW 之间采用直达路由，省内不同本地网之间采用省级路由器中转，互通话务量的跨本地网的 MGW 之间可以采用直达路由；各省 MGW 之间的话路互通通过大区制骨干路由器中转。

信令 TDM 承载层：在 R4 阶段，CS 域承载和控制分离，因此承载层和控制层能够独立演进。因此控制层的信令传送网可以与承载网不同，这也是 R4 的一个优势。

对核心网来说，R4 的信令网可以采用 TDM 承载，也可以 SIGTRAN 传送。由于移动信令网本身比较复杂，网元数众多，包括 MSC Server、HLR、SMSC、SCP、SGSN、GGSN 等，并且由于全网漫游，因此各省间的网元都需要能够通过信令互通，因此整个信令网的 SP 数将会非常多，由于移动网的特点，这些 SP 间都有信令交互，因此信令网需要具有很好的可扩展性。

同时，由于 HLR、SMSC、SCP 网元在 R4 阶段基本变化不大，因此设备商的硬件平台基本上没有什么变化，支持 SIGTRAN 的比较少，因此如果要采用 SIGTRAN 来传送信息，那么需要增加 SGW 设备，使信令网比较复杂。

SIGTRAN 技术比较新，并没有得到大规模的应用，并且 SCTP 是一个类似于 TCP 的传送层协议，只支持点到点直接连接，可扩展性比较差。

同 SIGTRAN 传送技术相比，传统 No.7 信令网络技术非常成熟，可靠性高，安全性好，可扩展性好，并且已经在 2G 网络中得到了广泛的应用，信令传送效率高。

为此推荐 R4 信令网建设采用 No.7 信令网技术，MSC Server、HLR、SMSC、SCP 之间仍采用传统 No.7 网的组网方式。本地网的 MSC Server 与 HLR、MSC Server 与 MSC Server 之间采用直达路由，不同本地网的 MSC Server、HLR 之间采用 LSTP 中转；短消息设备 IW/GMSC/SMSC、智能网设备 SCP 与 LSTP 相连，分别为全省的 3G 网络提供短消息和智能业务。各省之间的互通通过大区汇接的 HSTP 转接。

6.4.2 TrFO 技术

为充分利用空中接口和无线接入网的带宽资源，WCDMA 采用了 AMR 压缩语音编码，其最大编码速率为 12.2 kbit/s，在 R99 阶段，核心网电路域基于 TDM 承载方式，语音采用 64 kbit/s 的 PCM 编码，因此 R99 MSC 一个很重要的功能即具备语音编解码处理（TC）功能，但是语音编解码容易降低语音质量，特别是对于移动用户之间的呼叫，需要进行两次语音编解码。相反，如果不采用编解码则既有助于提升语音质量，还可节省网络的带宽。

在 R99 阶段，可通过 TrFO 实现 AMR 语音的透传，以减少语音编解码造成的语音质量损伤，而在 R4 阶段，则通过 TrFO 减少语音编解码次数。

TrFO 采用带外信令编解码控制功能（OoBTC）实现，不仅适用于移动与移动间呼叫，也适用于移动网络与外部网络的呼叫。此技术引入的优势是在呼叫双方采用相同语音编解码类型的情况下，可实现压缩语音的透传。3GPP 介绍 TrFO 业务的协议为 TS23.153 协议，称为 OoBTC（Out of Band Transcoder Control）。

TrFO 呼叫组网示意图如图 6-4-1 所示，主要包括带外编解码协商过程，从图中可以看出，包括主叫 UE 到主叫 MSC Server 的带外编解码协商过程，MSC Server 之间的带外编解码协商过程，MSC Server 与被叫 UE 之间的带外编解码协商过程。图 6-4-2 为 TrFO 呼叫编解码协商过程。

带外编解码协商过程说明如下：

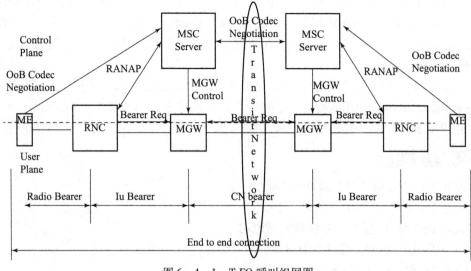

图 6-4-1　TrFO 呼叫组网图

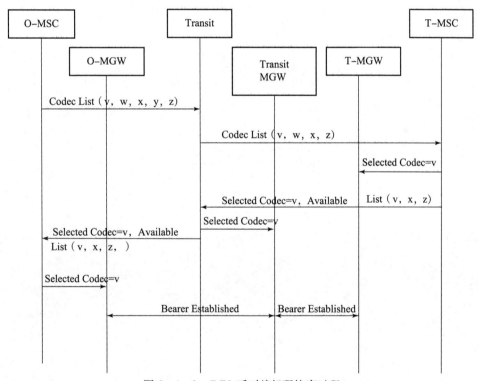

图 6-4-2　TrFO 呼叫编解码协商过程

（1）主叫用户发送 SETUP 消息给主叫 MSC Server，SETUP 消息中携带了主叫 UE 支持的编解码列表，此时开始了 TrFO 呼叫建立的带外编解码协商过程。主叫 MSC Server 获得主叫 UE 支持的编解码列表后，与 RNC 和 MGW 支持的编解码进行交集计算，然后在 IAM 消息中将支持的编解码列表发送给被叫 MSC Server。示例中编解码列表为（v, w, x, y, z）。

（2）中间交换机可以去掉自己不支持的编解码类型，如示例中删除了编解码类型 y。

（3）被叫交换机获得主叫侧支持的编解码列表（v，w，x，y，z），计算与被叫用户接入的 RNC、MGW 支持的编解码列表，及被叫 UE 支持的编解码列表，获得可用的编解码列表 ACL，如例子中 ACL 为（v，x，z），优选列表中第一个编解码 v 为 SC，即选择编解码 v 为当前使用的编解码类型。

（4）被叫 MSC Server 将编解码协商完的 SC、ACL，发送给主叫侧网络，呼叫链中的 MSC Server 通知 MGW，使用编解码 v 建立用户面承载。主叫 MSC Server 收到 SC、ACL 时，通知主叫 UE，此时带外编解码协商过程结束。

思考与练习题

1. 简述 WCDMA 网络结构及网元功能。
2. 简述 2G/3G 核心网的主要差异。
3. 试对 R99 与 R4 版本的差异做简要说明。
4. WCDMA 核心网的关键技术有哪些？
5. WCDMA 和 GSM 在安全性上有哪些差别？

第四部分　TD – SCDMA 原理与技术

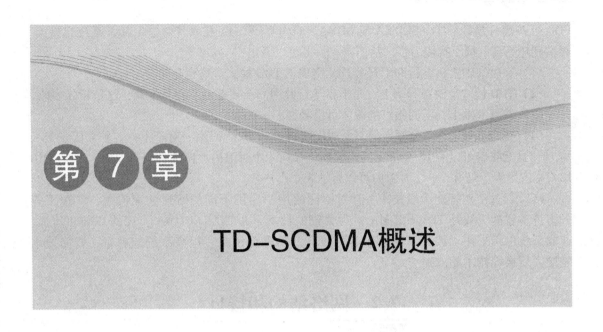

第 7 章

TD-SCDMA概述

7.1 TD-SCDMA 概述

TD-SCDMA，Time Duplex-Synchronous Code Division Multiple Access，时分双工的同步码分多址，如图 7-1-1 所示。

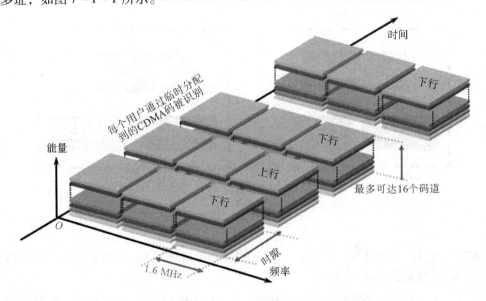

图 7-1-1 TD-SCDMA

TD-SCDMA 是 ITU 正式发布的第三代移动通信空间接口技术规范之一，它得到了 CWTS 及 3GPP 的全面支持，是中国电信百年来第一个完整的通信技术标准，是 UTRA-

FDD 可替代的方案。TD - SCDMA 集 CDMA、TDMA、FDMA 技术优势于一体、系统容量大、频谱利用率高、抗干扰能力强。从图 7 - 1 - 1 可以看出：

（1）在时间轴上，上行和下行分开，实现了 TDD 模式。这也是时分多址。

（2）TDD 模式反映在频率上，是上行下行共用一个频点，节省了带宽，这是频分多址。

（3）在频率轴上，不同频点的载波可以共存。

（4）在能量轴上，每个频点的每个时隙可以容纳 16 个码道。对于下行，扩频因子最大为 16，这意味着可以有 16 个正交的码数据流存在一个时隙内。以语音用户为例，每个 AMR 12.2K 占用两个码道，一个时隙内可以容纳 8 个用户。

（5）通过使用智能天线技术，针对不同的用户使用不同的赋形波束覆盖，实现了空分多址。智能天线是 TD - SCDMA 最为关键的技术，是 TD - SCDMA 实现的基础和前提，智能天线由于采用了波束赋形技术，可以有效地降低干扰，提高系统的容量，智能技术是接力切换等技术的前提。

7.2 网络结构和接口

7.2.1 UTRAN 网络结构

UTRAN 网络结构如图 7 - 2 - 1 所示。

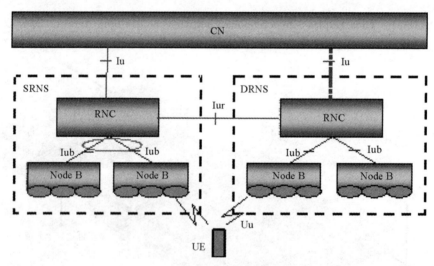

图 7 - 2 - 1 UTRAN 网络结构

UMTS 系统由核心网 CN、无线接入网 UTRAN 和手机终端 UE 三部分组成。UTRAN 由基站控制器 RNC 和基站 Node B 组成。

CN 通过 Iu 接口与 UTRAN 的 RNC 相连。其中 Iu 接口又被分为连接到电路交换域的 Iu - CS、分组交换域的 Iu - PS、广播控制域的 Iu - BC。Node B 与 RNC 之间的接口叫作 Iub 接口。在 UTRAN 内部，RNC 通过 Iur 接口进行信息交互。Iur 接口可以是 RNC 之间物理上的直接连接，也可以靠通过任何合适传输网络的虚拟连接来实现。Node B 与 UE 之间的接口叫 Uu 接口。

7.2.2 UTRAN 通用协议模型

UTRAN 通用协议模型如图 7-2-2 所示，从图上可以看到，UTRAN 层次从水平方向上可以分为传输网络层和无线网络层；从垂直方向上则包括四个平面：

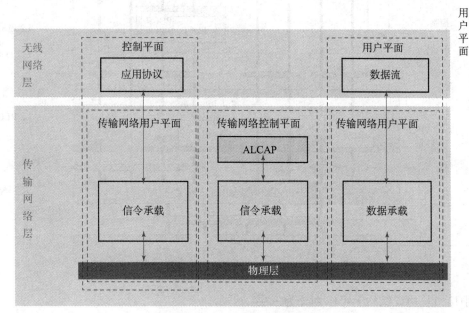

图 7-2-2 UTRAN 通用协议模型

- 控制平面。
- 用户平面。
- 传输网络层控制平面。
- 传输网络层用户平面。

控制平面：包含应用层协议，如：RANAP、RNSAP、NBAP 和传输层应用协议的信令承载。

用户平面：包括数据流和相应的承载，每个数据流的特征都由一个和多个接口的帧协议来描述。

传输网络层控制平面：为传输层内的所有控制信令服务，不包含任何无线网络层信息。它包括为用户平面建立传输承载（数据承载）的 ALCAP 协议，以及 ALCAP 需要的信令承载。

传输网络层用户平面：用户平面的数据承载和控制平面的信令承载都属于传输网络层的用户平面。

7.2.3 空中接口 Uu

Uu 接口示意图如图 7-2-3 所示。

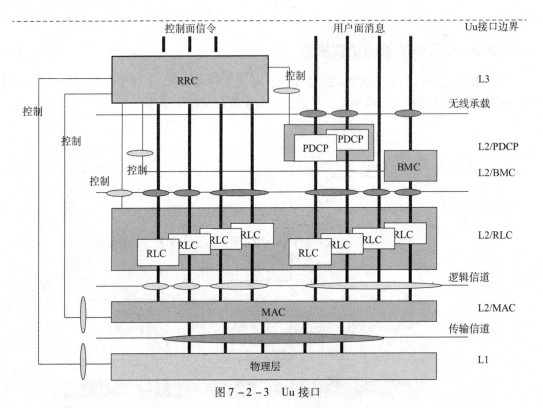

图 7-2-3 Uu 接口

空中接口从协议结构上可以划分为三层：
- 物理层（L1）。
- 数据链路层（L2）。
- 网络层（L3）。

L2 分为控制平面（C-平面）和用户平面（U-平面）。在控制平面中包括媒体接入控制 MAC 和无线链路控制 RLC 两个子层；在用户平面除 MAC 和 RLC 外，还有分组数据会聚协议 PDCP 和广播/多播控制协议 BMC。

L3 也分为控制平面（C-平面）和用户平面（U-平面）。在控制平面上，L3 的最低层为无线资源控制子层（RRC），它属于接入层（AS），终止于 RAN。移动性管理（MM）和连接管理（CM）等属于非接入层（NAS），其中 CM 层还可按其任务进一步划分为呼叫控制（CC）、补充业务（SS）、短消息业务（SMS）等功能实体。接入层通过业务接入点（SAP）承载上层的业务，非接入层信令属于核心网功能。

RLC 和 MAC 之间的业务接入点（SAP）提供逻辑信道，物理层和 MAC 之间的 SAP 提供传输信道。RRC 与下层的 PDCP、BMC、RLC 和物理层之间都有连接，用以对这些实体的内部控制和参数配置。RRC 状态转移图如图 7-2-4 所示。

UE 的状态基本是按照 UE 使用的信道来定义的。
- CELL_DCH 状态是 UE 占有专用的物理信道。
- CELL_FACH 状态是 UE 在数据量小的情况下不使用任何专用信道而使用公共信道。上行使用 RACH、下行使用 FACH。这个状态下 UE 可以发起小区重选过程，且 UTRAN 可以确知 UE 位于哪个小区。

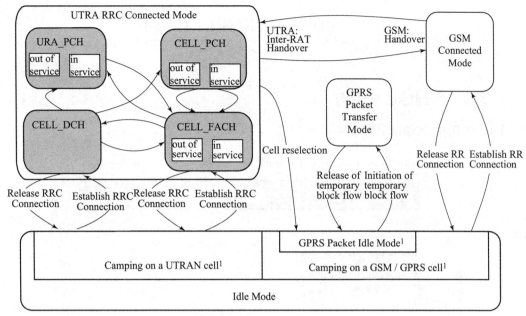

图 7-2-4 RRC 状态转移图

- CELL_PCH 状态下 UE 仅仅侦听 PCH 和 BCH 信道。这个状态下 UE 可以进行小区重选，重选时转入 CELL_FACH 状态，发起小区更新，之后再回到 CELL_PCH 状态。网络可以确知 UE 位于哪个小区。
- URA_PCH 状态和 CELL_PCH 状态相似，但网络只知道 UE 位于哪个 URA 区。

CELL_PCH 和 URA_PCH 状态的引入是为了 UE 能够始终处于在线状态而又不至于浪费无线资源。

1. Iub 接口

Iub 接口是 RNC 和 Node B 之间的接口，完成 RNC 和 Node B 之间的用户数据传送、用户数据及信令的处理和 Node B 逻辑上的 O&M 等。它是一个标准接口，允许不同厂家的互联。

功能：管理 Iub 接口的传输资源、Node B 逻辑操作维护、传输操作维护信令、系统信息管理、专用信道控制、公共信道控制和定时以及同步管理。

2. Iu 接口

Iu 接口是连接 UTRAN 和 CN 的接口，也可以把它看成是 RNS 和核心网之间的一个参考点。它将系统分成用于无线通信的 UTRAN 和负责处理交换、路由和业务控制的核心网两部分。

结构：一个 CN 可以和几个 RNC 相连，而任何一个 RNC 和 CN 之间的 Iu 接口可以分成三个域，即电路交换域（Iu-CS）、分组交换域（Iu-PS）和广播域（Iu-BC），它们有各自的协议模型。

功能：Iu 接口主要负责传递非接入层的控制信息、用户信息、广播信息及控制 Iu 接口上的数据传递等。

7.3 物理层结构和信道映射

7.3.1 物理信道帧结构

TD-SCDMA 物理信道帧结构如图 7-3-1 所示。

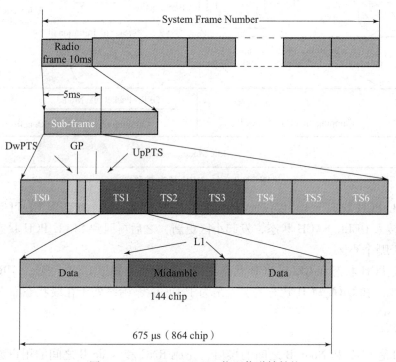

图 7-3-1 TD-SCDMA 物理信道帧结构

3GPP 定义的一个 TDMA 帧长度为 10 ms。TD-SCDMA 系统为了实现快速功率控制和定时提前校准以及对一些新技术的支持（如智能天线、上行同步等），将一个 10 ms 的帧分成两个结构完全相同的子帧，每个子帧的时长为 5 ms。每一个子帧又分成长度为 675 μs 的 7 个常规时隙（$TS_0 \sim TS_6$）和 3 个特殊时隙：DwPTS（下行导频时隙）、GP（保护间隔）和 UpPTS（上行导频时隙）。常规时隙用作传送用户数据或控制信息。在这 7 个常规时隙中，TS_0 总是固定地用作下行时隙来发送系统广播信息，而 TS_1 总是固定地用作上行时隙。其他的常规时隙可以根据需要灵活地配置成上行或下行以实现不对称业务的传输，如分组数据。用作上行链路的时隙和用作下行链路的时隙之间由一个转换点（Switch Point）分开。每个 5 ms 的子帧有两个转换点（UL 到 DL 和 DL 到 UL），第一个转换点固定在 TS_0 结束处，而第二个转换点则取决于小区上下行时隙的配置。

7.3.2 常规时隙

常规时隙如图 7-3-2 所示。

图 7-3-2 常规时隙（1）

$TS_0 \sim TS_6$ 共 7 个常规时隙被用作用户数据或控制信息的传输，它们具有完全相同的时隙结构。每个时隙被分成了 4 个域：两个数据域、一个训练序列域（Midamble）和一个用作时隙保护的空域（GP）。Midamble 码长 144 chip，传输时不进行基带处理和扩频，直接与经基带处理和扩频的数据一起发送，在信道解码时被用作进行信道估计。

数据域用于承载来自传输信道的用户数据或高层控制信息，除此之外，在专用信道和部分公共信道上，数据域的部分数据符号还被用来承载物理层信令。

Midamble 用作扩频突发的训练序列，在同一小区同一时隙上的不同用户所采用的 Midamble 码由同一个基本的 Midamble 码经循环移位后产生。整个系统有 128 个长度为 128 chip 的基本 Midamble 码，分成 32 个码组，每组 4 个。一个小区采用哪组基本 Midamble 码由小区决定，当建立起下行同步之后，移动台就知道所使用的 Midamble 码组。Node B 决定本小区将采用这 4 个基本 Midamble 中的哪一个。一个载波上的所有业务时隙必须采用相同的基本 Midamble 码。原则上，Midamble 的发射功率与同一个突发中的数据符号的发射功率相同。训练序列的作用体现在上下行信道估计、功率测量、上行同步保持。传输时 Midamble 码不进行基带处理和扩频，直接与经基带处理和扩频的数据一起发送，在信道解码时它被用来进行信道估计。

在 TD-SCDMA 系统中，存在着 3 种类型的物理层信令：TFCI、TPC 和 SS。TFCI（Transport Format Combination Indicator）用于指示传输的格式，TPC（Transmit Power Control）用于功率控制，SS（Synchronization Shift）是 TD-SCDMA 系统中所特有的，用于实现上行同步，该控制信号每个子帧（5 ms）发射一次。在一个常规时隙的突发中，如果物理层信令存在，则它们的位置被安排在紧靠 Midamble 序列，如图 7-3-3 所示。

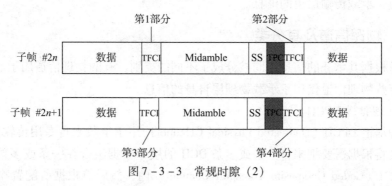

图 7-3-3 常规时隙（2）

对于每个用户，TFCI 信息将在每 10 ms 无线帧里发送一次。对每一个 CCTrCH，高层信令将指示所使用的 TFCI 格式。对于每一个所分配的时隙是否承载 TFCI 信息也由高层分别告知。如果一个时隙包含 TFCI 信息，它总是按高层分配信息的顺序采用该时隙的第一个信道码进行扩频。TFCI 是在各自相应物理信道的数据部分发送，这就是说 TFCI 和数据比特具有相同的扩频过程。如果没有 TPC 和 SS 信息传送，TFCI 就直接与 Midamble 码域相邻。

7.3.3 下行导频时隙

下行导频时隙如图 7-3-4 所示，每个子帧中的 DwPTS 是为下行导频和建立下行同步而设计的。这个时隙通常是由长为 64 chip 的 SYNC_DL 和 32 chip 的保护码间隔组成。SYNC_DL 是一组 PN 码，用于区分相邻小区，系统中定义了 32 个码组，每组对应一个 SYNC_DL 序列，SYNC_DL 码集在蜂窝网络中可以复用。

图 7-3-4 下行导频时隙

7.3.4 上行导频时隙

上行导频时隙如图 7-3-5 所示，每个子帧中的 UpPTS 是为上行同步而设计的，当 UE 处于空中登记和随机接入状态时，它将首先发射 UpPTS，当得到网络的应答后，发送 RACH。这个时隙通常由长为 128 chip 的 SYNC_UL 和 32 chip 的保护间隔组成。

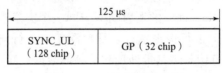

图 7-3-5 上行导频时隙

7.3.5 三种信道模式

逻辑信道：MAC 子层向 RLC 子层提供的服务，它描述的是传送什么类型的信息。
传输信道：物理层向高层提供的服务，它描述的是信息如何在空中接口上传输。
物理信道：承载传输信道的信息。

7.3.6 物理信道及其分类

物理信道根据其承载的信息不同被分成了不同的类别，有的物理信道用于承载传输信道的数据，而有些物理信道仅用于承载物理层自身的信息。

1. 专用物理信道 DPCH

专用物理信道 DPCH（Dedicated Physical CHannel）用于承载来自专用传输信道 DCH 的数据。物理层将根据需要把来自一条或多条 DCH 的层 2 数据组合在一条或多条编码组合传输信道 CCTrCH（Coded Composite Transport Channel）内，然后再根据所配置物理信道的容量将 CCTrCH 数据映射到物理信道的数据域。DPCH 可以位于频带内的任意时隙，可以配置任意允许的信道码，信道的存在时间取决于承载业务类别和交织周期。一个 UE 可以在同一时刻被配置多条 DPCH，若 UE 允许多时隙能力，这些物理信道还可以位于不同的时隙。物理层信令主要用于 DPCH。

2. 公共物理信道

根据所承载传输信道的类型，公共物理信道可划分为一系列的控制信道和业务信道。在 3GPP 的定义中，所有的公共物理信道都是单向的（上行或下行）。

1）主公共控制物理信道 P – CCPCH

主公共控制物理信道（P – CCPCH，Primary Common Control Physical Channel）仅用于承载来自传输信道 BCH 的数据，提供全小区覆盖模式下的系统信息广播，信道中没有物理层信令 TFCI、TPC 或 SS。

2）辅助公共控制物理信道 S – CCPCH

辅助公共控制物理信道（S – CCPCH，Secondary Common Control Physical Channel）用于承载来自传输信道 FACH 和 PCH 的数据。不使用物理层信令 SS 和 TPC，但可以使用 TFCI，S – CCPCH 所使用的码和时隙在小区中广播，信道的编码及交织周期为 20 ms。

3）快速物理接入信道 FPACH

快速物理接入信道（FPACH，Fast Physical Access Channel）不承载传输信道信息，因而与传输信道不存在映射关系。Node B 使用 FPACH 来响应在 UpPTS 时隙收到的 UE 接入请求，调整 UE 的发送功率和同步偏移。数据域内不包含 SS 和 TPC 控制符号。因为 FPACH 不承载来自传输信道的数据，也就不需要使用 TFCI。

4）物理随机接入信道 PRACH

物理随机接入信道（PRACH，Physical Random Access Channel）用于承载来自传输信道 RACH 的数据。传输信道 RACH 的数据不与来自其他传输信道的数据编码组合，因而 PRACH 信道上没有 TFCI，也不使用 SS 和 TPC 控制符号。

5）物理上行共享信道 PUSCH

物理上行共享信道（PUSCH，Physical Uplink Shared Channel）用于承载来自传输信道 USCH 的数据。所谓共享指的是同一物理信道可由多个用户分时使用，或者说信道具有较短的持续时间。由于一个 UE 可以并行存在多条 USCH，这些并行的 USCH 数据可以在物理层进行编码组合，因而 PUSCH 信道上可以存在 TFCI。但信道的多用户分时共享性使得闭环功率控制过程无法进行，因而信道上不使用 SS 和 TPC（上行方向 SS 本来就无意义，为了上、下行突发结构保持一致，SS 符号位置保留，以备将来使用）。

6）物理下行共享信道 PDSCH

物理下行共享信道（PDSCH，Physical Downlink Shared Channel）用于承载来自传输信道 DSCH 的数据。在下行方向，传输信道 DSCH 不能独立存在，只能与 FACH 或 DCH 相伴而存在，因此作为传输信道载体的 PDSCH 也不能独立存在。DSCH 数据可以在物理层进行编码组合，因而 PDSCH 上可以存在 TFCI，但一般不使用 SS 和 TPC，对 UE 的功率控制和定时提前量调整等信息都放在与之相伴的 PDCH 信道上。

7）寻呼指示信道 PICH

寻呼指示信道（PICH，Paging Indicator Channel）不承载传输信道的数据，但与传输信道 PCH 配对使用，用以指示特定的 UE 是否需要解读其后跟随的 PCH 信道（映射在 S – CCPCH 上）。

7.3.7 传输信道及其分类

传输信道的数据通过物理信道来承载，除 FACH 和 PCH 两者都映射到物理信道 S –

CCPCH 外，其他传输信道到物理信道都有一一对应的映射关系。

1. 专用传输信道

专用传输信道仅存在一种，即专用信道（DCH），是一个上行或下行传输信道。

2. 公共传输信道

1）广播信道 BCH

BCH 是下行传输信道，用于广播系统和小区的特定消息。

2）寻呼信道 PCH

PCH 是下行传输信道，PCH 总是在整个小区内进行寻呼信息的发射，与物理层产生的寻呼指示的发射是相随的，以支持有效的睡眠模式，延长终端电池的使用时间。

3）前向接入信道 FACH

FACH 是下行传输信道，用于在随机接入过程，UTRAN 收到了 UE 的接入请求，可以确定 UE 所在小区的前提下，向 UE 发送控制消息。有时，也可以使用 FACH 发送短的业务数据包。

4）随机接入信道 RACH

RACH 是上行传输信道，用于向 UTRAN 发送控制消息，有时，也可以使用 RACH 来发送短的业务数据包。

5）上行共享信道 USCH

USCH 是上行信道；它被一些 UE 共享，用于承载 UE 的控制和业务数据。

6）下行共享信道 DSCH

DSCH 是下行信道；它被一些 UE 共享，用于承载 UE 的控制和业务数据。

7.3.8 传输信道到物理信道的映射

表 7-3-1 给出了 TD-SCDMA 系统中传输信道和物理信道的映射关系。表中部分物理信道与传输信道并没有映射关系。按 3GPP 规定，只有映射到同一物理信道的传输信道才能够进行编码组合。由于 PCH 和 FACH 都映射到 S-CCPCH，因此来自 PCH 和 FACH 的数据可以在物理层进行编码组合生成 CCTrCH。其他的传输信道数据都只能自身组合，而不能相互组合。另外，BCH 和 RACH 由于自身性质的特殊性，也不可能进行组合。

表 7-3-1 TD-SCDMA 传输信道和物理信道间的映射关系

传输信道	物理信道
DCH	专用物理信道（DPCH）
BCH	主公共控制物理信道（P-CCPCH）
PCH	辅助公共控制物理信道（S-CCPCH）
FACH	辅助公共控制物理信道（S-CCPCH）
RACH	物理随机接入信道（PRACH）
USCH	物理上行共享信道（PUSCH）

续表

传输信道	物理信道
DSCH	物理下行共享信道（PDSCH）
	下行导频信道（DwPCH）
	上行导频信道（UpPCH）
	寻呼指示信道（PICH）
	快速物理接入信道（FPACH）

7.4 信道编码与复用

为了保证高层的信息数据在无线信道上可靠地传输，需要对来自 MAC 和高层的数据流（传输块/传输块集）进行编码/复用后在无线链路上发送，并且将无线链路上接收到的数据进行解码/解复用再送给 MAC 和高层。

在相应的每个传输时间间隔 TTI（Transmission Time Interval），数据以传输块的形式到达 CRC 单元。这里的 TTI 允许的取值间隔是：10 ms、20 ms、40 ms、80 ms。对于每个传输块，需要进行的基带处理步骤如图 7－4－1 所示。

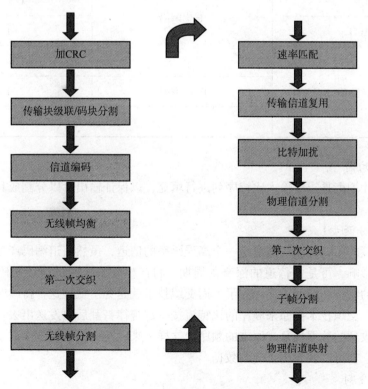

图 7－4－1 信道编码与复用过程

1. 给每个传输块添加 CRC 校验比特

差错检测功能是通过传输块上的循环冗余校验 CRC（Cyclic Redundancy Check）来实现的，信息数据通过 CRC 生成器生成 CRC 比特，CRC 的比特数目可以为 24、16、12、8 或 0 比特，每个具体 TrCH 所使用的 CRC 长度由高层信令给出。

2. 传输块的级联和码块分割

在每一个传输块附加上 CRC 比特后，把一个传输时间间隔 TTI 内的传输块顺序级联起来。如果级联后的比特序列长度大于最大编码块长度 Z，则需要进行码块分割，分割后的码块具有相同的大小，码块的最大尺寸将根据 TrCH 使用卷积编码还是 Turbo 编码而定。

3. 信道编码

无线信道编码是为了接收机能够检测和纠正因传输媒介带来的信号误差，在原数据流中加入适当冗余信息，从而提高数据传输的可靠性。

TD-SCDMA 中，传输信道可采用以下信道编码方案：卷积编码；Turbo 编码；无信道编码。不同类型的传输信道 TrCH 所使用的不同编码方案和码率如表 7-4-1 所示。

表 7-4-1

传输信道类型	编码方式	编码率
BCH	卷积编码	1/3
PCH		1/3，1/2
RACH		1/2
DCH, DSCH, FACH, USCH		1/3，1/2
	Turbo 编码	1/3
	无信道编码	

4. 无线帧均衡

无线帧尺寸均衡是指对输入比特序列进行填充，以保证输出可以分割成具有相同大小为 F 的数据段。

5. 交织（分两步）

受传播环境的影响，无线信道是一个高误码率的信道，虽然信道编码产生的冗余可以部分消除误码的影响，可是在信道的深衰落周期，将产生较长时间的连续误码，对于这类误码，信道编码的纠错功能就无能为力了。而交织技术就是为了抵抗这种持续时间较长的突发性误码设计的，交织技术把原来顺序的比特流按一定规律打乱后再发送出去。接收端再按相应的规律将接收到的数据恢复成原来的顺序。这样一来，连续的错误就变成了随机差错，通过解信道编码，就可以恢复出正确的数据。

6. 无线帧分割

当传输信道的 TTI 大于 10 ms 时，输入比特序列将被分段映射到连续的 F 个无线帧上，经过第 4 步的无线帧均衡之后，可以保证输入比特序列的长度为 F 的整数倍。

7. 速率匹配

速率匹配是指传输信道上的比特被重复或打孔。一个传输信道中的比特数在不同的 TTI 可以发生变化，而所配置的物理信道容量（或承载比特数）却是固定的。因而，当不同 TTI 的数据比特发生改变时，为了匹配物理信道的承载能力，输入序列中的一些比特将被重复或打孔，以确保在传输信道复用后总的比特率与所配置的物理信道承载能力相一致。高层将为每一个传输信道配置一个速率匹配特性。这个特性是半静态的，而且只能通过高层信令来改变。当计算重复或打孔的比特数时，需要使用速率匹配算法。

8. 传输信道的复用

根据无线信道的传输特性，在每一个 10 ms 周期，来自不同传输信道的无线帧被送到传输信道复用单元。复用单元根据承载业务的类别和高层的设置，分别将其进行复用或组合，构成一条或多条编码组合传输信道（CCTrCH）。传输信道的复用需要满足以下规律：

（1）复用到一个 CCTrCH 上的传输信道组合如果因为传输信道的加入、重配置或删除等原因发生变化，那么这种变化只能在无线帧的起始部分进行，即小区帧号（CFN）必须满足：$CFN \bmod F_{max} = 0$。式中，F_{max} 为使用同一个 CCTrCH 的传输信道在一个 TTI 内使用的无线帧的帧数的最大值，取值范围为 1、2、4 或 8；CFN 为 CCTrCH 发生变化后第一个无线帧的帧号。CCTrCH 中加入或重配置一个传输信道 i 后，传输信道 i 的 TTI 只能从具有满足下面关系的 CFN 的无线帧开始：$CFN_i \bmod F_i = 0$。

（2）专用传输信道和公共传输信道不能复用到同一个 CCTrCH 上。

（3）公共传输信道中，只有 FACH 或 PCH 可以被复用到一个 CCTrCH 上。

（4）BCH 和 RACH 不能进行复用。

（5）不同的 CCTrCH 不能复用到同一条物理信道上。

（6）一条 CCTrCH 可以被映射到一条或多条物理信道上传输。

示例：如图 7-4-2 所示，在每 10 ms 的周期内，专用传输信道 1 和传输信道 2 传下的数据块被复用为一条 CCTrCH。

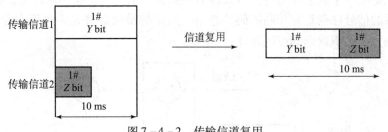

图 7-4-2 传输信道复用

9. 物理信道的分割

一条 CCTrCH 的数据速率可能要超过单条物理信道的承载能力，这就需要对 CCTrCH 数据进行分割处理，以便将比特流分配到不同的物理信道中。

示例：如图 7-4-3 所示，传输信道复用后的数据块应该在 10 ms 内被发送出去，但单条物理信道的承载能力不能胜任，决定使用两条物理信道。输入序列被分为两部分，分配在两条物理信道上传输。

图 7-4-3 物理信道分割

10. 子帧分割

在前面的步骤中，级联和分割等操作都是以最小时间间隔（10 ms）或一个无线帧为基本单位进行的。但为了将数据流映射到物理信道上，还必须将一个无线帧的数据分割为两部分，即分别映射到两个子帧之中。

11. 到物理信道的映射

将子帧分割输出的比特流映射到该子帧中对应时隙的码道上。

7.5 扩频与调制

7.5.1 扩频与调制过程

来源于物理信道映射的比特流在进行扩频处理之前，先要经过数据调制。所谓数据调制就是把 2 个（QPSK 调制）或 3 个（8PSK 调制）连续的二进制比特映射成一个复数值的数据符号。

经过物理信道映射之后，信道上的数据将进行扩频和扰码处理，如图 7-5-1 所示。所谓扩频就是用高于数据比特速率的数字序列与信道数据相乘，相乘的结果扩展了信号的带宽，将比特速率的数据流转换成了具有码片速率的数据流。扩频处理通常也叫作信道化操作，所使用的数字序列称为信道化码，这是一组长度可以不同但仍相互正交的码组。扰码与扩频类似，也是用一个数字序列与扩频处理后的数据相乘。与扩频不同的是，扰码用的数字序列与扩频后的信号序列具有相同的码片速率，所作的乘法运算是一种逐码片相乘的运算。扰码的目的是为了标识数据的小区属性。

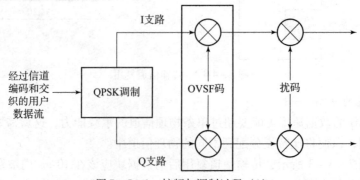

图 7-5-1 扩频与调制过程（1）

在发射端，数据经过扩频和扰码处理后，产生码片速率的复值数据流。如图 7-5-2 所示,流中的每一复值码片按实部和虚部分离后再经过脉冲成形滤波器成形,然后发送出去。脉冲成形滤波器的冲激响应 $h(t)$ 为根升余弦型(滚降系数 $\alpha = 0.22$),接收端和发送端相同。滤波器的冲激响应 $h(t)$ 定义如下:

$$h(t) = \frac{\sin\left[\pi \frac{t}{T_C}(1-\alpha)\right] + 4\alpha \frac{t}{T_C}\cos\left[\pi \frac{t}{T_C}(1+\alpha)\right]}{\pi \frac{t}{T_C}\left[1 - \left(4\alpha \frac{t}{T_C}\right)^2\right]}$$

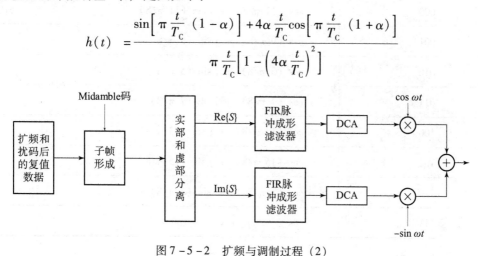

图 7-5-2 扩频与调制过程(2)

7.5.2 数据调制

调制就是对信息源信息进行编码的过程,其目的就是使携带信息的信号与信道特征相匹配以及有效地利用信道。

1. QPSK 调制

为减小传输信号频带来提高信道频带利用率,可以将二进制数据变换为多进制数据来传输。多进制的基带信号对应于载波相位的多个相位值。QPSK 数据调制实际上是将连续的两个比特映射为一个复数值的数据符号,见表 7-5-1。

表 7-5-1 连续二进制比特与复数符号的映射关系(1)

连续二进制比特	复数符号
00	+j
01	+1
10	-1
11	-j

2. 8PSK 调制

8PSK 数据调制实际上是将连续的三个比特映射为一个复数值的数据符号,其数据映射关系如表 7-5-2 所示。在 TD-SCDMA 系统中,对于 2 Mbit/s 业务采用 8PSK 进行数据调制,此时帧结构中将不使用训练序列,全部是数据区,且只有一个时隙,数据区前加一个序列。

表 7-5-2 连续二进制比特与复数符号的映射关系（2）

连续二进制比特	复数符号
000	$\cos(11\pi/8) + j\sin(11\pi/8)$
001	$\cos(9\pi/8) + j\sin(9\pi/8)$
010	$\cos(5\pi/8) + j\sin(5\pi/8)$
011	$\cos(7\pi/8) + j\sin(7\pi/8)$
100	$\cos(13\pi/8) + j\sin(13\pi/8)$
101	$\cos(15\pi/8) + j\sin(15\pi/8)$
110	$\cos(3\pi/8) + j\sin(3\pi/8)$
111	$\cos(\pi/8) + j\sin(\pi/8)$

7.5.3 扩频调制

经过物理信道映射后，信道上的数据将进行扩频和扰码处理，如图 7-5-3 所示。

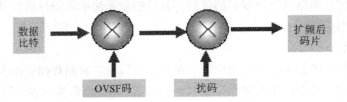

图 7-5-3 扩频调制

扩频，就是用高于比特速率的数字序列与信道数据相乘，相乘的结果扩展了信号的宽度，将比特速率的数据流转换成具有码片速率的数据流。扩频处理通常也叫信道化操作，所使用的数字序列称为信道化码，在 TD-SCDMA 系统中，使用 OVSF（正交可变扩频因子）作为扩频码，上行方向的扩频因子为 1、2、4、8、16，下行方向的扩频因子为 1、16。

扰码与扩频类似，也是用一个数字序列与扩频处理后的数据相乘，与扩频不同的是，扰码用的数字序列与扩频后的信号序列具有相同的码片速率，所作的乘法运算是一种逐码片相乘的运算。扰码的目的是为了标识数据的小区属性，将不同的小区区分开来。扰码是在扩频之后使用的，因此它不会改变信号的带宽，而只是将来自不同信源的信号区分开来，这样，即使多个发射机使用相同的码字扩频也不会出现问题。在 TD-SCDMA 系统中，扰码序列的长度固定为 16，系统共定义了 128 个扰码，每个小区配置 4 个。

1. 正交可变扩频因子码（OVSF）

TD-SCDMA 系统使用的信道化码是正交可变扩频因子码（OVSF），使用 OVSF 技术可以改变扩频因子，并保证不同长度的不同扩频码之间的正交性。

OVSF 码可以用码树的方法来定义，如图 7-5-4 所示。码树的每一级都定义了一个扩频因子为 Q_k 的码。并不是码树上所有的码都可以同时用在一个时隙中，当一个码已经在一个时隙中采用时，则其父系上的码和下级码树路径上的码就不能在同一时隙中被使用，这意味着一个时隙可使用的码的数目是不固定的，而是与每个物理信道的数据速率和扩频因子有关。

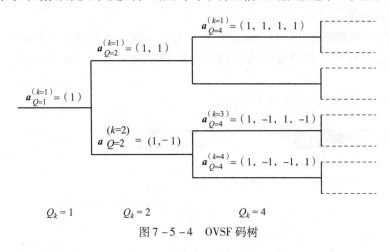

图 7-5-4　OVSF 码树

2. 扩频调制的原理、优点

1）原理

扩展频谱（简称扩频）通信技术是一种信息传输方式，是码分多址的基础，是数字移动通信中的一种多址接入方式。特别是在第三代移动通信中，它成了最主要的多址接入方式。扩频通信在发送端，采用扩频码调制，使信号所占的频带宽度远大于所传信息必需的带宽；在接收端，采用相同的扩频码进行相关解调来解扩以恢复所传信息数据。扩频通信的理论基础来源于信息论和抗干扰理论。

香农（C. E. Shannon）在信息论研究中总结出了信道容量公式，即香农公式：

$$C = W \times \log_2 (1 + S/N)$$

式中，C 为信息的传输速率；S 为有用信号功率；W 为频带宽度；N 为噪声功率。

由式中可以看出：

为了提高信息的传输速率 C，可以从两种途径实现，即加大带宽 W 或提高信噪比 S/N。换句话说，当信号的传输速率 C 一定时，信号带宽 W 和信噪比 S/N 是可以互换的，即增加信号带宽可以降低对信噪比的要求，当带宽增加到一定程度时，允许信噪比进一步降低，有用信号功率接近噪声功率甚至淹没在噪声之下也是可能的。扩频通信就是用宽带传输技术来换取信噪比上的好处，这就是扩频通信的基本思想和理论依据。

2）优点

（1）抗干扰、噪声。

通过在接收端采用相关器或匹配滤波器的方法来提取信号，抑制干扰。相关器的作用是当接收机本地解扩码与收到的信号码相一致时，即将扩频信号恢复为原来的信息，而其他任何不相关的干扰信号通过相关器其频谱被扩散，从而落入到信息带宽的干扰强度被大大降低了，当通过窄带滤波器（其频带宽度为信息宽度）时，就抑制了滤波器的带外干扰。

（2）保密性好。

由于扩频信号在很宽的频带上被扩展了，单位频带内的功率很小，即信号的功率谱密度很低，所以，直接序列扩频通信系统可以在信道噪声和热噪声的背景下，使信号湮没在噪声里，难以被截获。

（3）抗多径衰落。

由于扩频通信系统所传送的信号频谱已扩展很宽，频谱密度很低，如在传输中小部分频谱衰落时，不会造成信号的严重畸变。因此，扩频系统具有潜在的抗频率选择性衰落的能力。

扩频的基本方式与优点详见图 7-5-5。

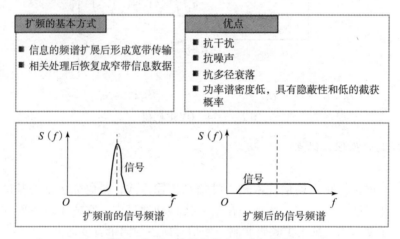

图 7-5-5　扩频的基本方式与优点

7.6　物理层过程

1. 小区搜索过程

在初始小区搜索中，UE 搜索到一个小区，建立 DwPTS 同步，获得扰码和基本 Midamble 码，控制复帧同步，然后读取 BCH 信息。初始小区搜索利用 DwPTS 和 BCH 进行。

初始小区搜索按以下步骤进行。

1）搜索 DwPTS

UE 利用 DwPTS 中 SYNC_DL 得到与某一小区的 DwPTS 同步，这一步通常是通过一个或多个匹配滤波器（或类似的装置）与接收到的从 PN 序列中选出来的 SYNC_DL 进行匹配实现。为实现这一步，可使用一个或多个匹配滤波器（或类似装置）。在这一步中，UE 必须要识别出在该小区可能要使用的 32 个 SYNC_DL 中的哪一个 SYNC_DL 被使用。

2）扰码和基本训练序列码识别

UE 接收到 P-CCPCH 上的 Midamble 码后，DwPTS 紧随在 P-CCPCH 之后。每个 DwPTS 对应一组 4 个不同的基本 Midamble 码，因此共有 128 个互不相同的基本 Midamble 码。基本 Midamble 码的序号除以 4 就是 SYNC_DL 码的序号。因此，32 个 SYNC_DL 和 P-CCPCH 的 32 个 Midamble 码组一一对应，这时 UE 可以采用试探法和错误排除法确定 P-CCPCH 到底采用了哪个 Midamble 码。在一帧中使用相同的基本 Midamble 码。由于每个基本 Midamble 码与扰码是相对应的，知道了 Midamble 码也就知道了扰码。根据确认的结果，UE 可以进行下一步或返回到第一步。

3) 实现复帧同步

UE 搜索在 P-CCPCH 里的 BCH 的复帧 MIB（Master Indication Block），它由经过 QPSK 调制的 DwPTS 的相位序列（相对于在 P-CCPCH 上的 Midamble 码）来标识。控制复帧由调制在 DwPTS 上的 QPSK 符号序列来定位。n 个连续的 DwPTS 可以检测出目前 MIB 在控制复帧中的位置。

4) 读广播信道 BCH

UE 利用前几步已经识别出的扰码、基本训练序列码、复帧头读取被搜索到小区的 BCH 上的广播信息，根据读取的结果，UE 可以得到小区的配置等公用信息。

2. 上行同步过程

对于 TD-SCDMA 系统来说，UE 支持上行同步是必须的。

当 UE 加电后，它首先必须建立起与小区之间的下行同步。只有当 UE 建立了下行同步，它才能开始上行同步过程。建立了下行同步之后，虽然 UE 可以接收到来自 Node B 的下行信号，但是它与 Node B 间的距离却是未知的。这将导致上行发射的非同步。为了使同一小区中的每一个 UE 发送的同一帧信号到达 Node B 的时间基本相同，避免大的小区中的连续时隙间的干扰，Node B 可以采用时间提前量调整 UE 发射定时。上行方向的第一次发送将在一个特殊的时隙 UpPTS 上进行，以减小对业务时隙的干扰。

UpPCH 所采用的定时是根据对接收到的 DwPCH 和/或 P-CCPCH 的功率来估计的。在搜索窗内通过对 SYNC_UL 序列的检测，Node B 可估算出接收功率和定时，然后向 UE 发送反馈信息，调整下次发射的发射功率和发射时间，以便建立上行同步。这是在接下来的四个子帧中由 FPACH 来完成的。UE 在发送 PRACH 后，上行同步便被建立。上行同步同样也将适用于上行失步时的上行同步再建立过程中。

具体的步骤如下：

①下行同步建立：即上述小区搜索过程。

②上行同步的建立：UE 上行信道的首次发送在 UpPTS 这个特殊时隙进行，SYNC_UL 突发的发射时刻可通过对接收到的 DwPTS 和/或 P-CCPCH 的功率估计来确定。在搜索窗内通过对 SYNC_UL 序列的检测，Node B 可估计出接收功率和时间，然后向 UE 发送反馈信息，调整下次发射的发射功率和发射时间，以便建立上行同步。在以后的 4 个子帧内，Node B 将向 UE 发射调整信息（用 F-PACH 里的一个单一子帧消息）。

③上行同步的保持：Node B 在每一上行时隙检测 Midamble，估计 UE 的发射功率和发射时间偏移，然后在下一个下行时隙发送 SS 命令和 TPC 命令进行闭环控制。

3. 基站间同步过程

TD-SCDMA 系统中的同步技术主要由两部分组成，一是基站间的同步（Synchronization

of Node BS）；另一是移动台间的上行同步技术（Uplink Synchronization）。

在大多数情况下，为了增加系统容量，优化切换过程中小区搜索的性能，需要对基站进行同步。一个典型的例子就是存在小区交叠情况时所需的联合控制。实现基站同步的标准主要有：可靠性和稳定性；低实现成本；尽可能小的影响空中接口的业务容量。

所有的具体规范目前尚处于进一步研究和验证阶段，其中比较典型的有如下4种方案（目前主要在R5中有讨论）：

（1）基站同步通过空中接口中的特定突发时隙，即网络同步突发（Network Synchronization Burst）来实现。该时隙按照规定的周期在事先设定的时隙上发送，在接收该时隙的同时，此小区将停止发送任何信息，基站通过接收该时隙来相应地调整其帧同步。

（2）基站通过接收其他小区的下行导频时隙（DwPTS）来实现同步。

（3）RNC通过Iub接口向基站发布同步信息。

（4）借助于卫星同步系统（如GPS）来实现基站同步。

Node B之间的同步只能在同一个运营商的系统内部。在基于主从结构的系统中，当在某一本地网中只有一个RNC时，可由RNC向各个Node B发射网络同步突发，或者是在一个较大的网络中，网络同步突发先由MSC发给各个RNC，然后再由RNC发给每个Node B。

在多MSC系统中，系统间的同步可以通过运营商提供的公共时钟来实现。

4. 随机接入过程

随机接入过程分为以下三个部分。

1）随机接入准备

当UE处于空闲模式时，它将维持下行同步并读取小区广播信息。从该小区所用到的DwPTS，UE可以得到为随机接入而分配给UpPTS物理信道的8个SYNC_UL码（特征信号）的码集，一共有256个不同的SYNC_UL码序列，其序号除以8就是DwPTS中的SYNC_DL的序号。从小区广播信息中UE可以知道PRACH信道的详细情况（采用的码、扩频因子、Midamble码和时隙）、FPACH信道的详细信息（采用的码、扩频因子、Midamble码和时隙）以及其他与随机接入有关的信息。

2）随机接入过程

在UpPTS中紧随保护时隙之后的SYNC_UL序列仅用于上行同步，UE从它要接入的小区所采用的8个可能的SYNC_UL码中随机选择一个，并在UpPTS物理信道上将它发送到基站。UE确定UpPTS的发射时间和功率（开环过程），以便在UpPTS物理信道上发射选定的特征码。

一旦Node B检测到来自UE的UpPTS信息，那么它到达的时间和接收功率也就知道了。Node B确定发射功率更新和定时调整的指令，并在以后的4个子帧内通过FPACH（在一个突发/子帧消息）将它发送给UE。

一旦当UE从选定的FPACH（与所选特征码对应的FPACH）中收到上述控制信息时，表明Node B已经收到了UpPTS序列。然后，UE将调整发射时间和功率，并确保在接下来的两帧后，在对应于FPACH的PRACH信道上发送RACH。在这一步，UE发送到Node B的RACH将具有较高的同步精度。

之后，UE将会在对应于FACH的CCPCH的信道上接收到来自网络的响应，指示UE发出的随机接入是否被接收，如果被接收，将在网络分配的UL及DL专用信道上通过FACH

建立起上下行链路。

在利用分配的资源发送信息之前，UE 可以发送第二个 UpPTS 并等待来自 FPACH 的响应，从而可得到下一步的发射功率和 SS 的更新指令。

接下来，基站在 FACH 信道上传送带有信道分配信息的消息，基站和 UE 间进行信令及业务信息的交互。

3) 随机接入冲突处理

在有可能发生碰撞的情况下，或在较差的传播环境中，Node B 不发射 FPACH，也不能接收 SYNC_UL，也就是说，在这种情况下，UE 就得不到 Node B 的任何响应。因此 UE 必须通过新的测量，来调整发射时间和发射功率，并在经过一个随机延时后重新发射 SYNC_UL。注意：每次（重）发射，UE 都将重新随机地选择 SYNC_UL 突发。

这种两步方案使得碰撞最可能在 UpPTS 上发生，即 RACH 资源单元几乎不会发生碰撞。这也保证了在同一个 UL 时隙中可同时对 RACHs 和常规业务进行处理。

7.7　TD‑SCDMA 的相关技术

7.7.1　TDD 技术

对于数字移动通信而言，双向通信可以以频率或时间分开，前者称为 FDD（频分双工），后者称为 TDD（时分双工）。对于 FDD，上下行用不同的频带，一般上下行的带宽是一致的；而对于 TDD，上下行用相同的频带，在一个频带内上下行占用的时间可根据需要进行调节，并且一般将上下行占用的时间按固定的间隔分为若干个时间段，称之为时隙。TD‑SCDMA 系统采用的双工方式是 TDD。TDD 技术相对于 FDD 方式来说，有如下优点：

(1) 易于使用非对称频段，无须具有特定双工间隔的成对频段。

TDD 技术不需要成对的频谱，可以利用 FDD 无法利用的不对称频谱，结合 TD‑SCDMA 低码片速率的特点，在频谱利用上可以做到"见缝插针"。只要有一个载波的频段就可以使用，从而能够灵活地利用现有的频率资源。目前移动通信系统面临的一个重大问题就是频谱资源的极度紧张，在这种条件下，要找到符合要求的对称频段非常困难，因此 TDD 模式在频率资源紧张的今天受到特别的重视。

(2) 适应用户业务需求，灵活配置时隙，优化频谱效率。

TDD 技术通过调整上下行切换点来自适应调整系统资源，从而增加系统下行容量，使系统更适于开展不对称业务。

(3) 上行和下行使用同个载频，故无线传播是对称的，有利于智能天线技术的实现。

时分双工 TDD 技术是指上下行在相同的频带内传输，也就是说具有上下行信道的互易性，即上下行信道的传播特性一致。因此可以利用通过上行信道估计的信道参数，使智能天线技术、联合检测技术更容易实现。通过上行信道估计参数用于下行波束赋形，有利于智能天线技术的实现。通过信道估计得出系统矩阵 A，用于联合检测区分不同用户的干扰。

(4) 无须笨重的射频双工器，基站小巧，降低成本。

由于 TDD 技术上下行的频带相同，无须进行收发隔离，可以使用单片 IC 实现收发信机,降低了系统成本。

7.7.2 智能天线技术

1. 智能天线的作用

智能天线的基本思想是:天线以多个高增益窄波束动态地跟踪多个期望用户,接收模式下,来自窄波束之外的信号被抑制,发射模式下,能使期望用户接收的信号功率最大,同时使窄波束照射范围以外的非期望用户受到的干扰最小。

智能天线技术的核心是自适应天线波束赋形技术。自适应天线波束赋形技术在20世纪60年代开始发展,其研究对象是雷达天线阵,为提高雷达的性能和电子对抗的能力,90年代中期,各国开始考虑将智能天线技术应用于无线通信系统。美国Arraycom公司在时分多址的PHS系统中实现了智能天线;1997年,由我国信息产业部电信科学技术研究院控股的北京信威通信技术公司开发成功了使用智能天线技术的SCDMA无线用户环路系统。另外,在国内外也开始有众多大学和研究机构广泛地开展对智能天线的波束赋形算法和实现方案的研究。1998年我国向国际电联提交的TD-SCDMA RTT建议就是第一次提出以智能天线为核心技术的CDMA通信系统。

在移动通信发展的早期,运营商为节约投资,总是希望用尽可能少的基站覆盖尽可能大的区域。这就意味着用户的信号在到达基站收发信设备前可能经历了较长的传播路径,有较大的路径损耗,为使接收到的有用信号不至于低于门限值,可能增加移动台的发射功率,或者增加基站天线的接收增益。由于移动台的发射功率通常是有限的,真正可行的是增加天线增益,相对而言用智能天线实现较大增益比用单天线容易。

在移动通信发展的中晚期,为增加容量、支持更多用户,需要收缩小区范围、降低频率复用系数来提高频率利用率,通常采用的是小区分裂和扇区化,随之而来的是干扰增加,利用智能天线可在很大程度上抑制CCI和MAI干扰。

2. 智能天线的原理

智能天线技术的原理是使一组天线和对应的收发信机按照一定的方式排列和激励,利用波的干涉原理可以产生强方向性的辐射方向图。如果使用数字信号处理方法在基带进行处理,使得辐射方向图的主瓣自适应地指向用户来波方向,就能达到提高信号的载干比,降低发射功率,提高系统覆盖范围的目的。

设以M元直线等距天线阵列(第m个阵元)为例:

如图7-7-1所示,则空域上入射波距离相差为:$\Delta d = m \cdot \Delta x \cdot \cos\theta$。

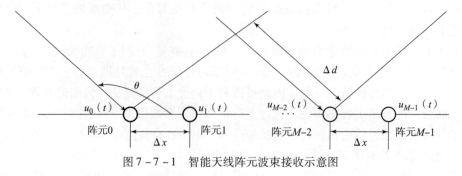

图7-7-1 智能天线阵元波束接收示意图

时域上入射波相位差为：$(2\pi/\lambda) \cdot \Delta d$。

可见，空间上距离的差别导致了各个阵元上接收信号相位的不同。经过加权后阵列输出端的信号为：

$$z(t) = \sum_{m=0}^{M-1} w_m u_m(t) = A \cdot s(t) \cdot \sum_{m=0}^{M-1} w_m e^{-j\frac{2\pi}{\lambda}m\Delta x \cos\theta}$$

其中，A 为增益常数；$s(t)$ 是复包络信号；w_m 是阵列的权因子。

根据正弦波的叠加效果，假设第 m 个阵元的加权因子为：

$$w_m = e^{j\frac{2\pi}{\lambda}m\Delta x \cos\varphi_0}，则$$

$$z(t) = A \cdot s(t) \cdot \sum_{m=0}^{M-1} e^{-j\frac{2\pi}{\lambda}m\Delta x(\cos\theta - \cos\varphi_0)}$$

结论：选择不同的 φ_0，将改变波束所对的角度，所以可以通过改变权值来选择合适的方向。针对不同的阵元赋予不同权值，最后将所有阵元的信号进行同向合并，达到使天线辐射方向图的主瓣自适应地指向用户来波方向的目的。

这里涉及上行波束赋形（接收）和下行波束赋形（发射）两个概念。

上行波束赋形：借助有用信号和干扰信号在入射角度上的差异（DOA 估计），选择恰当的合并权值（赋形权值计算），形成正确的天线接收模式，即将主瓣对准有用信号，低增益旁瓣对准干扰信号。

下行波束赋形：在 TDD 方式的系统中，由于其上下行电波传播条件相同，则可以直接将此上行波束赋形用于下行波束赋形，形成正确的天线发射模式，即将主瓣对准有用信号，低增益旁瓣对准干扰信号。

3. 智能天线的分类

智能天线的天线阵是一列取向相同、同极化、低增益的天线，天线阵按照一定的方式排列和激励，利用波的干涉原理产生强方向性的方向图。天线阵的排列方式包括等距直线排列、等距圆周排列、等距平面排列。智能天线的分类有线阵、圆阵；全向阵、定向阵。

4. 天馈系统实物图

（1）线阵，如图 7-7-2 所示。

图 7-7-2　线阵

（2）圆阵，如图 7-7-3 所示。

图 7-7-3 圆阵

5. 智能天线实现示意图

智能天线实现示意图，如图 7-7-4 所示。

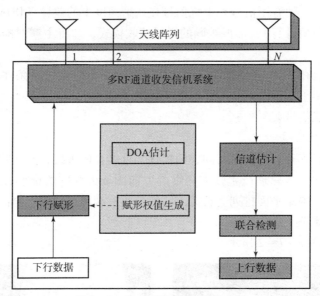

图 7-7-4 智能天线实现示意图

智能天线系统主要包含如下部分：智能天线阵列（圆阵，线阵）、多 RF 通道收发信机子系统（每根天线对应一个 RF 通道）、基带智能天线算法（基带实现，各用户单独赋形）。对于采用智能天线的 TD-SCDMA 系统，Node B 端的处理分为上行链路和下行链路处理。上行链路处理主要包括如下部分：

（1）各个天线的射频（RF）单元对接收的信号进行下变频以及 A/D 转换，形成接收到的天线阵列基带信号。

（2）根据用户训练序列的循环偏移的形成特性，采用算法对各个天线上接收到的训练序列进行快速信道估计，得到各个用户的信道冲激响应。

（3）对于信道估计的结果，一方面用于形成联合检测的系统矩阵；另一方面用于用户的 DOA 估计，为下行链路的波束赋行选择方向。

(4) 根据用户到各天线的信道冲激响应以及用户分配的码信息形成的系统矩阵进行联合检测,同时获取多用户的解扰和解扩,以及解调后的比特信息,然后经过译码,就可以得到用户的发送数据。

下行链路处理主要包括如下部分:

(1) 首先对用户的下行链路的发送数据进行编码调制,然后根据用户分配的码信息和小区信息进行扩频加扰,形成用户的发送码片信息。

(2) 然后根据上行链路中确定的用户 DOA,选择下行波束赋形的权值,对用户进行下行波束赋形,以便形成用户的发射波束,达到空分的目的,并最终生成用户待发送的各个天线上的基带信号。

(3) 对基带信号进行 D/A 转换和上变频操作,最终由天线单元发送出去。

6. 智能天线的优势

(1) 提高了基站接收机的灵敏度。

基站所接收到的信号为来自各天线单元和收信机所接收到的信号之和。如采用最大功率合成算法,在不计多径传播条件下,则总的接收信号将增加 $10\lg N$(dB),其中,N 为天线单元的数量。存在多径时,此接收灵敏度的改善将随多径传播条件及上行波束赋形算法而变,其结果也在 $10\lg N$(dB)上下。

(2) 提高了基站发射机的等效发射功率。

同样,发射天线阵在进行波束赋形后,该用户终端所接收到的等效发射功率可能增加 $20\lg N$(dB)。其中,$10\lg N$(dB)是 N 个发射机的效果,与波束成形算法无关,另外部分将和接收灵敏度的改善类似,随传播条件和下行波束赋形算法而变。

(3) 降低了系统的干扰。

基站的接收方向图形是有方向性的,在接收方向以外的干扰有强的抑制。如果使用最大功率合成算法,则可能将干扰降低 $10\lg N$(dB)。

(4) 增加了 CDMA 系统的容量。

CDMA 系统是一个自干扰系统,其容量的限制主要来自本系统的干扰。降低干扰对 CDMA 系统极为重要,它可大大增加系统的容量。在 CDMA 系统中使用智能天线后,就提供了将所有扩频码所提供的资源全部利用的可能性。

(5) 改进了小区的覆盖。

对使用普通天线的无线基站,其小区的覆盖完全由天线的辐射方向图形确定。当然,天线的辐射方向图形可能是根据需要而设计的。但在现场安装后除非更换天线,其辐射方向图形是不可能改变和很难调整的。但智能天线的辐射图形则完全可以用软件控制,在网络覆盖需要调整或由于新的建筑物等原因使原覆盖改变等情况下,均可能非常简单地通过软件来优化。

(6) 降低了无线基站的成本。

在所有无线基站设备的成本中,最昂贵的部分是高功率放大器(HPA)。特别是在 CDMA 系统中要求使用高线性的 HPA,更是其主要部分的成本。智能天线使等效发射功率增加,在同等覆盖要求下,每只功率放大器的输出可能降低 $20\lg N$(dB)。这样,在智能天线系统中,使用 N 只低功率的放大器来代替单只高功率 HPA,可大大降低成本。此外,还带来降低对电源的要求和增加可靠性等好处。

7.7.3 联合检测技术

1. 联合检测的介绍

联合检测技术是多用户检测（Multi-user Detection）技术的一种。CDMA系统中多个用户的信号在时域和频域上是混叠的，接收时需要在数字域上用一定的信号分离方法把各个用户的信号分离开来。信号分离的方法大致可以分为单用户检测和多用户检测技术两种。

CDMA系统中的主要干扰是同频干扰，它可以分为两部分，一种是小区内部干扰（Intracell Interference），指的是同小区内部其他用户信号造成的干扰，又称多址干扰（Multiple Access Interference，MAI）；另一种是小区间干扰（Intercell Interference），指的是其他同频小区信号造成的干扰，这部分干扰可以通过合理的小区配置来减小其影响。

传统的CDMA系统信号分离方法是把多址干扰（MAI）看作热噪声一样的干扰，当用户数量上升时，其他用户的干扰也会随着加重，导致检测到的信号刚刚大于MAI，使信噪比恶化，系统容量也随之下降。这种将单个用户的信号分离看作是各自独立的过程的信号分离技术称为单用户检测（Single-user Detection）。

为了进一步提高CDMA系统容量，人们探索将其他用户的信息联合起来加以利用，也就是多个用户同时检测的技术，即多用户检测。多用户检测是利用MAI中包含的许多先验信息，如确知的用户信道码，各用户的信道估计等将所有用户信号统一分离的方法。

2. 联合检测的作用

联合检测用的作用包括：

- 降低干扰（MAI&ISI）。
- 提高系统容量。
- 降低功控要求。

3. 联合检测回顾

单独采用联合检测会遇到以下问题：

（1）对小区间的干扰没有办法解决。

（2）信道估计的不准确性将影响到干扰消除的效果。

（3）当用户增多或信道增多时，算法的计算量会非常大，难于实时实现。

单独采用智能天线也存在下列问题：

（1）组成智能天线的阵元数有限，所形成的指向用户的波束有一定的宽度（副瓣），对其他用户而言仍然是干扰。

（2）在TDD模式下，上、下行波束赋形采用同样的空间参数，由于用户的移动，其传播环境是随机变化的，这样波束赋形有偏差，特别是用户高速移动时更为显著。

（3）当用户都在同一方向时，智能天线作用有限。

（4）对时延超过一个码片宽度的多径造成的ISI没有简单有效的办法。

这样，无论是智能天线还是联合检测技术，单独使用它们都难以满足第三代移动通信系统的要求，必须扬长避短，将这两种技术结合使用。

智能天线和联合检测两种技术相结合，不等于将两者简单地相加。TD-SCDMA系统中智能天线技术和联合检测技术相结合的方法使得在计算量未大幅增加的情况下，上行能获得分集接收的好处，下行能实现波束赋形。图7-7-5说明了TD-SCDMA系统智能天线和联合检测技术相结合的方法。

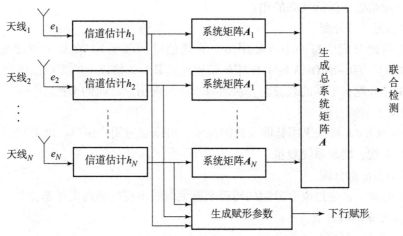

图7-7-5 智能天线和联合检测技术结合流程示意图

(1) 智能天线的主要作用：
①降低多址干扰，提高 CDMA 系统容量。
②增加接收灵敏度和发射 EIRP（Effective Isotropic Radiated Power）。
(2) 智能天线所不能解决的问题：
①时延超过码片宽度的多径干扰。
②多普勒效益（高速移动）。
(3) 联合检测的主要作用：
①基于训练序列的信道估值。
②同时处理多码道的干扰抵消。
(4) 联合检测的优点：降低干扰，扩大容量，降低功控要求，削弱远近效应。
(5) 联合检测的缺点：大大增加系统复杂度、增加系统处理时延、需要消耗一定的资源。

7.7.4 动态信道分配技术

1. 动态信道分配的方法

在无线通信系统中，为了将给定的无线频谱分割成一组彼此分开或者互不干扰的无线信道，使用诸如频分、时分、码分、空分等技术。对于无线通信系统来说，系统的资源包括频率、时隙、码道和空间方向四个方面，一条物理信道由频率、时隙、码道的组合来标志。无线信道数量有限，是极为珍贵的资源，要提高系统的容量，就要对信道资源进行合理的分配，由此产生了信道分配技术。如何有效地利用有限的信道资源，为尽可能多的用户提供满意的服务是信道分配技术的目的。信道分配技术通过寻找最优的信道资源配置，来提高资源利用率，从而提高系统容量。

TD-SCDMA 系统中动态信道分配（DCA）的方法有如下几种：

1) 时域动态信道分配

因为 TD-SCDMA 系统采用了 TDMA 技术，在一个 TD-SCDMA 载频上，使用 7 个常规时隙，减少了每个时隙中同时处于激活状态的用户数量。每载频多时隙，可以将受干扰最小的时隙动态分配给处于激活状态的用户。

2）频域动态信道分配

频域动态信道分配中每一小区使用多个无线信道（频道）。在给定频谱范围内，与 5 MHz 的带宽相比，TD-SCDMA 的 1.6 MHz 带宽使其具有 3 倍以上的无线信道数（频道数），可以把激活用户分配在不同的载波上，从而减小小区内用户之间的干扰。

3）空域动态信道分配

因为 TD-SCDMA 系统采用智能天线的技术，可以通过用户定位、波束赋形来减小小区内用户之间的干扰、增加系统容量。

4）码域动态信道分配

在同一个时隙中，通过改变分配的码道来避免偶然出现的码道质量恶化。

2. 动态信道分配的分类

1）慢速动态信道分配

慢速动态信道分配主要解决两个问题：一是由于每个小区的业务量情况不同，所以不同的小区对上下行链路资源的需求不同；二是为了满足不对称数据业务的需求，不同的小区上下行时隙的划分是不一样的，相邻小区间由于上下行时隙划分不一致时会带来交叉时隙干扰。所以慢速动态信道分配主要有两个方面：一是将资源分配到小区，根据每个小区的业务量情况，分配和调整上下行链路的资源；二是测量网络端和用户端的干扰，并根据本地干扰情况为信道分配优先级，解决相邻小区间由于上下行时隙划分不一致所带来的交叉时隙干扰。具体的方法是可以在小区边界根据用户实测上下行干扰情况，决定该用户在该时隙进行哪个方向上的通信比较合适。

2）快速动态信道分配

快速动态信道分配主要解决以下问题：不同的业务对传输质量和上下行资源的要求不同，如何选择最优的时隙、码道资源分配给不同的业务，从而达到系统性能要求，并且尽可能地进行快速处理。快速动态信道分配包括信道分配和信道调整两个过程。信道分配是根据其需要资源单元的多少为承载业务分配一条或多条物理信道。信道调整（信道重分配）可以通过 RNC 对小区负荷情况、终端移动情况和信道质量的监测结果，动态地对资源单元（主要是时隙和码道）进行调配和切换。

3. 动态信道分配的优势

（1）能够较好地避免干扰，使信道重用距离最小化，从而高效率地利用有限的无线资源，提高系统容量。

（2）适应 3G 业务的需要，尤其是高速率的上下行不对称的数据业务和多媒体业务。

4. 动态信道分配对 TD-SCDMA 的重要性

（1）有利于 UL/DL 转换点的动态调整。

（2）部分克服 TDD 系统特有的上/下行干扰问题。

（3）UL/DL 的干扰受限条件需要根据链路负荷情况动态调整。

（4）通过小区内或波束间的信道切换，可以减小 CDMA 系统软容量的影响。

（5）动态信道分配可以提供组合信道方式。满足所需业务质量要求，具有优化多个时隙多个码道的组合能力。

(6) 动态信道分配能尽量把相同方向上的用户分散到不同时隙中,把同一时隙内的用户分布在不同的方向上,充分发挥智能天线的空分功效,使多址干扰降至最小。

(7) 可以克服因为不同小区间 UL/DL 切换点的不同而导致小区边缘移动终端间的信号阻塞问题。

(8) 动态信道分配可以根据时隙内用户的位置(DOA)为新用户分配时隙,使用户波束内的多址干扰尽量小。

(9) 快速动态信道分配中信道调整可以克服同码道干扰问题。

5. TD – SCDMA 对动态信道分配的考虑

(1) 为了组网规范,频率分配仍然采用 FCA 方式。

(2) 时隙必须先于码道分配,在码道分配时,同一时隙内最好采用相同扩频因子。

(3) 根据 DOA 信息,尽量把相同方向上的用户分散到不同时隙中。

(4) 在 CAC(接纳控制)时,首先搜索已接入用户数小于系统可形成波束数的时隙,然后针对该接入用户进行波束赋形,使波束的最大功率点指向该用户。

(5) 系统测量最好以 5 ms 子帧为周期进行。

(6) 在智能天线波束成形效果足够好的情况下,可以为不同方向上的用户分配相同的频率、时隙、扩频码,将使系统容量成倍地增长。

7.7.5 接力切换技术

1. 切换方式

在现代无线通信系统中,为了在有限的频率范围内为尽可能多的用户终端提供服务,将系统服务的地区划分为多个小区或扇区,在不同的小区或扇区内放置一个或多个无线基站,各个基站使用不同或相同的载频或码,这样在小区之间或扇区之间进行频率和码的复用可以达到增加系统容量和频谱利用率的目的。工作在移动通信系统中的用户终端经常要在使用过程中不停地移动,当从一个小区或扇区的覆盖区域移动到另一个小区或扇区的覆盖区域时,要求用户终端的通信不能中断,这个过程称为越区切换。注意:这里的通信不中断可以理解为可能丢失部分信息但不致影响通信。越区切换有三种方式:硬切换、软切换和接力切换。

硬切换:在早期的频分多址(FDMA)和时分多址(TDMA)移动通信系统中采用这种越区切换方法。当用户终端从一个小区或扇区切换到另一个小区或扇区时,先中断与原基站的通信,然后再改变载波频率与新的基站建立通信。硬切换技术在其切换过程中有可能丢失信息。硬切换流程如图 7 – 7 – 6 所示。

软切换:在美国 Qualcomm 公司于 20 世纪 90 年代发明的码分多址(CDMA)移动通信系统中采用软切换越区切换方法。当用户终端从一个小区或扇区移动到另一个具有相同载频的小区或扇区时,在保持与原基站通信的同时,和新基站也建立起通信连接,与两个基站之间传输相同的信息,完成切换之后才中断与原基站的通信。软切换流程如图 7 – 7 – 7 所示。优点:软切换过程不丢失信息,不中断通信,还可增加系统容量。缺点:软切换的基础是宏分集,但在 IS – 95 中宏分集占用了 50% 的下行容量,因此软切换实现所增加的系统容量被它本身所占用的系统容量所抵消。

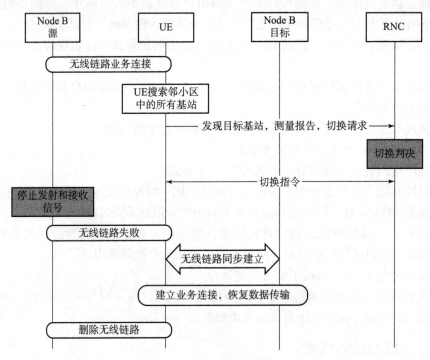

图 7-7-6 硬切换流程

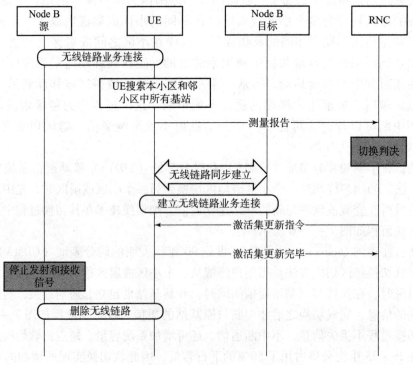

图 7-7-7 软切换流程

2. 接力切换过程

接力切换是一种应用于同步码分多址（SCDMA）通信系统中的切换方法。该接力切换方式不仅具有上述"软切换"功能，而且可以在使用不同载波频率的 SCDMA 基站之间，甚至在 SCDMA 系统与其他移动通信系统，如 GSM 或 IS-95 CDMA 系统的基站之间实现不丢失信息、不中断通信的理想的越区切换。接力切换适用于同步 CDMA 移动通信系统，是 TD-SCDMA 移动通信系统的核心技术之一。

设计思想：当用户终端从一个小区或扇区移动到另一个小区或扇区时，利用智能天线和上行同步等技术对 UE 的距离和方位进行定位，根据 UE 方位和距离信息作为切换的辅助信息，如果 UE 进入切换区，则 RNC 通知另一基站做好切换的准备，从而达到快速、可靠和高效切换的目的。这个过程就像田径比赛中的接力赛跑传递接力棒一样，因而我们形象地称之为接力切换。优点：将软切换的高成功率和硬切换的高信道利用率综合到接力切换中，使用该方法可以在使用不同载频的 SCDMA 基站之间，甚至在 SCDMA 系统与其他移动通信系统如 GSM、IS-95 的基站之间实现不中断通信、不丢失信息的越区切换。

SCDMA 通信系统中的接力切换基本过程如图 7-7-8 所示，可描述如下：

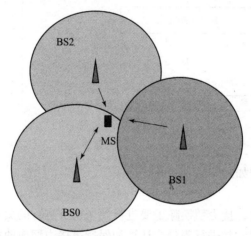

图 7-7-8 接力切换示意图

（1）MS 和 BS0 通信。
（2）BS0 通知邻近基站，并提供用户位置信息（基站类型、工作载频、定时偏差、忙闲等）。
（3）BS 或 MS 发起切换请求。
（4）切换准备（MS 搜索基站，建立同步）。
（5）系统决定切换执行。
（6）MS 同时接收来自两个基站的相同信号。
（7）完成切换。

接力切换流程如图 7-7-9 所示。

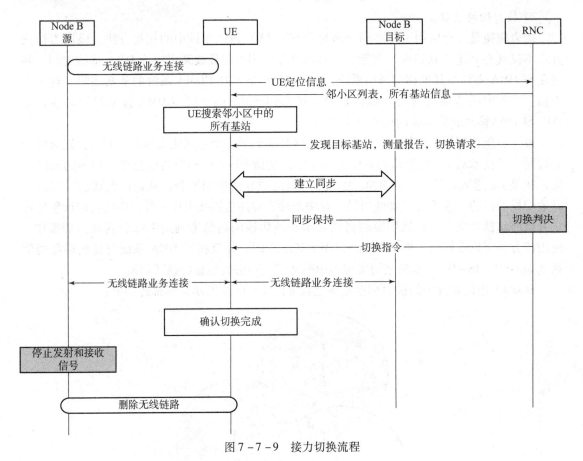

图7-7-9 接力切换流程

基站的接力切换过程如图7-7-10所示。

3. 接力切换的优点

与通常的硬切换相比，接力切换除了要进行硬切换所进行的测量外，还要对符合切换条件的相邻小区的同步时间参数进行测量、计算和保持。接力切换使用上行预同步技术，在切换过程中，UE从源小区接收下行数据，向目标小区发送上行数据，即上下行通信链路先后转移到目标小区。上行预同步的技术在移动台与原小区通信保持不变的情况下与目标小区建立起开环同步关系，提前获取切换后的上行信道发送时间，从而达到减少切换时间、提高切换成功率、降低切换掉话率的目的。接力切换是介于硬切换和软切换之间的一种新的切换方法。

与软切换相比，都具有较高的切换成功率、较低的掉话率以及较小的上行干扰等优点。不同之处在于接力切换不需要同时有多个基站为一个移动台提供服务，因而克服了软切换需要占用的信道资源多、信令复杂、增加下行链路干扰等缺点。

与硬切换相比，两者具有较高的资源利用率、简单的算法，以及较轻的信令负荷等优点。不同之处在于接力切换断开原基站和与目标基站建立通信链路几乎是同时进行的，因而克服了传统硬切换掉话率高、切换成功率低的缺点。

传统的软切换、硬切换都是在不知道UE的准确位置下进行的，因而需要对所有邻小区进行测量，而接力切换只对UE移动方向的少数小区进行测量。

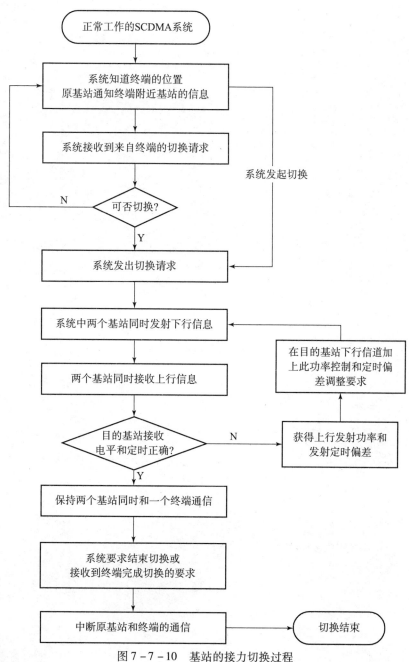

图 7-7-10 基站的接力切换过程

思考与练习题

1. 简要说明 TD-SCDMA 系统的发展。
2. 画图说明 TD-SCDMA 网络的网络结构，并标出相应的接口。
3. 什么是 TDD 技术？它有哪些优点？
4. 什么是接力切换？与传统的切换技术相比，它有哪些优点？
5. TD-SCDMA 采用了哪些关键技术？试做简要说明。

第五部分　LTE 原理与技术

第 8 章

LTE 概述

8.1 LTE 概述

3GPP 于 2004 年 12 月开始 LTE 相关的标准工作,LTE 是关于 UTRAN 和 UTRA 改进的项目,是对包括核心网在内的全网的技术演进。LTE 也被通俗地称为 3.9G,具有 100 Mbit/s 的峰值数据下载能力,被视作是从 3G 向 4G 演进的主流技术。LTE 是一个高数据率、低时延和基于全分组的移动通信系统。

LTE 的研究工作按照 3GPP 的工作流程分为两个阶段:SI (Study Item,技术可行性研究阶段) 和 WI (Work Item,具体技术规范的撰写阶段),如图 8-1-1 所示。

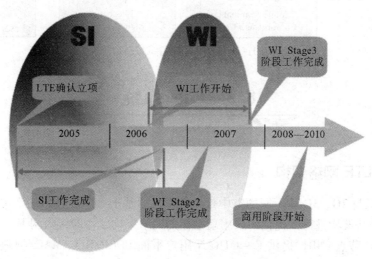

图 8-1-1 3GPP 的工作流程

3GPP 从 2004 年年底开始 LTE 相关工作，3GPP 计划从 2005 年 3 月开始，到 2006 年 6 月结束的 SI，最终推迟到 2006 年 9 月结束 SI 阶段工作。

3GPP 从 2006 年 6 月开始 WI 阶段的工作，2007 年 3 月完成了 WI 的 Stage2 阶段协议工作，2007 年 9 月完成了 Stage3 阶段的协议工作并结束 WI；2008 年 3 月完成了测试规范方面的协议制定工作。2010 年开始 LTE 的商用。成熟的大规模商用开始于 2011 年之后。

3GPP 标准组织与制定阶段如图 8-1-2 所示。

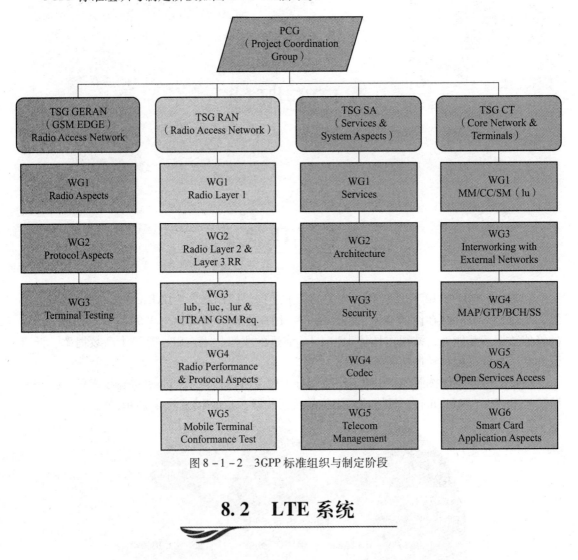

图 8-1-2 3GPP 标准组织与制定阶段

8.2 LTE 系统

8.2.1 LTE 网络架构

LTE 采用了与 2G、3G 均不同的空中接口技术，即基于 OFDM 技术的空中接口技术，并对传统 3G 的网络架构进行了优化，采用扁平化的网络架构，亦即接入网 E-UTRAN 不再包含 RNC，仅包含节点 eNB，提供 E-UTRAN 用户平面 PDCP/RLC/MAC/物理层协议的功能和控制平面 RRC 协议的功能。E-UTRAN 的系统结构如图 8-2-1 所示。

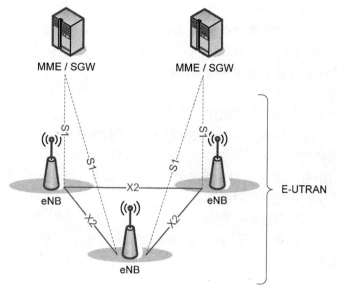

图 8-2-1　E-UTRAN 结构

eNB 之间由 X2 接口互连，每个 eNB 又和演进型分组核心网 EPC 通过 S1 接口相连。S1 接口的用户平面终止在服务网关 SGW 上，S1 接口的控制平面终止在移动性管理实体 MME 上。控制平面和用户平面的另一端终止在 eNB 上。图 8-2-1 中各网元节点的功能划分如下：

1）eNB

eNB 即 evolved Node B，主要功能包括空中接口的 PHY、MAC、RLC、RRC 各层实体，用户通信过程中的控制平面和用户平面的建立、管理和释放，以及部分无线资源管理 RRM 方面的功能。具体包括：

（1）无线资源管理（RRM）。
（2）用户数据流 IP 头压缩和加密。
（3）UE 附着时 MME 的选择功能。
（4）用户平面数据向 SGW 的路由功能。
（5）寻呼消息的调度和发送功能。
（6）广播消息的调度和发送功能。
（7）用于移动性和调度的测量及测量报告配置功能；
（8）基于 AMBR 和 MBR 的上行承载级速率整形。
（9）上行传输层数据包的分类标示。

2）MME

MME（Mobile Management Entity）的主要功能包括：

（1）NAS 信令，NAS 信令安全。
（2）认证。
（3）漫游跟踪区列表管理。
（4）3GPP 接入网络之间核心网节点之间移动性信令。
（5）空闲模式 UE 的可达性。

(6) 选择 PDN GW 和 SGW。
(7) MME 改变时的 MME 选择功能。
(8) 2G、3G 切换时选择 SGSN。
(9) 承载管理功能（包括专用承载的建立）。

3） SGW

SGW 即服务网关，其主要功能包括：
(1) eNB 之间切换时本地移动性锚点和 3GPP 之间移动性锚点。
(2) 在网络触发建立初始承载过程中，缓存下行数据包。
(3) 数据包的路由（SGW 可以连接多个 PDN）和转发。
(4) 切换过程中，进行数据的前转。
(5) 上下行传输层数据包的分类标示。
(6) 在漫游时，实现基于 UE、PDN 和 QCI 粒度的上下行计费。
(7) 合法性监听。

4） PGW

PGW 即分组数据网关，其主要功能包括：
(1) 基于单个用户的数据包过滤。
(2) UE IP 地址分配。
(3) 上下行传输层数据包的分类标示。
(4) 上下行服务级的计费（基于 SDF，或者基于本地策略）。
(5) 上下行服务级的门控。
(6) 上下行服务级增强，对每个 SDF 进行策略和整形。
(7) 基于 AMBR 的下行速率整形，基于 MBR 的下行速率整形，上下行承载的绑定。
(8) 合法性监听。

从图 8-2-1 可见，新的 LTE 架构中，没有了原有的 Iu 和 Iub 以及 Iur 接口，取而代之的是新接口 S1 和 X2。

E-UTRAN 和 EPC 之间的功能划分图，可以从 LTE 在 S1 接口的协议栈结构图来描述，如图 8-2-2 所示。

8.2.2 控制平面协议结构

控制平面协议结构如图 8-2-3 所示。

PDCP 在网络侧终止于 eNB，需要完成控制平面的加密、完整性保护等功能。

RLC 和 MAC 在网络侧终止于 eNB，在用户平面和控制平面其执行功能没有区别。

RRC 在网络侧终止于 eNB，主要实现广播、寻呼、RRC 连接管理、RB 控制、移动性功能、UE 的测量上报和控制功能。

NAS 控制协议在网络侧终止于 MME，主要实现 EPS 承载管理、鉴权、ECM（EPS 连接性管理）空闲状态下的移动性处理、ECM 空闲状态下发起寻呼、安全控制功能。

8.2.3 用户平面协议结构

用户平面协议结构如图 8-2-4 所示。

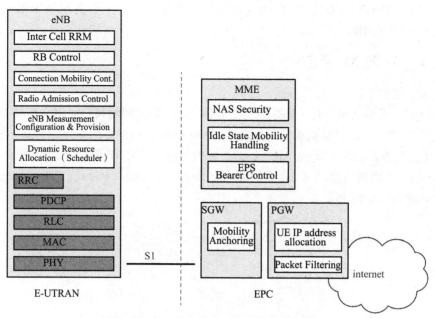

图 8-2-2　E-UTRAN 和 EPC 的功能划分

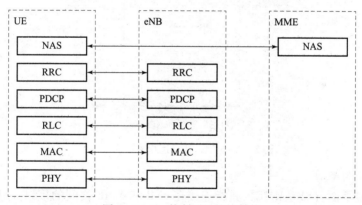

图 8-2-3　控制平面协议结构

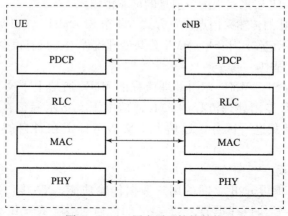

图 8-2-4　用户平面协议结构

用户平面的 PDCP、RLC、MAC 在网络侧均终止于 eNB，主要实现头压缩、加密、调度、ARQ 和 HARQ 功能。

8.2.4 S1 和 X2 接口

1. S1 接口用户平面

S1 接口用户平面（S1-U）是指连接在 eNB 和 SGW 之间的接口。S1-U 接口提供 eNB 和 SGW 之间用户平面协议数据单元（Protocol Date Unite，PDU）的非保障传输。S1 接口用户平面协议栈如图 8-2-5 所示。S1-U 的传输网络层建立在 IP 层之上，UDP/IP 协议之上采用 GPRS 用户平面隧道协议（GPRS Tunneling Protocol for User Plane，GTPU）来传输 SGW 和 eNB 之间的用户平面 PDU。

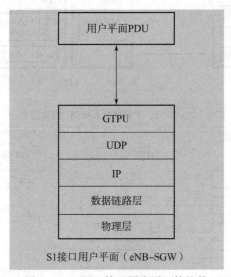

图 8-2-5 S1 接口用户平面协议栈

2. S1 接口控制平面

S1 接口控制平面（S1-MME）是指连接在 eNB 和 MME 之间的接口。S1 接口控制平面协议栈如图 8-2-6 所示。与用户平面类似，传输网络层建立在 IP 传输基础上；不同之处在于 IP 层之上采用 SCTP 层来实现信令消息的可靠传输。

在 IP 传输层，PDU 的传输采用点对点方式。每个 S1-MME 接口实例都关联一个单独的 SCTP，与一对流指示标记作用于 S1-MME 公共处理流程中；只有很少的流指示标记作用于 S1-MME 专用处理流程中。

MME 分配的针对 S1-MME 专用处理流程的 MME 通信上下文指示标记，以及 eNB 分配的针对 S1-MME 专用处理流程的 eNB 通信上下文指示标记，都应当对特定 UE 的 S1-MME 信令传输承载进行区分。通信上下文指示标记在各自的 S1-AP 消息中单独传送。

3. X2 接口用户平面

X2 接口用户平面提供 eNB 之间的用户数据传输功能。X2 接口用户平面协议栈如图 8-2-7 所示，与 S1-U 协议栈类似，X2-UP 的传输网络层基于 IP 传输，UDP/IP 之上采用 GTPU 来传输 eNB 之间的用户平面 PDU。

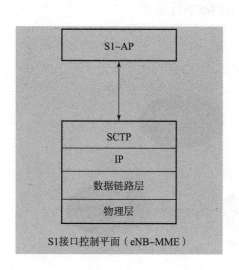
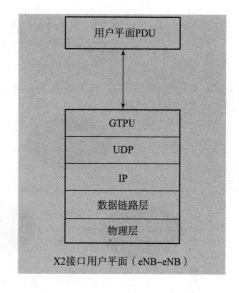

图 8-2-6　S1 接口控制平面协议栈　　　　图 8-2-7　X2 接口用户平面协议栈

4. X2 接口控制平面

X2 接口控制平面（X2-CP）定义为连接 eNB 之间接口的控制面。X2 接口控制平面的协议栈如图 8-2-8 所示，传输网络层建立在 SCTP 之上，SCTP 是在 IP 之上。应用层的信令协议表示为 X2-AP（X2 应用协议）。

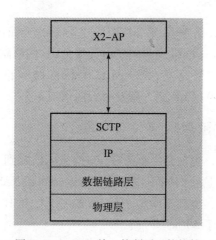

图 8-2-8　X2 接口控制平面协议栈

每个 X2-CP 接口含一个单一的 SCTP 并具有双流标识的应用场景应用 X2-CP 的一般流程。具有多对流标识的仅应用于 X2-CP 的特定流程。源 eNB 为 X2-CP 的特定流程分配源 eNB 通信的上下文标识，目标 eNB 为 X2-CP 的特定流程分配目标 eNB 通信的上下文标识。这些上下文标识用来区别 UE 特定的 X2-CP 信令传输承载。通信上下文标识通过各自的 X2-AP 消息传输。

8.3 LTE 的主要指标和需求

3GPP 要求 LTE 支持的主要指标和需求如图 8-3-1 所示。

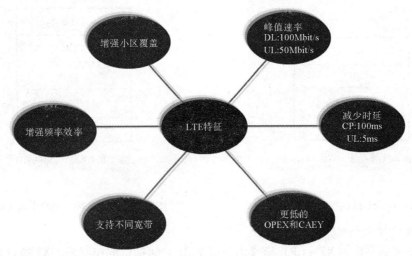

图 8-3-1　LTE 的主要指标和需求概括

8.3.1　峰值数据速率

下行链路的立即峰值数据速率在 20 MHz 下行链路频谱分配的条件下,可以达到 100 Mbit/s（5（bit/s）/Hz）（网络侧两副发射天线,UE 侧两副接收天线条件下）。

上行链路的立即峰值数据速率在 20 MHz 上行链路频谱分配的条件下,可以达到 50 Mbit/s（2.5（bit/s）/Hz）（UE 侧一副发射天线情况下）。

8.3.2　控制面传输延迟时间

从驻留状态到激活状态,也就是类似于从 R6 的空闲模式到 CELL_DCH 状态,控制面的传输延迟时间小于 100 ms,这个时间不包括寻呼延迟时间和 NAS 延迟时间。

从睡眠状态到激活状态,也就是类似于从 R6 的 CELL_PCH 状态到 R6 的 CELL_DCH 状态,控制面传输延迟时间小于 50 ms。

频谱分配是 5 MHz 的情况下,每小区至少支持 200 个用户处于激活状态。

8.3.3　用户面延迟时间及用户面流量

空载条件即单用户单个数据流情况下,小的 IP 包传输时间延迟小于 5 ms。

下行链路：与 R6　HSDPA 的用户面流量相比,每 MHz 的下行链路平均用户流量要提升 3~4 倍。此时 HSDPA 是指 1 发 1 收,而 LTE 是 2 发 2 收。

上行链路：与 R6 增强的上行链路用户流量相比,每 MHz 的上行链路平均用户流量要提升 2~3 倍。此时增强的上行链路 UE 侧是 1 发 1 收,LTE 是 1 发 1 收。

8.3.4 频谱效率

下行链路：在满负荷的网络中，LTE 频谱效率（用每站址、每赫兹、每秒的比特数衡量）的目标是 R6 HSDPA 的 3~4 倍。

上行链路：在满负荷的网络中，LTE 频谱效率（用每站址、每赫兹、每秒的比特数衡量）的目标是 R6 增强上行链路的 2~3 倍。

8.3.5 移动性

E–UTRAN 能为低速（0~15 km/h）的移动用户提供最优的网络性能，能为 15~120 km/h 的移动用户提供高性能的服务，对 120~350 km/h（甚至在某些频段下，可以达到 500 km/h）速率的移动用户能够保持蜂窝网络的移动性。

在 R6 CS 域提供的语音和其他实时业务在 E–UTRAN 中将通过 PS 域支持，这些业务应该在各种移动速度下都能够达到或者高于 UTRAN 的服务质量。E–UTRAN 系统内切换造成的中断时间应等于或者小于 GERAN CS 域的切换时间。

超过 250 km/h 的移动速度是一种特殊情况（如高速列车环境），E–UTRAN 的物理层参数设计应该能够在最高 350 km/h 的移动速度（在某些频段甚至应该支持 500 km/h）下保持用户和网络的连接。

8.3.6 覆盖

吞吐量、频谱效率和 LTE 要求的移动性指标在 5 km 半径覆盖的小区内将得到充分保证，当小区半径增大到 30 km 时，只对以上指标带来轻微的弱化。同时需要支持小区覆盖在 100 km 以上的移动用户业务。

8.3.7 与已有 3GPP 无线接入技术的共存和交互

尽量保持和 3GPP R6 的兼容，但是要注重平衡整个系统的性能和容量。

可接受系统和终端的复杂性、价格和功率消耗；降低空中接口和网络架构的成本。

在 R6 中使用 CS 域支持的一些实时业务，如语音业务，在 LTE 里应该能在 PS 域里实现（整个速度区间），且质量不能下降。

E–UTRAN 和 UTRAN（或者 GERAN）之间实时业务在切换时，中断时间不超过 300 ms。

8.4 LTE 关键技术

LTE 支持 FDD、TDD 两种双工方式。同时 LTE 还考虑支持半双工 FDD 这种特殊的双工方式。

8.4.1 OFDM 技术

OFDM（Orthogonal Frequency Division Multiplexing）即正交频分复用技术，实际上 OFDM

是 MCM（Multi-Carrier Modulation，多载波调制）的一种。其主要原理是：将待传输的高速串行数据经串并变换，变成在子信道上并行传输的低速数据流，再用相互正交的载波进行调制，然后叠加在一起发送。接收端用相干载波进行相干接收，再经并串变换恢复为原高速数据。

OFDM 技术有很多优点：可以消除或减小信号波形间的干扰，对多径衰落和多普勒频移不敏感，提高了频谱利用率，频谱效率比串行系统高近一倍；适合高速数据传输；抗衰落能力强；抗码间干扰（ISI）能力强。

当然，OFDM 也有其缺点。例如：对频偏和相位噪声比较敏感；功率峰值与均值比（PAPR）大，导致射频放大器的功率效率较低；负载算法和自适应调制技术会增加系统复杂度。

LTE 的下行采用 OFDM 技术提供增强的频谱效率和能力，上行基于 SC-FDMA（单载波频分多址接入）。OFDM 和 SC-FDMA 的子载波宽度确定为 15 kHz，采用该参数值，可以兼顾系统效率和移动性。

LTE 上行采用的 SC-FDMA 具体采用 DFT-S-OFDM 技术来实现，该技术是在 OFDM 的 IFFT 调制之前对信号进行 DFT 扩展，这样系统发射的是时域信号，从而可以避免 OFDM 系统发送频域信号带来的 PAPR 问题。

8.4.2 多输入多输出（MIMO）技术

MIMO（多输入多输出技术）技术是近年来热门的无线通信技术之一。4G 系统采用了 MIMO 技术，即在基站端放置多副天线，在移动台也放置多副天线，基站和移动台之间形成 MIMO 通信链路。MIMO 技术为系统提供空间复用增益和空间分集增益。空间复用是在接收端和发射端使用多副天线，充分利用空间传播中的多径分量，在同一频带上使用多个子信道发射信号，使容量随天线数量的增加而线性增加。空间分集有发射分集和接收分集两类。基于分集技术与信道编码技术的空时码可获得高的编码增益和分集增益，已成为该领域的研究热点。MIMO 技术可提供很高的频谱利用率，且其空间分集可显著改善无线信道的性能，提高无线系统的容量及覆盖范围。在现有的移动通信系统中，多数基站的天线采用一发两收的结构。对比分析这两种技术，MIMO 系统有以下优点：

（1）降低了码间干扰（ISU）。
（2）提高了空间分集增益。
（3）提高无线信道容量和频谱利用率。
（4）大幅提高信息的传输速率。
（5）提高信道的可靠性，降低误码率。

8.4.3 智能天线

智能天线定义为波束间没有切换的多波束或自适应阵列天线。多波束天线与固定波束天线相比，天线阵列的优点是除了提供高的天线增益外，还能提供相应倍数的分集增益。其工作原理和核心思想是：根据信号来波的方向自适应地调整方向图，跟踪强信号，减少或抵消干扰信号。

智能天线具有抑制信号干扰、自动跟踪以及数字波束调节等智能功能。可以提高信噪比，提升系统通信质量，缓解无线通信日益发展与频谱资源不足的矛盾，降低系统整体造价，因而成为 4G 的关键技术。

8.4.4 软件无线电

软件无线电（SDR）是将标准化、模块化的硬件功能单元经一通用硬件平台，利用软件加载方式来实现各类无线电通信系统的一种开放式结构的技术。其中心思想是使宽带模/数（A/D）转换器及数/模（D/A）转换器等先进的模块尽可能地靠近射频天线。尽可能多地用软件来定义无线功能。其软件系统包括各类无线信令规则与处理软件、信号流变换软件、调制解调算法软件、信道纠错编码软件、信源编码软件等。软件无线电技术主要涉及数字信号处理硬件（DSPH）、现场可编程器件（FPGA）、数字信号处理（DSP）等。软件无线电有以下一些特点：灵活性、集中性、模块化。

8.4.5 基于 IP 的核心网

4G 移动通信系统的核心网是一个基于全 IP 的网络，可以实现不同网络间的无缝互联。核心网独立于各种具体的无线接入方案，能提供端到端的 IP 业务，能与已有的核心网和 PSTN 兼容。4G 的核心网具有开放的结构，能允许各种空中接口接入核心网；同时核心网能把业务、控制和传输等分开。采用 IP 后，所采用的无线接入方式和协议与核心网络协议、链路层是分离独立的。IP 与多种无线接入协议相兼容，因此在设计核心网络时具有很大的灵活性，不需要考虑无线接入究竟采用何种方式和协议。由于 IPv4 地址几近枯竭，4G 将采用 128 位地址长度的 IPv6，地址空间增大了 2^{96} 倍，几乎可以不受限制地提供地址。IPv6 的另一个特性是支持自动控制，支持无状态和有状态两种地址自动配置方式。无状态地址自动配置方式下，需要配置地址的节点，使用一个邻居发现机制获得一个局部连接地址，一旦得到一个地址以后，使用一种即插即用的机制，在没有任何外界干预的情况下，获得一个全球唯一的路由地址。有状态配置机制需要一个额外的服务器对 DHCP 协议进行改进和扩展，使得网络的管理方便和快捷。此外，IPv6 技术还有服务质量优越、移动性能好、安全保密性好的特性。

思考与练习题

1. 简要说明 LTE 系统的发展。
2. 画图说明 LTE 网络的网络结构，并标出相应的接口。
3. 画出控制平面协议结构，并解释相关功能。
4. LTE 的主要需求有哪些？
5. LTE 的关键技术有哪些？

参 考 文 献

[1] 杨留清，等．数字移动通信系统［M］．北京：人民邮电出版社，2009．
[2] ［法］Michel Mouly，等．GSM 数字移动通信系统［M］．北京：电子工业出版社，2000．
[3] 陈德荣，等．数字移动通信系统［M］．北京：北京邮电大学出版社，1996．
[4] 杨秀清．移动通信技术［M］．北京：人民邮电出版社，2008．
[5] 段丽．移动通信技术［M］．北京：人民邮电出版社，2009．